土建大类专业群核心课程建设系列教材

建筑工程测量

李　伟　魏秋晨　主　编
穆宝胜　冉盈盈　副主编
周文明　参　编

科 学 出 版 社
北　京

内 容 简 介

本书主要介绍建筑工程测量的基本知识、水准测量、角度测量、距离测量与直线定向、测量误差的基本知识、小区域控制测量、大比例尺地形图测绘及应用、建筑工程施工测量、民用与工业建筑施工测量、建筑物的变形观测、测绘新技术介绍等内容。

本书可作为高职院校建筑工程技术、工程造价、建筑设计、市政工程等专业测量教学用书，也可作为测量相关技术人员的参考书。

图书在版编目（CIP）数据

建筑工程测量／李伟，魏秋晨主编. —北京：科学出版社，2020.9

（土建大类专业群核心课程建设系列教材）

ISBN 978-7-03-065542-4

Ⅰ.①建… Ⅱ.①李… ②魏… Ⅲ.①建筑测量-高等职业教育-教材 Ⅳ.①TU198

中国版本图书馆CIP数据核字（2020）第104953号

责任编辑：万瑞达 李 雪／责任校对：王万红

责任印制：吕春珉／封面设计：曹 来

科 学 出 版 社出版

北京东黄城根北街16号

邮政编码：100717

http://www.sciencep.com

新科印刷有限公司 印刷

科学出版社发行 各地新华书店经销

*

2020年9月第 一 版 开本：787×1092 1/16

2020年9月第一次印刷 印张：17 1/2

字数：415 000

定价：49.00元

（如有印装质量问题，我社负责调换〈新科〉）

销售部电话 010-62136230 编辑部电话 010-62130874（VA03）

前 言

建筑工程测量是高职土建类相关专业的专业基础课。该课程注重培养学生的实践能力，培养测绘相关技术的建筑类人才，在土建类相关专业高技能应用型人才培养中占有重要地位。本书的编写依据对行业和企业进行充分调研，同时结合教学实践和工程实际，突出职业教育特点，以理论够用为度，将实际应用和动手操作作为主线，介绍了建筑工程测量的基本理论、基本方法与具体操作。

编写过程中在保留传统测绘理论体系的基础上，剔除了在工程实践中已很少使用的内容，引入了目前生产实践的相关新技术、新规范。

本书设置了11个学习项目，以任务驱动为主要教学方法，在每一任务中，学生根据“学习引导”的提示学习建筑工程测量课程的相关知识。本书将理论知识与实践能力相结合，从宏观上把握项目整体的工作思路和解决实际问题的能力，使学生具有方案设计及实际操作的工作能力，能胜任工程现场的测量工作。

本书编写人员及编写分工如下：天津国土资源和房屋职业学院李伟负责编写项目3、项目5和项目7；天津国土资源和房屋职业学院魏秋晨负责编写项目9和项目10；河南测绘职业学院穆宝胜负责编写项目2、项目6和项目8；天津现代职业技术学院冉盈盈负责编写项目1和项目4；中国铁路设计集团有限公司周文明负责编写项目11，全书由李伟统稿。本书在编写过程中参考了有关书籍和资料，并且得到了众多院校和企业的帮助，在此一并表示衷心的感谢。

由于编者水平有限，书中难免存在不足之处，恳请读者批评指正。

编　者

2019年2月

目　录

项目 1

建筑工程测量的基本知识

项目描述

建筑工程建设一般要经过规划设计、施工建设、运营管理等几个阶段，每一阶段需要进行相应的测量工作。本项目的主要内容是讲述建筑工程测量的主要任务与作用、地面点位的确定方法及测量工作概述等。

知识目标

- 了解测量的基本定义；
- 了解测量在建筑工程中的任务与作用；
- 了解地球的形状与大小，掌握测量工作的基准面与基准线的概念；
- 熟悉地面点位的表示方法；
- 了解用水平面代替水准面的限度。

能力目标

- 能够知道测量中的基准线与基准面及其应用；
- 能够描述建筑工程测量中常用的坐标系；
- 能够描述测量在建筑工程中各个阶段的任务与作用。

任务 1.1　了解建筑工程测量

学习引导

学习建筑工程测量，首先需要了解测量学与建筑工程测量的概念以及建筑工程测量的任务。

1.1.1　测量学与建筑工程测量

测量学是研究获取反映地球形状，地球重力场，地球上自然和社会要素的位置、形状、空间关系、区域空间结构的数据的科学和技术。它的主要任务有三个方面：一是研究确定地球的形状和大小，为地球科学提供必要的数据和资料；二是将地球表面的地物、地貌测绘成图；三是将图纸上的设计成果测设至现场。根据研究的具体对象及任务的不同，传统上又将测量学分为以下几个主要分支学科。

大地测量学(geodesy)——是研究和确定地球形状、大小、重力场、整体与局部运动和地面点的几何位置以及它们的变化的理论和技术的学科。

地形测量学(topography)——是研究如何将地球表面局部区域内的地物、地貌及其他有关信息测绘成地形图的理论、方法和技术的学科。

摄影测量与遥感学(photogrammetry and remote sensing)——是研究利用电磁波传感器获取目标物的影像数据，从中提取语义和非语义信息，并用图形、图像和数字形式进行表达的学科。

地图制图学(cartography)——是研究模拟和数字地图的基础理论、设计、编绘、复制的技术、方法以及应用的学科。

工程测量学(engineering surveying)——是研究在工程建设的设计、施工和管理各阶段中进行测量工作的理论、方法和技术的学科。工程测量是测绘科学与技术在国民经济和国防建设中的直接应用。

工程测量按所服务的工程种类，也可分为建筑工程测量、线路测量、桥梁与隧道测量、矿山测量、城市测量和水利工程测量等。此外，用于大型设备的高精度定位和变形观测称为高精度工程测量；将摄影测量技术应用于工程建设称为工程摄影测量；而将以电子全站仪或地面摄影仪为传感器在电子计算机支持下的测量称为三维工程测量。

1.1.2 建筑工程测量的任务与作用

1. 建筑工程测量的任务

建筑工程测量是工程测量学的一个组成部分。它主要研究建筑工程中工程勘测设计、工程施工和运营管理各阶段所进行的各种测量工作的理论、技术和方法。建筑工程测量的主要任务可归纳为测定、测设和监测三个方面。

2. 建筑工程测量的作用

(1) 提供各种图件资料

在工程建设规划阶段，首先需要提供待建区的形状、大小、地面的地貌和地物情况，为建筑设计提供详细、准确的各种比例尺的图件资料，以便确定布局合理、经济实用的设计与规划方案；工程竣工后，还要为工程验收和以后的维修管理提供竣工图。此外，建筑工程测量还为与建筑相关的土地划拨、产权边界测定和房屋管理等提供相关的图件。

(2) 施工放样(测设)

在施工前，需要将图纸上设计好的建筑物位置在施工场地上标定出来，作为施工的依据。在建筑工程施工过程中，进行定位测量，以配合和指导施工，保证施工和安装的质量；工程完成后，测绘竣工图，供日后扩建、改建、维修和管理使用。

(3) 运营监测

竣工后的运营管理阶段的测量，包括竣工测量以及为监视工程安全状况的变形观测与维修养护等测量工作。

由此可见，测量工作贯穿工程建设的全过程，测量是任何建筑工程必须要进行的工作，可以说没有测量工作辅助，工程建设也就无从谈起。同时，一个好的测量成果在工程

的质量保障中起到决定性的作用。作为工程建设中最为基础的工作，建筑工程测量对于建筑工程各个阶段的工作具有至关重要的作用和意义。因此，建筑工程测量是工程测量专业和工程建设相关专业学生必须掌握的一项专业技能，只有熟练掌握测量知识，才能在实际工作中运用测量知识解决实际问题。

任务 1.2 认识地球的形状和大小

学习引导

无论是测图还是放线，其本质都是确定地面点的空间位置以及点与点之间的相对位置关系，而这种测量工作是在地球的自然表面上进行的。测量基准的确定、测量成果的计算及处理都与地球的形状和大小有关。因此，进行测量工作，就有必要先研究地球的形状和大小。

地球的自然表面是很不规则的，其上有高山、深谷、丘陵、平原、江湖、海洋等，最高的珠穆朗玛峰高出海平面 8844.43m，最深的太平洋马里亚纳海沟低于海平面 11 022m，其相对高差不足 20km，与地球的平均半径 6371km 相比，是微不足道的，就整个地球表面而言，陆地面积仅占 29%，而海洋面积占了 71%。因此，我们可以设想地球的整体形状是被海水所包围的球体，即设想将一静止的海洋面扩展延伸，使其穿过大陆和岛屿，形成一个封闭的曲面，如图 1-1 所示。静止的海水面称作水准面。由于海水受潮汐风浪等影响而时高时低，故水准面有无穷多个，其中与平均海水面相吻合的水准面称作大地水准面(基准面)。由大地水准面所包围的形体称为大地体。通常用大地体来代表地球的真实形状和大小。

水准面的特性是处处与铅垂线(基准线)相垂直。同一水准面上各点的重力位相等，故又将水准面称为重力等位面，它具有几何意义及物理意义。水准面和铅垂线就是实际测量工作所依据的面和线。

由于地球内部质量分布不均匀，地面上各点的铅垂线方向产生不规则变化，所以，大地水准面是一个不规则的无法用数学式表述的曲面，在这样的面上是无法进行测量数据的计算及处理的。因此，人们进一步设想，用一个与大地体非常接近的又能用数学式表述的规则球体即旋转椭球体来代表地球的形状。如图 1-2 所示，它由椭圆绕短轴旋转而成。旋转椭球体的形状和大小由椭球基本元素确定，即长半轴 a、短半轴 b 和扁率 α。扁率的计算式为

$$\alpha=\frac{a-b}{a}$$

某一国家或地区为处理测量成果而采用与大地体的形状大小最接近，又适合本国或本地区要求的旋转椭球，这样的椭球体称为参考椭球体。确定参考椭球体与大地体之间的相对位置关系，称为椭球体定位。参考椭球体面只具有几何意义而无物理意义，它是严格意义上的测量计算基准面。

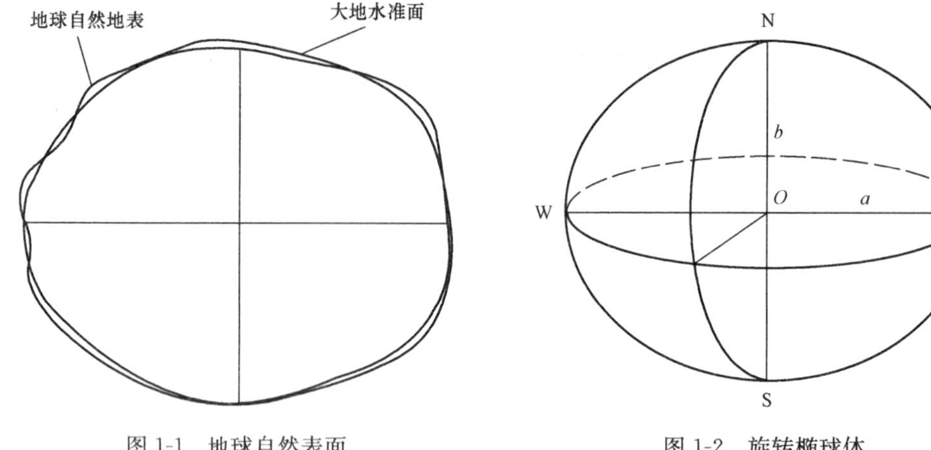

图 1-1　地球自然表面　　　　图 1-2　旋转椭球体

几个世纪以来，许多学者分别测算出许多椭球体元素值，表 1-1 列出了几个著名的椭球体。我国的 1954 北京坐标系采用的是克拉索夫斯基椭球体，1980 国家大地坐标系采用的是 1975 国际椭球体，而全球定位系统(global positioning system，GPS)采用的是 WGS-84 椭球体。

表 1-1　几个著名椭球体的椭球参数

椭球体名称	长半轴 a/m	短半轴 b/m	扁率 α	计算年代和国家	备注
贝塞尔	6 377 397	6 356 079	1∶299.152	1841 德国	
海福特	6 378 388	6 356 912	1∶297.0	1910 美国	1942 国际 第一个推荐值
克拉索夫斯基	6 378 245	6 356 863	1∶298.3	1940 苏联	中国 1954 北京坐标系采用
1975 国际	6 378 140	6 356 755	1∶298.257	1975 国际 第三个推荐值	中国 1980 国家 大地坐标系采用
WGS-84	6 378 137	6 356 752	1∶298.257	1979 国际 第四个推荐值	美国 GPS 采用

随着社会的进步，国民经济建设、国防建设和社会发展、科学研究等领域对国家大地坐标系提出了新的要求，迫切需要采用原点位于地球质量中心的坐标系统(以下简称地心坐标系)作为国家大地坐标系。采用地心坐标系，有利于现代空间技术对坐标系进行维护和快速更新，有利于测定高精度大地控制点三维坐标，并提高测图工作效率。

2008 年 3 月，国土资源部(现为自然资源部)正式上报国务院《关于中国采用 2000 国家大地坐标系的请示》，并于 2008 年 4 月获得国务院批准。自 2008 年 7 月 1 日起，中国全面启用 2000 国家大地坐标系，国家测绘局授权组织实施。

2000 国家大地坐标系是全球地心坐标系在我国的具体体现，其原点为包括海洋和大气的整个地球的质量中心。Z 轴指向 BIH1984.0(BIH 为国际时间局)定义的协议极地方向，X 轴指向 BIH1984.0 定义的零子午面与协议赤道的交点，Y 轴按右手坐标系确定。

2000国家大地坐标系采用的地球椭球参数为

$$长半轴\ a=6\ 378\ 137\text{m}$$

$$扁率\ \alpha=1/298.257\ 222\ 101$$

$$地心引力常数\ GM=3.986\ 004\ 418\times10^{14}\text{m}^3/\text{s}^2$$

$$自转角速度\ \omega=7.292\ 115\times10^{-5}\text{rad/s}$$

$$短半轴\ b=6\ 356\ 752.31\ 414\text{m}$$

$$极曲率半径\ c=6\ 399\ 593.62\ 586\text{m}$$

$$第一偏心率\ e=0.0\ 818\ 191\ 910\ 428$$

由于参考椭球的扁率很小，在小区域的普通测量中可将地(椭)球看作圆球，其半径 $R=(a+a+b)/3=6371\text{km}$。

任务1.3　地面点位的确定方法

■ 学习引导

知道了测量工作的基准面与基准线，要将地面上一点表示出来，还必须了解地面点位的表示方法。地面点的位置需用坐标和高程三维量来确定。坐标表示地面点投影到基准面上的位置，高程表示地面点沿投影方向到基准面的距离。根据不同的需要可以采用不同的坐标系和高程系。

1.3.1　地理坐标

在研究和测定整个地球的形状或进行大区域的测绘工作时，可用地理坐标来确定地面点的位置。地理坐标是一种球面坐标，依据球体的不同而分为天文坐标和大地坐标。

1. 天文坐标

以大地水准面为基准面，地面点沿铅垂线投影在该基准面上的位置，称为该点的天文坐标。该坐标用天文经度和天文纬度表示。如图1-3所示，将大地体看作地球，NS即地球的自转轴，N为北极，S为南极，O 为地球体中心。包含地面点 P 的铅垂线且平行于地球自转轴的平面称为 P 点的天文子午面。天文子午面与地球表面的交线称为天文子午线，也称经线。而将通过英国格林尼治天文台埃里中星仪的子午面称为起始子午面，相应的子午线称为起始子午线，也称零子午线或本初子午线，并作为经度计量的起点。过 P 点的天文子午面与起始子午面所夹的两面角就称为 P 点的天文经度。用 λ 表示，其值为0°～180°，在本初子午线以东的叫东经，以西的叫西经。

通过地球体中心 O 且垂直于地轴的平面称为赤道面。它是纬度计量的起始面。赤道面与地球表面的交线称为赤道。其他垂直于地轴的平面与地球表面的交线称为纬线。过点 P 的铅垂线与赤道面之间所夹的线面角就称为 P 点的天文纬度。用 φ 表示，其值为0°～90°，在赤道以北的叫北纬，以南的叫南纬。

天文坐标(λ,φ)是用天文测量的方法实测得到的。

2. 大地坐标

以参考椭球面为基准面，地面点沿椭球面的法线投影在该基准面上的位置，称为该点的大地坐标。该坐标用大地经度和大地纬度表示。如图 1-4 所示，包含地面点 P 的法线且通过椭球旋转轴的平面称为 P 的大地子午面。过 P 点的大地子午面与起始大地子午面所夹的两面角就称为 P 点的人地经度，用 L 表示，其值分为东经 0°~180°和西经 0°～180°。过点 P 的法线与椭球赤道面所夹的线面角就称为 P 点的大地纬度，用 B 表示，其值分为北纬 0°～90°和南纬 0°～90°。我国 1954 北京坐标系和 1980 国家大地坐标系就是分别依据两个不同的椭球建立的大地坐标系。

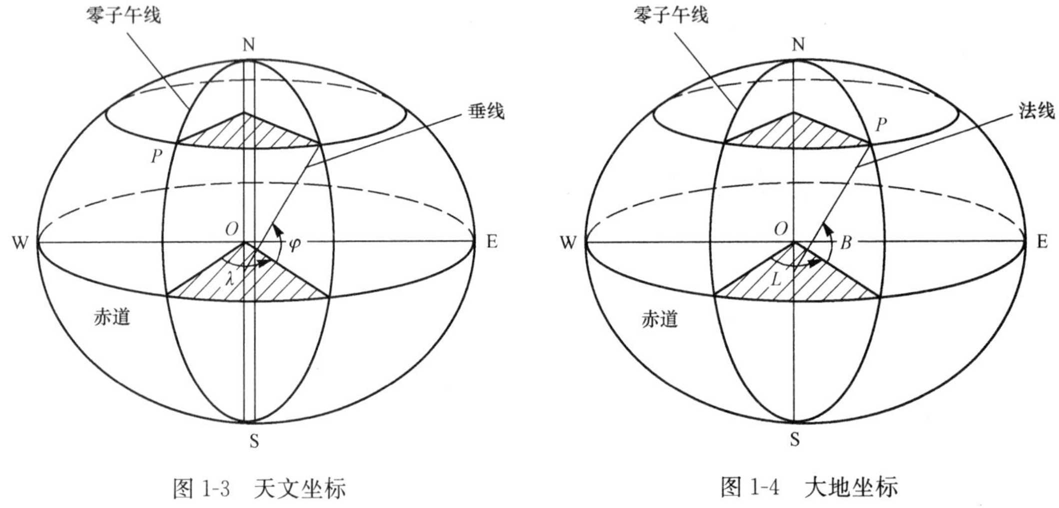

图 1-3　天文坐标　　　　图 1-4　大地坐标

大地坐标(L,B)因所依据的椭球体面不具有物理意义而不能直接测得，只可通过计算得到。它与天文坐标的关系为

$$\begin{cases} L=\lambda \dfrac{\eta}{\cos\varphi} \\ B=\varphi-\zeta \end{cases} \tag{1-1}$$

式中　η——过同一地面点的垂线与法线的夹角在东西方向上的垂线偏差分量；

ζ——在南北方向上的垂线偏差分量。

1.3.2　平面直角坐标

在实际测量工作中，若用以角度为度量单位的球面坐标来表示地面点的位置不方便时，通常采用平面直角坐标。测量工作中所用的平面直角坐标与数学上的直角坐标基本相同，只是测量工作以 x 轴为纵轴，一般表示南北方向，以 y 轴为横轴，一般表示东西方向，象限为顺时针编号，直线的方向都是从纵轴北端按顺时针方向度量的，如图 1-5 所示。这样的规定，使数学中的三角公式在测量坐标系中完全适用。

1. 独立测区的平面直角坐标

当测区的范围较小，能够忽略该区地球曲率的影响而将其当作平面看待时，可在此平面上建立独立的直角坐标系。一般选定子午线方向为纵轴，即 x 轴，原点设在测区的西南

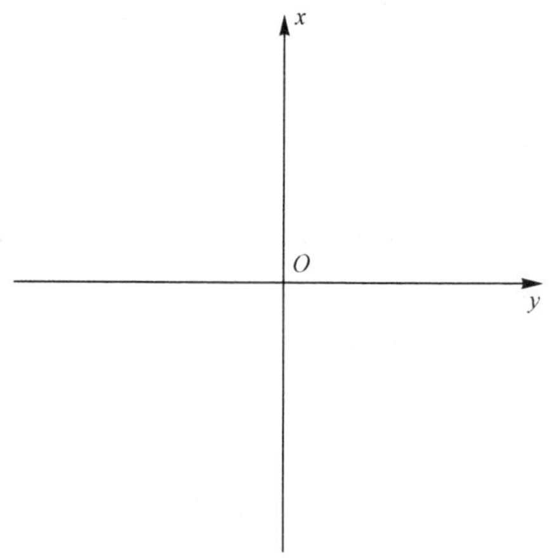

图 1-5　测量平面直角坐标系

角，以避免坐标出现负值。测区内任一地面点用坐标(x,y)来表示，它们与本地区统一坐标系没有必然的联系，而为独立的平面直角坐标系。如有必要可通过与国家坐标系联测而纳入统一坐标系。经过估算，在面积为 300km² 的多边形范围内，可以忽略地球曲率影响而建立独立的平面直角坐标系，当测量精度要求较低时，这个范围还可以扩大数倍。

2. 高斯平面直角坐标系

当测区范围较大时，要建立平面坐标系，就不能忽略地球曲率的影响，为了解决球面与平面这对矛盾，则必须采用地图投影的方法将球面上的大地坐标转换为平面直角坐标。目前我国采用的是高斯投影，高斯投影是由德国数学家、测量学家高斯提出的一种横轴等角切椭圆柱投影，该投影解决了将椭球面转换为平面的问题。从几何意义上看，就是假设一个椭圆柱横套在地球椭球体外并与椭球面上的某一条子午线相切，这条相切的子午线称为中央子午线。假想在椭球体中心放置一个光源，通过光线将椭球面上一定范围内的物象映射到椭圆柱的内表面上，然后将椭圆柱面沿一条母线剪开并展成平面，即获得投影后的平面图形，如图 1-6 所示。

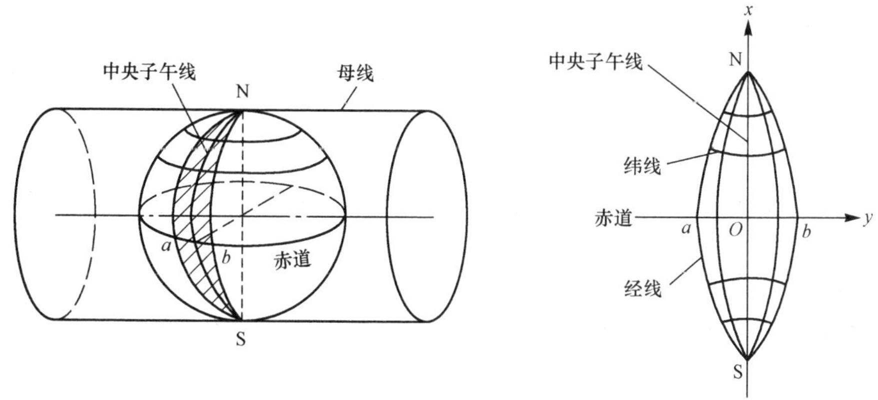

图 1-6　高斯投影的概念

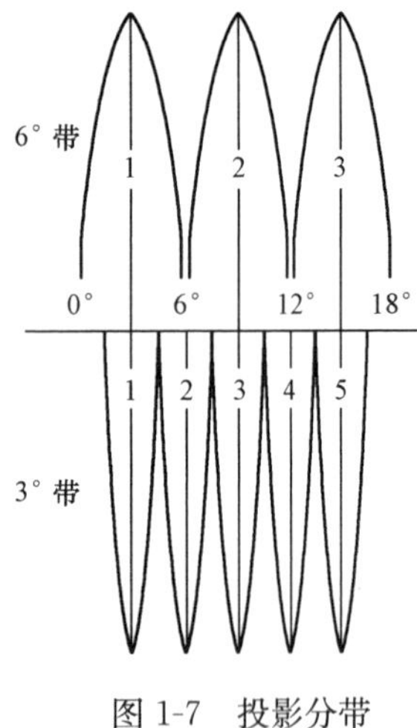

图 1-7　投影分带

该投影的经纬线图形有以下特点。

1）投影后的中央子午线为直线，无长度变化。其余的经线投影为凹向中央子午线的对称曲线，长度较球面上的相应经线略长。

2）赤道的投影也为一直线，并与中央子午线正交。其余的纬线投影为凸向赤道的对称曲线。

3）经纬线投影后仍然保持相互垂直的关系，说明投影后的角度无变形。

高斯投影没有角度变形，但有长度变形和面积变形，离中央子午线越远，变形就越大，为了对变形加以控制，测量中采用限制投影区域的办法，即将投影区域限制在中央子午线两侧一定的范围，这就是所谓的分带投影，如图 1-7 所示。投影带一般分为 6°带和 3°带两种，如图 1-8 所示。

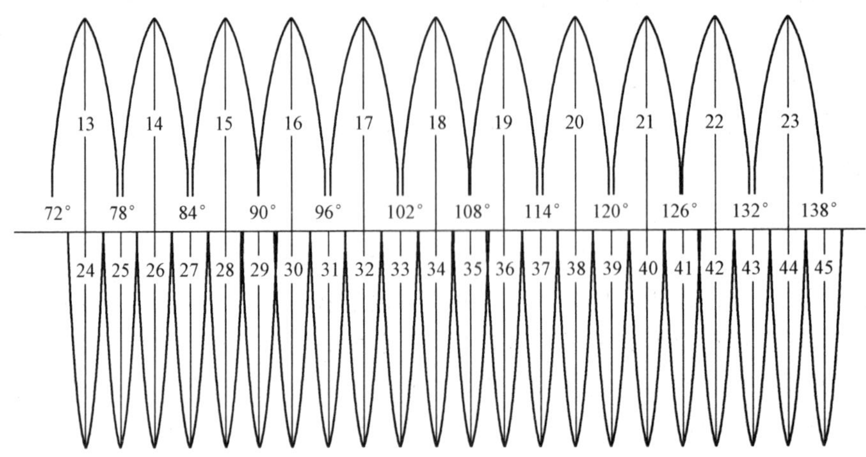

图 1-8　6°带和 3°带投影

6°带投影是从英国格林尼治起始子午线开始，自西向东，每隔经差 6°分为一带，将地球分成 60 个带，其编号分别为 1、2、…、60。每带的中央子午线经度可用下式计算。

$$L_6=(6n-3)^\circ \tag{1-2}$$

式中　n——6°带的带号。6°带的最大变形在赤道与投影带最外一条经线的交点上，长度变形为 0.14%，面积变形为 0.27%。

3°投影带是在 6°带的基础上划分的。每 3°为一带，共 120 带，其中央子午线在奇数带时与 6°带中央子午线重合，每带的中央子午线经度可用下式计算。

$$L_3=3^\circ n' \tag{1-3}$$

式中　n'——3°带的带号。3°带的边缘最大变形缩小为长度 0.04%，面积 0.14%。

我国领土位于东经 72°～136°，共包括了 11 个 6°投影带，即 13～23 带；22 个 3°投影带，即 24～45 带。

通过高斯投影，将中央子午线的投影作为纵坐标轴，用 x 表示，将赤道的投影作为横坐标轴，用 y 表示，两轴的交点作为坐标原点，由此构成的平面直角坐标系称为高斯平面直角坐标系，如图 1-9 所示。对应于每一个投影带，就有一个独立的高斯平面直角坐标系，区分各带坐标系则利用相应投影带的带号。

在每一投影带内，y 坐标值有正有负，这对计算和使用均不方便，为了使 y 坐标都为正值，将纵坐标轴向西平移 500km(半个投影带的最大宽度不超过 500km)，并在 y 坐标前加上投影带的带号。如图 1-9 中的 A 点位于 18 带，其自然坐标为 x=3 395 451m，y=－82 261m，它在 18 带中的高斯通用坐标则为 X=3 395 451m，Y=18 417 739m。

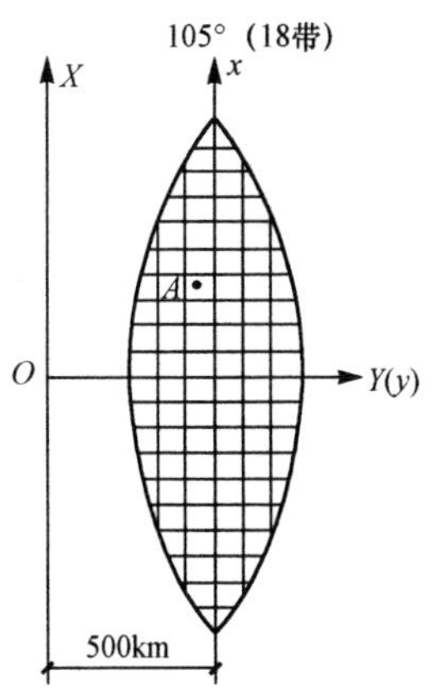

图 1-9　高斯平面直角坐标

1.3.3　地心坐标

卫星大地测量是利用空中卫星的位置来确定地面点的位置。由于卫星围绕地球质心运动，所以卫星大地测量中需采用地心坐标系。该系统一般有两种表达式，如图 1-10 所示。

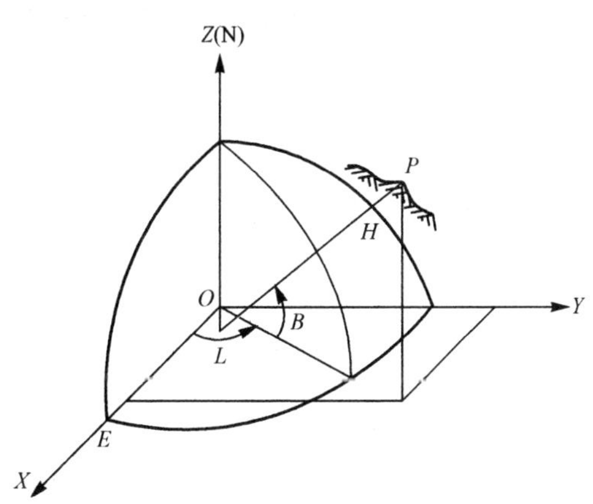

图 1-10　空间直角坐标系

地心空间直角坐标系：坐标系原点 O 与地球质心重合，Z 轴指向地球北极，X 轴指向格林尼治起始子午面与地球赤道的交点 E，Y 轴垂直于 XOZ 平面构成右手坐标系。

地心大地坐标系：椭球体中心与地球质心重合，椭球短轴与地球自转轴相合，大地经度 L 为过地面点的椭球子午面与格林尼治起始子午面的夹角，大地纬度 B 为过地面点的法线与椭球赤道面的夹角，大地高 H 为地面点沿法线至椭球面的距离。

于是，任一地面点 P 在地心坐标系中的坐标，可表示为 (X,Y,Z) 或 (L,B,H)。两者之间有一定的换算关系。

1.3.4　高程

在一般的测量工作中都以大地水准面作为高程起算的基准面。因此，地面任一点沿铅垂线方向到大地水准面的距离就称为该点的绝对高程或海拔，简称高程，用 H 表示。如图 1-11 所示，图中的 H_A、H_B 分别表示地面上 A、B 两点的高程。我国规定以 1950—1956 年青岛验潮站多年记录的黄海平均海水面作为我国的大地水准面，由此建立的高程系统称为“1956 黄海高程系”。新的国家高程基准面是根据青岛验潮站 1952—1979 年间的验潮资料计算确定的，依此基准面建立的高程系统称为“1985 国家高程基准”，并于 1987 年开始启用。

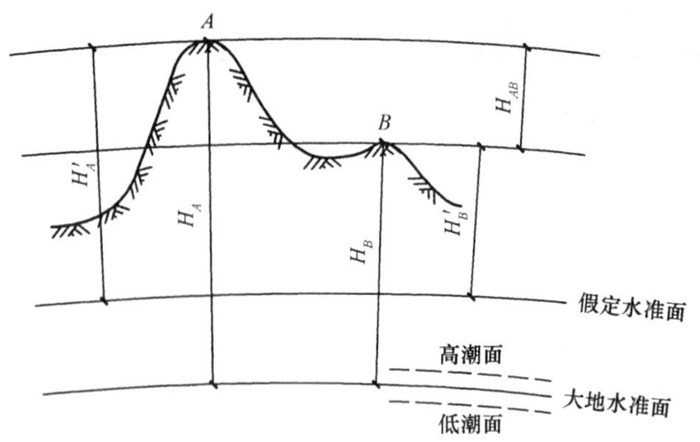

图 1-11 地面点的高程

若测区附近暂时没有国家高程点可联测，也可临时假定一个水准面作为该区的高程起算面。地面点沿铅垂线至假定水准面的距离，称为该点的相对高程或假定高程。如图 1-8 中的 H'_A、H'_B分别为地面上 A、B 两点的假定高程。

地面上两点之间的高程之差称为高差，用 h 表示，例如，A 点至 B 点的高差可写为

$$h=H_B-H_A=H'_B-H'_A \tag{1-4}$$

由上式可知，高差有正、有负，并用下标注明其方向。在土木建筑工程中，又将绝对高程和相对高程统称为标高。

任务 1.4 测量的基本工作和原则

学习引导

测量工作的基本任务是要确定地面点的几何位置。确定地面点的几何位置需要进行一些测量的基本工作，为了保证测量成果的精度及质量需遵循一定的测量原则。

1.4.1 测量的基本工作

如图 1-12 所示，A、B、C、D、E 为地面上高低不同的一系列点，构成空间多边形 $ABCDE$，图下方为水平面。从 A、B、C、D、E 分别向水平面作铅垂线，这些垂线的垂足在水平面上构成多边形 $abcde$，水平面上各点就是空间相应各点的正射投影；水平面上多边形的各边就是各空间斜边的正射投影；水平面上的角就是包含空间两斜边的两面角在水平面上的投影。地形图就是将地面点正射投影到水平面上后再按一定的比例尺缩绘至图纸上而成的。由此看出，地形图上各点之间的相对位置是由水平距离 D、水平角 β 和高差 h 决定的，若已

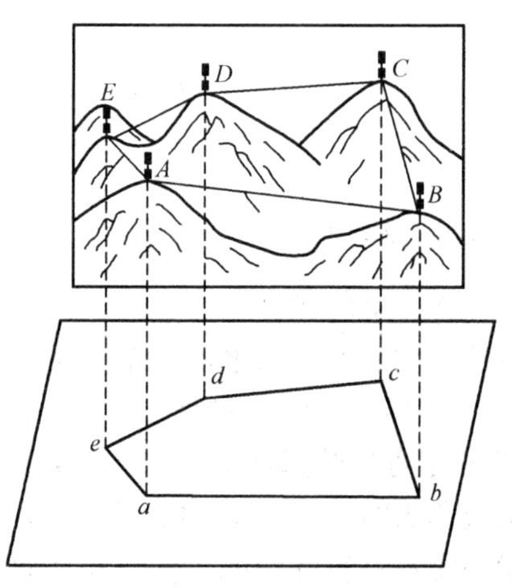

图 1-12 测量的基本工作

知其中一点的坐标(x,y)和过该点的标准方向及该点高程 H，则可借助 D、β 和 h 将其他点的坐标和高程算出。因此，不论进行任何测量工作，在实地要测量的基本要素如下。

1）距离（水平距离或斜距）。

2）角度（水平角和竖直角）。

3）直线的方向。

4）高程（高差）。

1.4.2　工作的原则

测量工作必须遵循的第一条基本原则是“从整体到局部，先控制后碎部”的原则；第二条原则是测量工作中要做到“步步检核”。

测量工作的目的之一是测绘地形图，地形图是通过测量一系列碎部点（地物点和地貌点）的平面位置和高程，然后按一定的比例，应用地形图符号和注记缩绘而成的。测量工作不能一开始就测量碎部点，而是先在测区内统一选择一些起控制作用的点，将它们的平面位置和高程精确地测量计算出来，这些点被称作控制点，由控制点构成的几何图形称作控制网，然后根据这些控制点分别测量各自周围的碎部点，进而绘制成图，如图 1-13 所示的多边形 $A'B'C'D'E'F'$ 就是该测区的控制网。

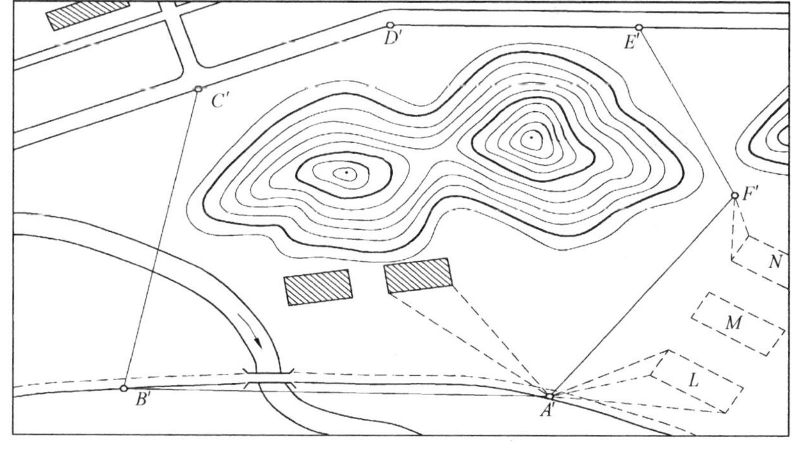

图 1-13　控制测量与碎部测量

思考题与习题

一、名词解释

1. 水准面。

2. 大地水准面。

3. 高斯直角坐标系。

4. 高程。

5. 相对高程。

6. 任意直角坐标系。

7. 水平面。

8. 参考椭球。

二、填空题

1. 测量工作中的铅垂线与________面垂直。

2. 水准面上的任意一点都与________垂直。

3. 地球陆地表面上一点A的高程是A至平均海水面在________方向的长度。

4. 珠穆朗玛峰的高程是8844.43m，此值是指该峰至________处的________长度。

5. 测量工作中采用的平面直角坐标与数学中的平面直角坐标不同之处是________。

6. 实际测量工作中依据的基准面是________面。

7. 实际测量工作中依据的基准线是________线。

8. 局部地区的测量工作有时用任意直角坐标系，此时X坐标轴的正向常取________方向。

三、选择题

1. 任意高度的平静水面________(都不是，都是，有的是)水准面。

2. 不论处于何种位置的静止液体表面________(并不都是，都称为)水准面。

3. 地球曲率对________(距离，高程，水平角)的测量值影响最大。

4. 在小范围内的一个平静湖面上有A、B两点，则B点相对于A点的高差________(>0，<0，$=0$，$\neq 0$)。

5. 大地水准面________(也称为，不同于)参考椭球面。

6. 平均海水面________(是，不是)参考椭球面。

四、简答题

1. 地球的形状为何要用大地体和旋转椭球体来描述?

2. 水准面的特性如何?

3. 测量工作的基本原则是什么?

项目 2

水准测量

项目描述

本项目主要介绍水准测量的原理、水准仪器的使用方法、水准施测方法、水准测量的成果整理。通过本项目内容的学习，学生应能熟悉各种水准仪的使用，理解并掌握水准测量的原理，掌握水准测量的作业方法、作业过程及成果的整理，学会分析作业过程中误差对测量的影响，了解水准仪检验、校正、维护和保养方法，能够达到独立完成水准测量全部过程的目的。

知识目标

- 理解水准测量的基本原理；
- 掌握水准施测方法；
- 熟悉各种常用水准仪的各部件名称、功能；
- 掌握常用水准仪的安置、整平、照准、调焦、读数方法；
- 熟悉水准测量路线布设与选点、埋石；
- 掌握水准测量计算与成果整理；
- 了解水准仪的检验与校正；
- 掌握水准测量误差产生的规律及消除误差的方法；
- 掌握二等水准测量的原理和方法。

能力目标

- 能够对常用的水准仪进行检校和使用；
- 能够进行三、四等水准测量的外业施测；
- 能够对水准测量进行成果整理和内业计算。

任务 2.1　认识水准测量

学习引导

水准测量是建筑施工中的一项基本工作，要顺利完成水准测量工作，首先应该理解并掌握水准测量的原理。

2.1.1 水准测量的基本原理

水准测量的基本原理是利用水准仪提供的水平视线，观测两端地面点上垂直竖立的水准标尺，以测定两点间的高差，进而求得待定点高程。

如图 2-1 所示，若要测定 A、B 两点间的高差，则须在 A、B 两点上分别垂直竖立水准标尺，在 A、B 两点中间安置水准仪，用仪器的水平视线分别在 A、B 两点的标尺上读取标尺分划数 a 和 b，则 A、B 两点间的高差为

$$h_{AB}=a-b \tag{2-1}$$

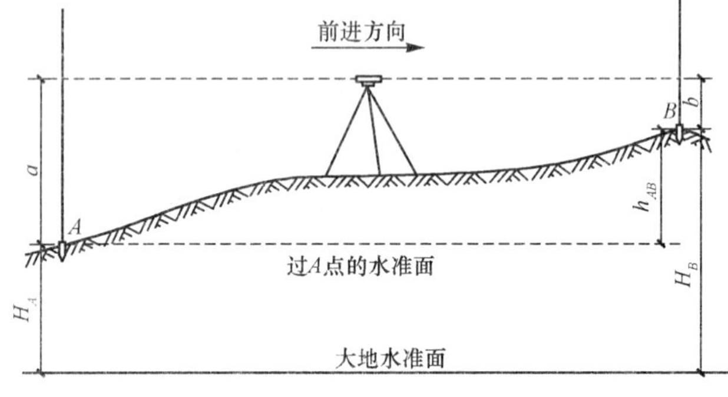

图 2-1 水准测量原理图

若水准测量是沿 A 到 B 的方向前进，则 A 点称为后视点，其竖立的标尺称为后视标尺，读数值 a 称为后视读数；B 点称为前视点，竖立的标尺称为前视标尺，读数值 b 称为前视读数。因此，两点间的高差等于后视读数减去前视读数。

1. 高差有正(＋)负(－)之分

当 B 点比 A 点高时，前视读数 b 比后视读数 a 要小，高差为正；当 B 点比 A 点低时，前视读数 b 比后视读数 a 要大，高差为负。因此，水准测量的高差 h 必须冠以“＋”号或“－”号。

2. 高差具有方向性

h_{AB} 表示 B 点相对于 A 点的高差；而 A 点相对于 B 点的高差则为 h_{BA}，它与 h_{AB} 的绝对值大小相等，符号相反，即

$$h_{AB}=-h_{BA} \tag{2-2}$$

显然，如果 A 点的高程为已知，则 B 点的高程为

$$H_B=H_A+h_{AB}=H_A-h_{BA} \tag{2-3}$$

2.1.2 连续水准测量

对于长距离或大高差段的两点间高差测定，由于受到仪器高度和视距长度的影响，我们经常无法安置一次仪器就测得高差，这种情况下，就需要在两点间加设若干个临时的立尺点，测量很多站，再把各个测站的高差累积在一起，就得到两点间高差。我们把这种测量方式称为连续水准测量，如图 2-2 所示。

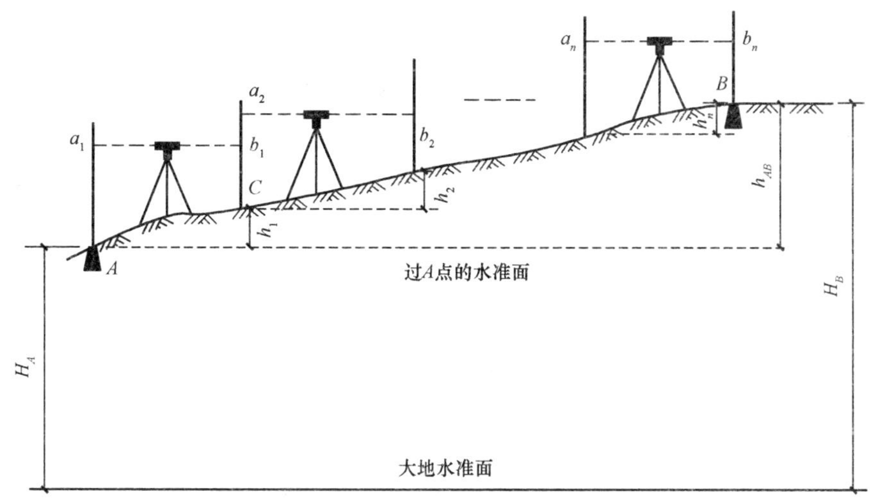

图 2-2　连续水准测量

1）起点至终点的高差等于各测站高差之总和，也等于各测站所有后视读数之总和减去所有前视读数之总和。

根据水准测量原理，可得出各测站的高差计算公式

$$\begin{cases} h_1 = a_1 - b_1 \\ h_2 = a_2 - b_2 \\ \vdots \\ h_n = a_n - b_n \end{cases} \tag{2-4}$$

将以上各段高差相加，则得 A、B 两点间的高差 h_{AB} 为

$$h_{AB} = h_1 + h_2 + \cdots + h_n = \sum_{1}^{n} h_i \tag{2-5}$$

或

$$\begin{aligned} h_{AB} &= (a_1 - b_1) + (a_2 - b_2) + \cdots + (a_n - b_n) \\ &= (a_1 + a_2 + \cdots + a_n) - (b_1 + b_n + \cdots + b_n) \\ &= \sum_{i=1}^{n} a_i - \sum_{i=1}^{n} b_i \end{aligned} \tag{2-6}$$

式(2-6)在水准测量过程中通常用来检核计算成果。

2）若已知 A 点的高程 H_A，则 B 点的高程 H_B 为

$$H_B = H_A + h_{AB} = H_A + \sum_{i=1}^{n} h_i \tag{2-7}$$

3）测站、转点。水准测量过程中，安置仪器的地方称为测站。在观测时，每安置一次仪器并完成相应的观测称为一个测站。

水准测量过程中，临时设置的立尺点称为转点。由于转点只起到传递高程的作用，不需要测出其高程，因此不需要有固定的点位，只需在地面上合适的位置放上尺垫，踩实并垂直竖立标尺即可。观测完毕拿走尺垫，继续往前观测。

完成一个测站后，将仪器搬至下一测站的过程，称为迁站。

提示：

① 水准测量过程中，只有转点能放置尺垫，水准点上不能放尺垫。

② 在一个测站上，前、后视读数都测合格后，后视尺的标尺和尺垫才能随仪器一同迁站。决不允许测完后视标尺，立尺员就移动尺垫。

任务 2.2 水准测量的仪器和工具

学习引导

掌握了水准测量的原理后，在进行水准测量的外业施测前，要准备好水准测量的仪器和工具。学习本节内容，首先需认识水准测量所需的仪器和工具，然后通过实例讲解演示来认识并掌握水准仪各个构件的功能及配套工具的使用。

2.2.1 水准仪的种类

水准仪是测定地面点高程的主要仪器之一，与其相配合的测量工具有水准尺和尺垫。水准仪主要由照准部、基座和三脚架三部分组成。国产水准仪按其精度分，有 DS05、DS1、DS3 等不同精度的水准仪。D，即“大地(Dadi)”的汉语拼音首字母；“S”是水准仪的代号，即“水(Shui)”的汉语拼音首字母，合在一起就指“大地水准仪”；数字表示精度，即每千米水准测量往、返测高差中数的偶然中误差分别为±0.5mm，±1mm，±3mm。数字越小精度越高。DS05、DS1 属精密水准仪，DS3 属普通水准仪。在工程测量、地形测量和国家三、四等水准测量中，常使用 DS3 型光学水准仪，因此，本任务重点介绍 DS3 型光学水准仪。

2.2.2 DS3 型微倾式水准仪的构造

图 2-3 所示为常见的 DS3 型光学水准仪，图 2-4 所示为 DS3 型微倾式水准仪构造简图。它由望远镜、水准器及基座等部分构成。因该类型水准仪使用微倾螺旋控制水准管水平，故常称为微倾式光学水准仪。

图 2-3 常见的 DS3 型光学水准仪

1. 望远镜

望远镜主要由物镜、目镜、十字丝分划板、调焦(对光)装置及固定和连接这些光学零件的望远镜筒所组成(图 2-5)。十字丝分划板安置在物镜和目镜之间，观测目标时，要求物体在望远镜中的成像恰好与十字丝平面共面。

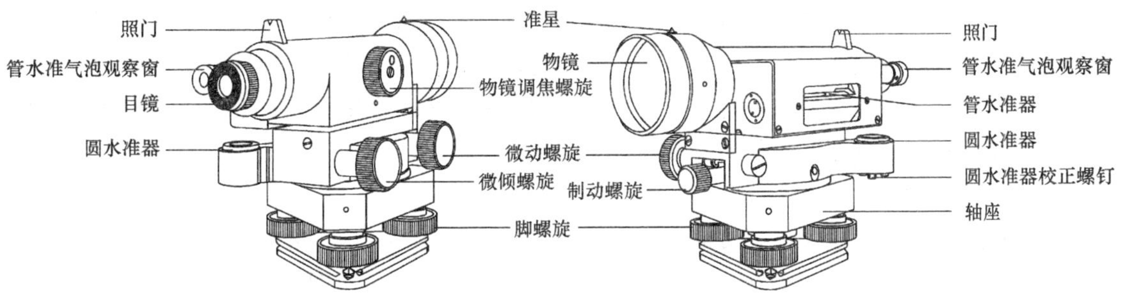

图 2-4 DS3 型微倾式水准仪构造简图

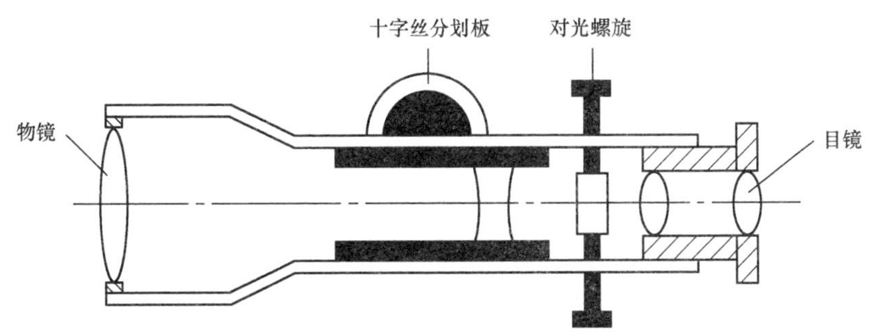

图 2-5 望远镜剖面图

十字丝是刻在玻璃薄片上相互垂直的细线。竖直的称为纵丝(又称竖丝)，横向的称为横丝(又称中丝、水平丝)。横丝上、下两根对称的用来测定距离的短线，称为视距丝，视距丝又分上丝和下丝。望远镜的物镜光心与十字丝网中心的连线就是望远镜的视准轴，又称照准轴，它可用于照准目标。望远镜的作用并不是将物体放大，而是将人眼观察物体的视角放大了，故用望远镜能看清远处的目标。

2. 调焦螺旋

调焦螺旋分为目镜调焦环和物镜调焦(对光)螺旋。目镜调焦环用来调节十字丝的清晰程度；对光螺旋用来调节物像的清晰程度，两者在使用时应配合使用。具体光路图如图 2-6 所示。

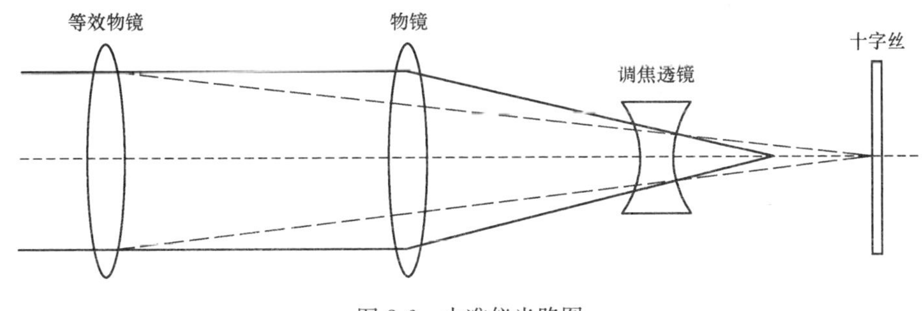

图 2-6 水准仪光路图

3. 圆水准器

圆水准器由玻璃圆柱管制成，其内表面是磨成一定半径的圆球面，中央刻有小圆圈，其圆心称为圆水准器的零点。过零点的球面法线称为圆水准器轴，如图 2-7 所示。当圆水准气泡居中时，该轴处于竖直位置，若圆水准器轴平行于仪器竖轴，则气泡居中时竖轴就处于铅垂位置。当气泡不居中时，气泡中心偏离零点 2mm，轴线所倾斜的角值，称为圆水准器分划值，一般为 8′～10′。由于圆水准器的精确度较低，故只用于仪器的粗略整平。

4. 管水准器

管水准器又称水准管，用玻璃圆管制成，其内壁磨成一定半径的圆弧，管内注满酒精和乙醚的混合液，经加热封闭冷却后，管内形成一个气泡，如图 2-8 所示。由于气泡较轻，它恒处于内圆弧的最高点。

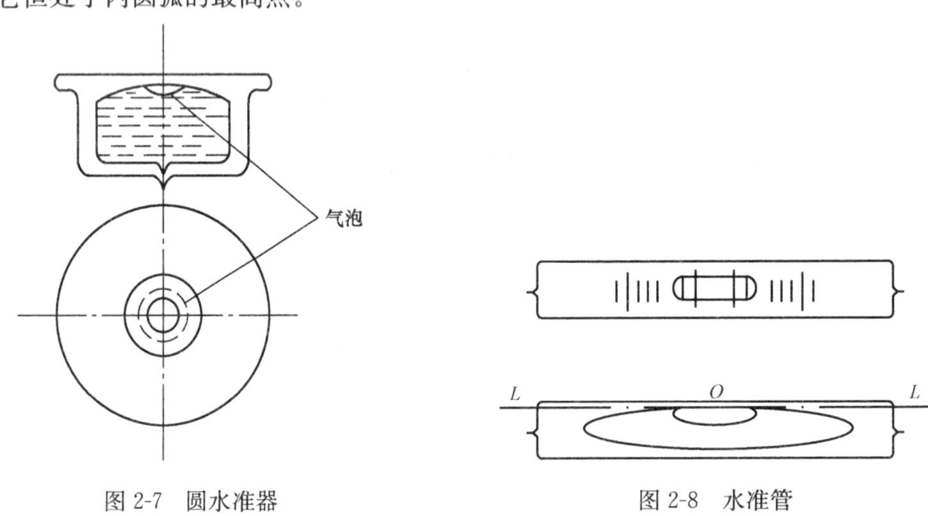

图 2-7　圆水准器　　　　图 2-8　水准管

水准管内表面的中点 O 称为水准管零点，通过零点与圆弧相切的切线(L—L)称为水准管轴。当水准管气泡中心位于水准管零点时，称气泡居中，此时水准管轴水平。若水准管轴平行于视准轴，则水准管气泡居中时，视准轴也处于水平位置，仪器视线即水平视线。

在水准管外表面，对称于零点的左右两侧，刻划有 2mm 间隔的分划线，每 2mm 弧长所对的圆心角 τ，称为水准管分划值，即

$$\tau=\frac{2}{R}\cdot\rho \tag{2-8}$$

式中　$\rho=206\ 265''$；

R——水准器圆弧半径，mm；

τ——水准管分划值，($''$)。

分划值 ι 的几何意义是：当水准管气泡移动 2mm 时，水准管轴倾斜的角度为 τ。显然，圆弧半径越大，水准管分划值越小，水准管灵敏度越高，整平仪器的精度也越高；反之，置平精度就低。DS3 型水准仪的水准管分划值为 20″，记作 20″/(2mm)。水准管用来精平仪器。

为了提高水准管气泡居中的精度，目前生产的微倾式水准仪，都在水准管上方装有一组符合棱镜装置。符合棱镜的折光作用，使气泡两端的影像反射在望远镜左边的符合气泡

观察窗中。如两个半气泡的影像吻合时，就表示气泡居中，若两个半气泡影像错开，则表示气泡不居中，如图 2-9 所示。这时，可转动目镜下方右侧的微倾螺旋使气泡的影像吻合。这种装有符合棱镜组的水准管，称为符合水准器。

5. 基座

水准仪基座的作用是支撑仪器的上部并通过中心螺旋与三脚架相连(图 2-10)。它主要由轴座、脚螺旋、底板和三脚压板构成。转动脚螺旋，可使圆水准气泡居中，使仪器竖轴处于铅垂位置。

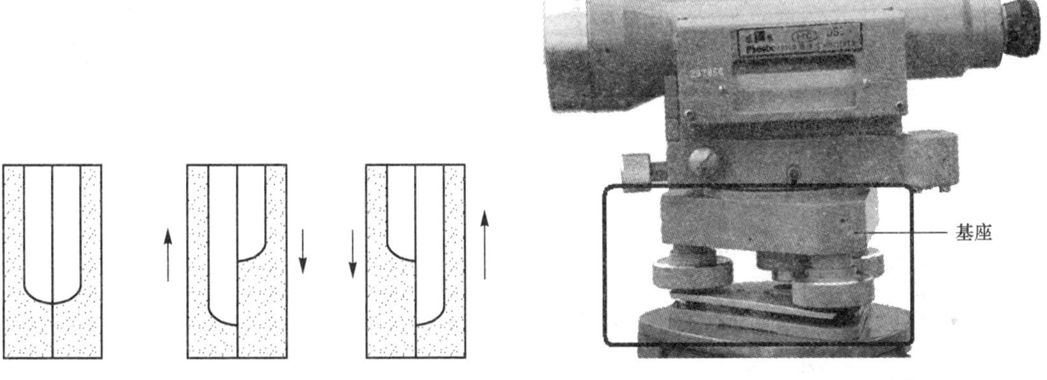

图 2-9　符合水准器气泡　　　　图 2-10　水准仪基座

6. 三脚架

三脚架用于支撑和安置水准仪，有木质脚架和铝合金脚架(图 2-11)之分。

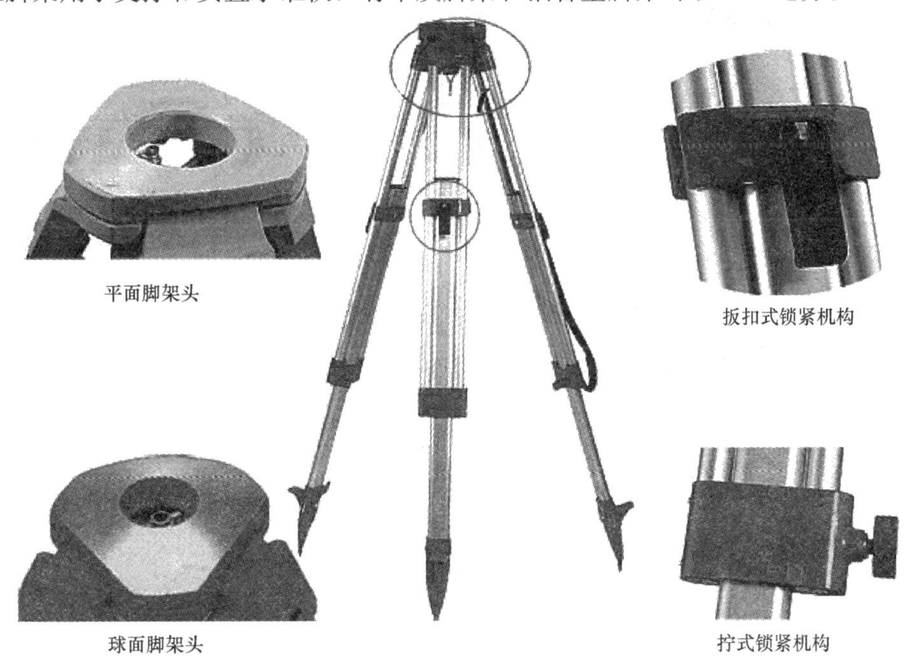

图 2-11　三脚架

2.2.3 水准尺和尺垫

水准尺是水准测量的重要工具，在水准测量作业时与水准仪配合使用，如图 2-12(a)所示。水准标尺按其构造不同可分为折尺、塔尺、直尺等。用于普通水准测量的标尺一般为区格式双面直尺，称为双面水准尺。尺面基本分划为 1cm，为了避免观测时产生印象错误和进行每站的计算检核，每对双面标尺的黑面底部起点均为 0，而红面底部起点分别为 4687mm 和 4787mm。标尺必须成对使用，即红面起始读数分别为 4687 和 4787 的两根标尺为一对，切莫用错。

尺垫，由生铁铸成，如图 2-12(b)所示。一般为三角形的板座，其下方有三个脚，可以插入土中以防下沉或减小水准尺下沉，保证测量精度。其顶面中央有凸起的半球体，供水准测量时竖立水准尺和标志转点用。

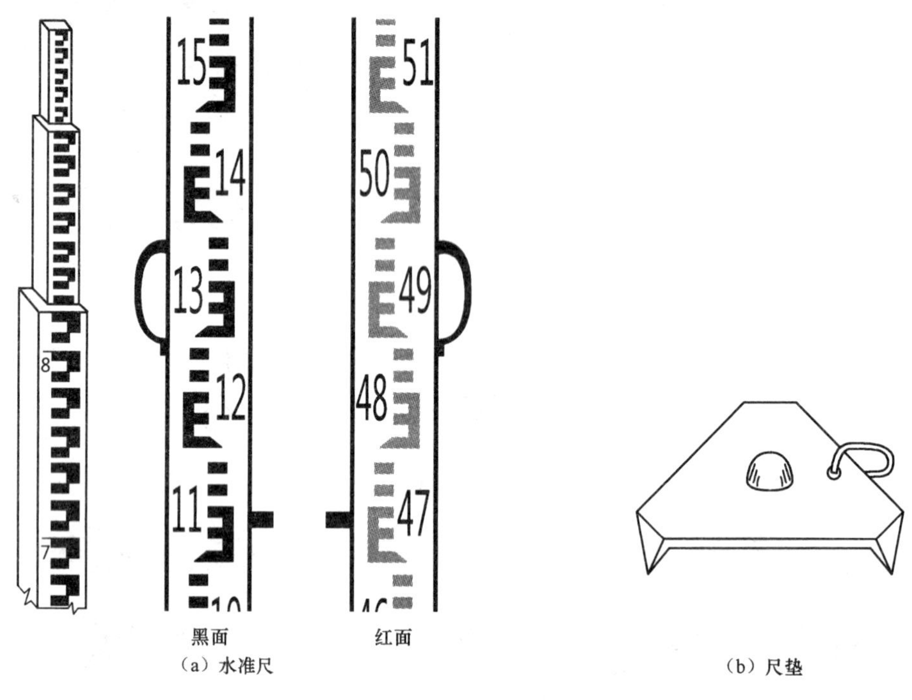

(a) 水准尺　　(b) 尺垫

图 2-12　水准尺和尺垫

任务 2.3　水准仪的使用

学习引导

在充分认识了水准仪的基本结构后，通过实际演示和操作进一步掌握水准仪的使用方法。

2.3.1 安置仪器和粗平

1. 安置仪器

首先，在测站上打开三脚架并使其高度适中，目测使架头大致水平，检查脚架固紧螺钉是否拧紧。然后从仪器箱中取出水准仪，用连接螺旋将仪器固定在三脚架头上。

2. 粗略整平(粗平)

通过调节三个脚螺旋使圆水准器气泡居中，即粗平。粗平的目的是借助于水准仪圆水准器气泡的居中，从而使仪器竖轴大致铅直，望远镜视准轴大致水平。

气泡移动的方向与左手大拇指的旋转方向一致。粗平时，气泡在哪边说明哪边高，左手大拇指的旋转方向为气泡运动的方向。一般来说，使用双手调节更快，右手与左手对向旋转脚螺旋，右手食指移动的方向即气泡前进的方向。旋转照准部将圆水准器气泡置于两脚螺旋平行方向，根据气泡位置确定旋转方向，用双手按相对方向等速旋转两脚螺旋，使气泡移至圆水准器零点垂直于脚螺旋 1、2 连线的方向上，旋转第三个脚螺旋使气泡移到圆圈内使气泡居中，如图 2-13 所示。若气泡没有居中，可重复以上操作，直至居中为止。

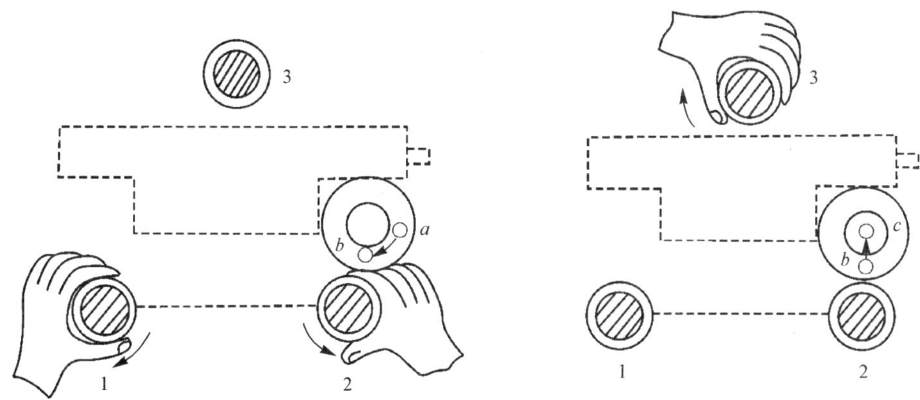

图 2-13 水准仪粗平

2.3.2 调焦与照准

1. 目标照准

旋转照准部，使望远镜十字丝中心切准水准标尺的操作过程称为照准。

2. 概略照准

由于望远镜视场较小，为了能够直接通过望远镜看见水准尺，首先应进行概略照准。方法是：移动照准部，利用望远镜上方的缺口和准星照准水准尺，三点一线；固定水平制动螺旋，完成概略照准。

3. 精确照准

目镜调焦：转动目镜调节环，调节目镜，使十字丝最清晰。

物镜调焦：旋转物镜调焦螺旋，使其成像清晰，且无视差存在。

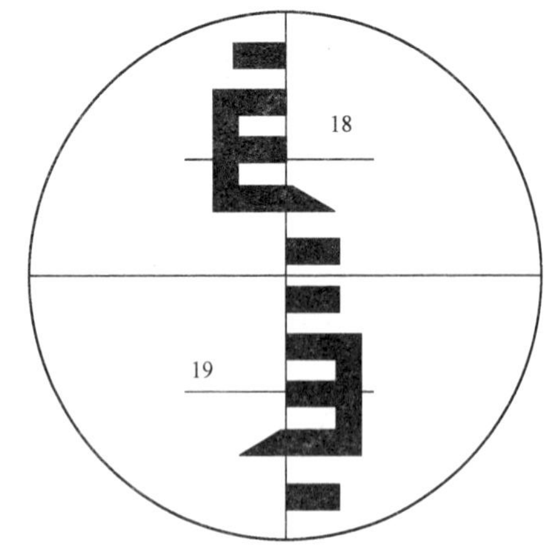

图 2-14　瞄准水准尺

精确照准：旋转水平微动螺旋，从望远镜目镜中观测，使十字丝纵丝精确照准水准标尺，如图 2-14 所示。

4. 消除视差

瞄准目标后，眼睛可在目镜处做上下移动，若发现十字丝与目标影像有相对移动，读数随眼睛的移动而改变，这种现象称为视差，如图 2-15 所示。产生视差的原因是目标像与十字丝分划板不重合，它将影响读数的正确性。消除视差的办法是先通过调整目镜调焦螺旋看清十字丝，再继续仔细地转动物镜调焦螺旋，直至目标像与十字丝平面重合。

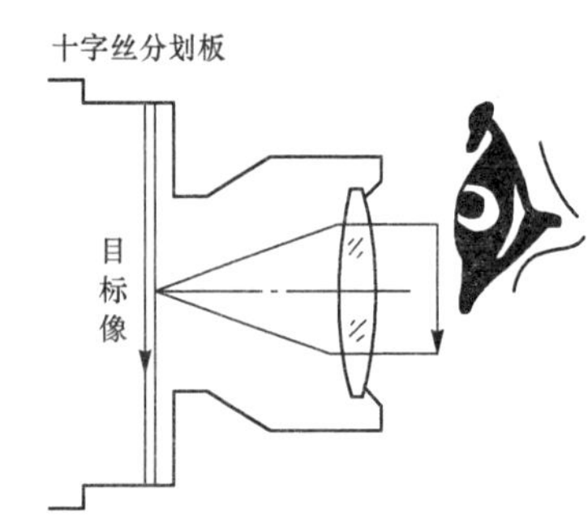

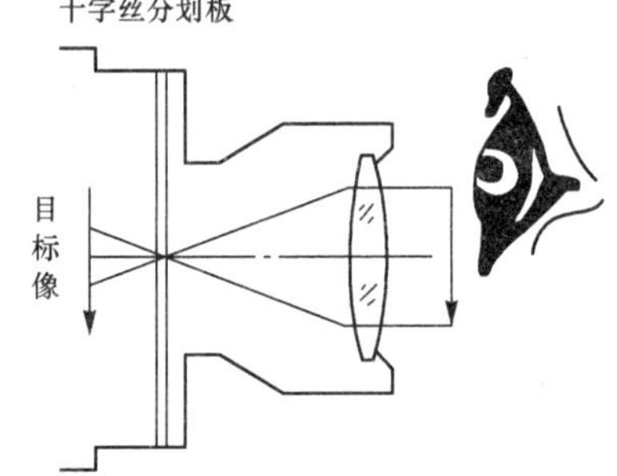

图 2-15　视差现象

2.3.3　精平与读数

1. 精平

精平的目的是使符合水准器气泡居中，从而提供一条水平视线。

首先从侧面观察符合水准器气泡位置，调节微倾螺旋，当符合水准器气泡大致居中时，通过水准管符合水准器气泡观察窗口进行微调，让窗口中看到的两个 U 形气泡对齐，即达到精平，如图 2-16 所示。

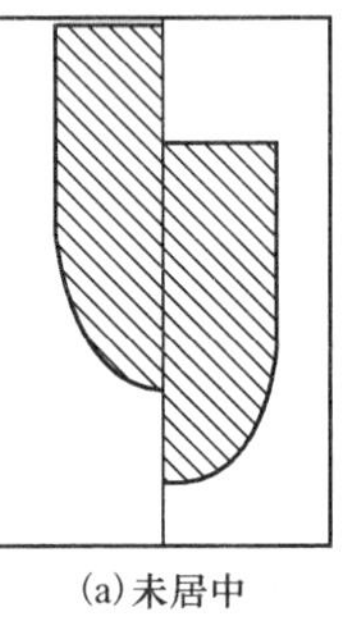
(a) 未居中

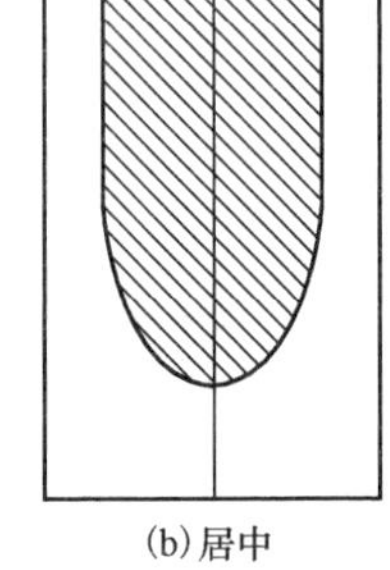
(b) 居中

图 2-16　符合水准器气泡

2. 读数

1) 读数前先认清水准标尺的注记特征，按由小到大方向读取，标尺的最小刻划为 1cm。

2) 按照米、分米、厘米、毫米的格式来读数。米和分米从标尺上直接读取，厘米位需要按照刻划读取，毫米位应进行估读。图 2-17 中两个读数分别为 1610 和 6296。

在读数时注意水准仪的正像与倒像之分。无论正、倒像，都按从小向大的方向读数。水准读数采用四位数表示，如 1610，单位为 mm。不足四位时，从首位起补零表示，如 0234。

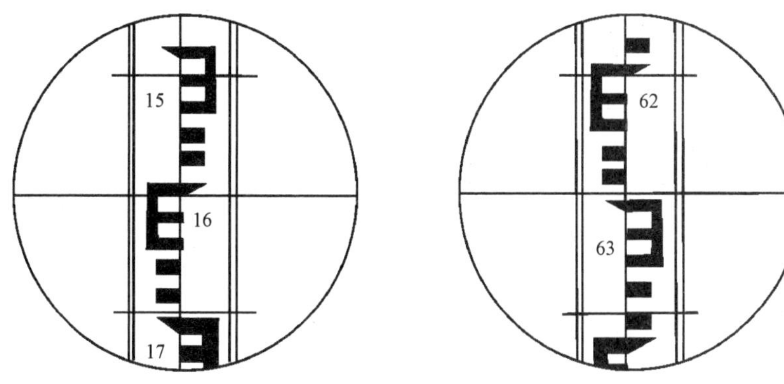

图 2-17　水准仪读数示意图

由于红面标尺起点高度分别为 4687 与 4787，所以读数完成后可以通过下式来检核读数是否正确。

黑面读数＋4687(或 4787)＝红面读数

任务 2.4　水准仪测量的方法

学习引导

使用水准仪的目的是解决工程中的实际问题，那么如何使用水准仪进行水准测量，水准测量的方法有哪些，如何减弱或消除测量中的误差就显得至关重要。

2.4.1　水准点的选点与埋石

1. 水准点的标志及标石类型

为统一全国的高程系统和满足各种工程测量的需要，测绘部门在全国各地埋设了许多固定的并用水准测量的方法测定其高程的标志点，这些标志点称为水准点，记为 BM。水准点分为永久性水准点和临时性水准点两种。

高等级水准点如图 2-18 所示，一般用混凝土制成标石，在标石顶面设有半球状金属标志，半球状标志顶点为水准点的点位。有些水准点也可设在稳定的墙角上，称为墙上水准点，如图 2-19 所示。

建筑工地上的永久性水准点，一般用混凝土制成，顶部嵌入半球状金属标志，其形式如图 2-20(a)所示。临时性水准点可用地面上突出的坚硬岩石或用大木桩打入地下，桩顶钉以半球状铁钉，如图 2-20(b)所示。

2. 水准点的踏勘与选埋

水准点选埋一般考虑如下情况。

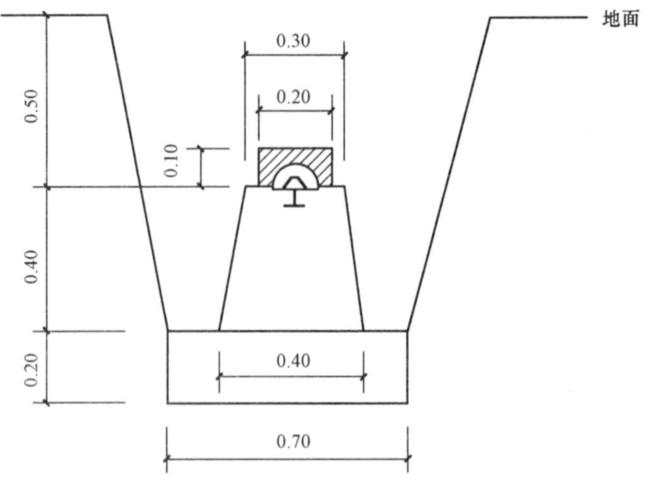

图 2-18 高等级水准点(单位：m)

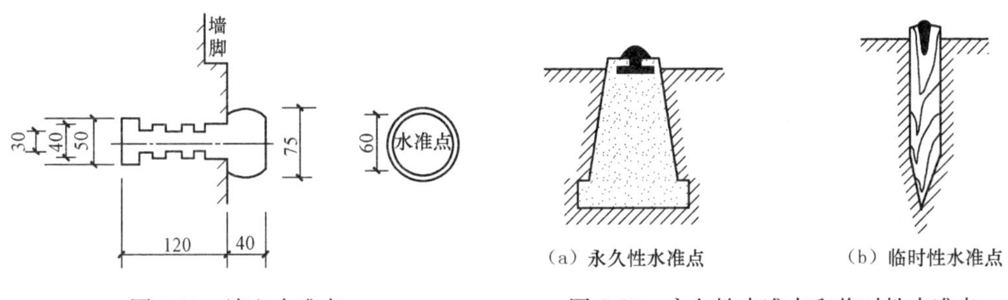

图 2-19 墙上水准点

图 2-20 永久性水准点和临时性水准点

(1)已知高等级水准控制点的位置及数量

在选取路线时，应该实地调查，落实测区附近的已知高级水准点数量。水准点应选在土质坚实、安全僻静、观测方便、利于长期保存的地点，同时，尽量考虑交通和埋设的便利。水准点不能埋在易受水淹或地下水位较高处，不能埋在易发生土崩、滑坡、沉陷的地方，不能埋在准备规划拆迁的地方。

(2) 水准路线的交通情况

水准测量的特点决定了水准路线应该沿地形起伏不大的地区布设，方便实测。水准路线应沿有利于施测的公路、大路及坡度较小的乡村路布设。

(3) 水准测量的路线长度

水准测量的等级不同，可选取的水准路线长度不同，单位区域面积中的水准点埋设密度也就不同。具体路线长度可查阅作业规范。

(4) 水准点的埋设

埋设水准点时，水准标石应低于地面，将标石附近的土夯实。在标石上方覆盖方形水泥板。同时，在水准点附近埋设有标志牌。

3. 水准点“点之记”绘制

记载控制点点名、等级、点位略图、交通情况及与周围固定地物的关系等情况的资

料，称为“点之记”。埋设水准点完成后，应做好点之记。

点之记的绘制必须在实地进行，并量取水准点到三个固定地物点的距离。点位略图可以不限定比例尺，但应该简单清晰，相对位置准确。必须交代清楚交通路线，能够保证利用该点之记顺利找到水准点埋设处(表 2-1)。

表 2-1　四等水准点之记

××　线　　　　　　　　　　　　　　　　　　　　　　点名：IV 高丰 2-1

详细位置图

至××地　至102国道　门房　办公楼　砖　砖　砖　7.4m　油库　16.0m　卫　15.9m　后门　比例尺　1∶1000

N　0.3　0.5　0.4　0.2　0.6　最大冻土深度线　0.4　0.7

<table>
<tr><td>图幅编号</td><td colspan="2">J-50-9</td><td>标石类型</td><td colspan="2">混凝土钢管普通标石</td></tr>
<tr><td>经纬度</td><td colspan="2">L：118°07′01″
B：39°49′44″</td><td>标石质料</td><td colspan="2">混凝土铜标志</td></tr>
<tr><td>所在地</td><td colspan="5">××省××市××区</td></tr>
<tr><td>地别</td><td>院地沙土，含沙 20%</td><td>土地使用单位</td><td>××建筑公司</td><td>地下水深</td><td>5.0m</td></tr>
<tr><td>点位
详细
说明</td><td colspan="5">1. 北至油库大门北边沿 7.4m
2. 西南至门卫房东南角 15.9m
3. 西南至门卫房东北角 16.0m
4. 点正上方埋有指示盘</td></tr>
<tr><td>接管单位</td><td colspan="2">××建筑公司</td><td>保管人</td><td colspan="2">×××</td></tr>
<tr><td>选点单位</td><td>国家测绘局
第一地形测量队</td><td>埋石单位</td><td>国家测绘局
第一地形测量队</td><td>维修单位</td><td></td></tr>
<tr><td>选点者</td><td>×××</td><td>埋石者</td><td>×××</td><td>维修者</td><td></td></tr>
<tr><td>选点日期</td><td>××××年××月××日</td><td>埋石日期</td><td>××××年××月××日</td><td>维修日期</td><td></td></tr>
<tr><td>备注</td><td colspan="5">IV 高丰 2-1—IV 高丰 1-1 基　　3.2km(平地)
IV 高丰 2-1—IV 蓟滦 15 乙　　2.4km(平地)</td></tr>
</table>

2.4.2 水准测量路线的布设形式

水准测量设站观测经过的路线称为水准路线。在水准路线中，相邻两个水准点之间的观测称为一个测段。布设水准路线的目的是将高级水准点与低级水准点连在一起，通过平差测算未知水准点的高程。

水准路线的布设形式分为单一水准路线和水准网。

1. 单一水准路线

单一水准路线的布设形式可分为附合水准路线、闭合水准路线、支水准路线三种。

(1) 附合水准路线

从已知高程的水准点 BM_A 出发，沿待定高程的水准点1、2、3进行水准测量，最后附合到另一已知高程的水准点 BM_B 所构成的水准路线，称为附合水准路线，如图2-21(a)所示。

(2) 闭合水准路线

从已知高程的水准点 BM_A 出发，沿各待定高程的水准点1、2、3、4进行水准测量，最后又回到原出发点 BM_A 的环形路线，称为闭合水准路线，如图2-21(b)所示。

(3) 支水准路线

从已知高程的水准点 BM_A 出发，沿待定高程的水准点1进行水准测量，这种既不闭合又不附合的水准路线，称为支水准路线。支水准路线要进行往返测量，以便检核，如图2-21(c)所示。

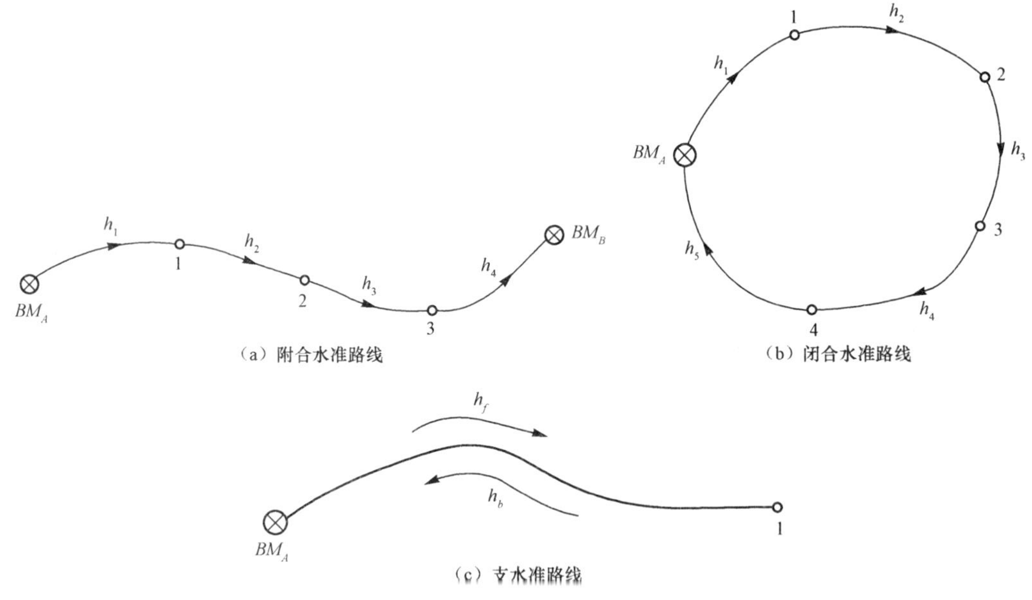

图2-21 单一水准路线的布设形式

2. 水准网

由若干条单一水准路线相互连接，形成网状的路线称为水准网，由多个已知高程点和若干个未知高程点所构成的水准网称为附合水准网，如图2-22(a)所示；只有一个已知高程点

和若干个未知高程点所构成的水准网称为独立水准网，如图 2-22(b)所示；单一水准路线相互连接的点称为结点。只有一个结点的水准网称为单结点水准网，如图 2-22(c)所示。

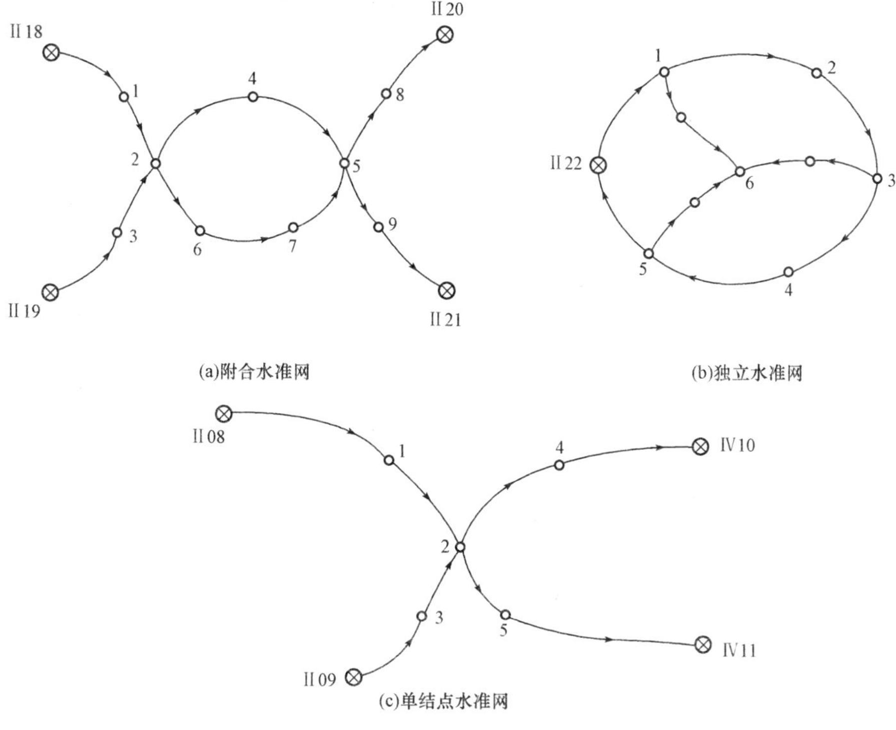

图 2-22　水准网的布设形式

2.4.3　水准测量等级及主要技术要求

国家水准网布设成一等、二等、三等、四等 4 个等级。在国家水准网的基础上，还可布设等外水准测量。其布设采用从高级到低级、从整体到局部、分级布置、逐级加密的原则。每个等级的主要技术要求也不同(表 2-2、表 2-3)。

表 2-2　水准测量的主要技术要求

<table>
<tr><th rowspan="2">等级</th><th rowspan="2">每千米高差全中误差/mm</th><th rowspan="2">路线长度/km</th><th rowspan="2">水准仪型号</th><th rowspan="2">水准尺</th><th colspan="2">观测次数</th><th colspan="2">往返较差、附合或环线闭合差</th></tr>
<tr><th>与已知点联测</th><th>附合或环线</th><th>平地/mm</th><th>山地/mm</th></tr>
<tr><td>二等</td><td>2</td><td>—</td><td>DS1</td><td>因瓦</td><td>往返各一次</td><td>往返各一次</td><td>$4\sqrt{L}$</td><td>$0.8\sqrt{n}$</td></tr>
<tr><td rowspan="2">三等</td><td rowspan="2">6</td><td rowspan="2">≤50</td><td>DS1</td><td>因瓦</td><td rowspan="2">往返各一次</td><td>往一次</td><td rowspan="2">$12\sqrt{L}$</td><td>$4\sqrt{n}$</td></tr>
<tr><td>DS3</td><td>双面</td><td>往返各一次</td><td rowspan="2">$6\sqrt{n}$</td></tr>
<tr><td>四等</td><td>10</td><td>≤16</td><td>DS3</td><td>双面</td><td>往返各一次</td><td>往一次</td><td>$20\sqrt{L}$</td></tr>
<tr><td>等外</td><td>15</td><td>—</td><td>DS3</td><td>单面</td><td>往返各一次</td><td>往一次</td><td>$30\sqrt{L}$</td><td>$12\sqrt{n}$</td></tr>
</table>

注：1. 结点之间或结点与高级点之间，其路线的长度不应大于表中规定的 0.7 倍。

2. L 为往返测段、附合或环线的水准路线长度(km)；n 为测站数。

3. 数字水准仪测量的技术要求和同等级的光学水准仪相同。

表 2-3 水准观测的主要技术要求

等级	水准仪型号	视线长度/m	前后视的距离较差/m	前后视距离较差累积/m	视线离地面最低高度/m	基、辅分划或黑、红面读数较差/mm	基、辅分划或黑、红面所测高程较差/mm
二等	DS1	50	1	3	0.5	0.5	0.7
三等	DS1	100	3	6	0.3	1.0	1.5
	DS3	75				2.0	3.0
四等	DS3	100	5	10	0.2	3.0	5.0
等外	DS3	100	近似相等	—	—	—	—

注：1. 二等水准视线长度小于 20m 时，其视线高度不应低于 0.3m。

2. 三、四等水准采用变动仪器高度观测单面水准尺时，所测两次高差较差，应与黑面、红面所测高差之差的要求相同。

3. 数字水准仪观测，不受基、辅分划或黑、红面读数较差指标的限制，但测站两次观测的高差较差，应满足表中相应等级基、辅分划或黑、红面所测高差较差的限值。

2.4.4 水准测量的观测、记录与计算

以四等水准测量为例进行介绍。

1. 四等水准测量的观测、记录及手簿计算

以微倾式 S3 水准仪和双面木质标尺进行四等水准测量，观测结果填入表 2-4。

表 2-4 四等水准观测手簿记录示例

测自：A_1—A_2　　××××年××月××日

时刻：始　时　分　　天气：晴　　观测者：

　　　末　时　分　　成像：清晰　　记录者：

测站编号	后尺 上丝/下丝	前尺 上丝/下丝	方向及尺号	标尺读数 黑面	标尺读数 红面	K+黑−红	高差中数	备注
	后视距	前视距						
	视距差 d	$\sum d$						
(1)			后(3)	(5)	(6)	(7)		
			前(4)	(11)	(12)	(13)		
	(2)	(8)	后—前	(14)	(15)	(16)	(17)	
	(9)	(10)						
1			后 46	1345	6032	0		
			前 47	1390	6179	−2		
	76.7	73.2	后—前	−45	−147	+2	40.0	
	+3.5	+3.5						
2			后 47	1438	6223			
			前 46	1444	6130			
	69.4	72.5	后—前					

续表

测站编号	后尺 上丝	后尺 下丝	前尺 上丝	前尺 下丝	方向及尺号	标尺读数		K+黑-红	高差中数	备注
	后视距		前视距			黑面	红面			
	视距差 d		$\sum d$							
3					后 46	1390	6078			
					前 47	1378	6163			
	49.3		48.6		后—前					
4					后 47	1682	6468			
					前 46	1160	5848			
	69.8		72.0		后—前					

每测站的观测顺序如下。

1) 观测者安置水准仪；记录者同时将测站编号填入(1)栏；后视尺、前视尺的尺号分别填入(3)、(4)栏。

2) 照准后视标尺黑面，读取后视距离，填入(2)栏，转动微倾螺旋，使符合水准器气泡居中后，读取黑面中丝读数，填入(5)栏。

3) 翻转后视标尺，使符合水准器气泡居中后，读取标尺红面的中丝读数，填入(6)栏。

4) 旋转照准部，照准前视标尺，读取前视距离，填入(8)栏，转动微倾螺旋，使符合水准器气泡居中后，读取黑面中丝读数，填入(11)栏。

5) 翻转前视标尺，照准前视标尺红面，转动微倾螺旋，使符合水准器气泡居中后，读取红面中丝读数，填入(12)栏。

以上的观测顺序可以归结为：后—后—前—前(黑—红—黑—红)。

2. 高差的计算与检核

(1) 高差计算

标尺黑面读数算得的高差即黑面高差，记于(14)栏处：

$$(5)-(11)=(14)$$

标尺红面读数算得的高差即红面高差，记于(15)栏处：

$$(6)-(12)=(15)$$

$$(14)-(15)\pm 100=(16)\leqslant \pm 5\text{mm}$$

检核计算

$$(7)-(13)=(16)$$

若黑红面读数差和黑红面高差之差均未超过限差，即可计算高差中数，记于(17)栏处。(17)栏是以黑面高差为准，将红面高差加或减 100 后，取中数求得的(取至毫米，进位原则为“4 舍 6 入；5 看奇偶，奇进偶舍”)。

$$(17)=\frac{1}{2}[(14)+(15)\pm 100]$$

(2) 测段总结

每个测段均应进行测段总结，计算后写在测段记录尾部。主要计算项目有后视累积视距 $\sum(2)$，前视累积视距 $\sum(8)$，测段长 $\sum(2)+\sum(8)$，测段黑面高差 $\sum(14)$，测段红面高差 $\sum(15)$，测段高差 $\sum(17)$。

(3) 检核

当一天外业观测结束或一测段观测结束后，应全面检核各项计算是否正确和合乎规范要求。对每一测段应做检核计算，即

$$\sum(9)=\sum(2)-\sum(8)=\text{末站}(10)$$

水准观测每一测段一般应为偶数站，故

$$\sum(17)=\frac{1}{2}\left[\sum(14)+\sum(15)\right]$$

若测站数为奇数时，则应做检核为

$$\sum(17)=\frac{1}{2}\left[\sum(14)+\sum(15)\pm 100\right]$$

其中，±100 的正负符号依最后一站后视尺的 K(校核常数)而定，K 为 4687 时应为"＋"，K 为 4787 时应为"－"。

2.4.5 水准测量的成果计算

1. 检查、整理外业成果

1) 检查外业观测手簿的记录计算是否齐全，计算是否正确，有无违反规范规定的现象。外业手簿记录及资料整理的要求如下。

① 外业观测记录必须在编号、装订成册的手簿上进行。已编号的各页不得任意撕去，记录中间不得留下空页或空格。

② 水准观测过程中，对于尾数读数有错误（厘米和毫米读数）的记录，不论什么原因都不允许更改，而应将该测站观测结果废去重测。

③ 一切外业原始观测值和记事项目，必须在现场用铅笔直接记录在手簿中，记录的文字和数字应端正、整洁、清晰，杜绝潦草模糊。

④ 外业手簿中，修改的记录和废弃的计算结果，禁止擦拭、涂抹与刮补，而应以横线或斜线正规划去，并在本格内的上方写出正确数字和文字。除计算数据外，所有观测数据的修改和废弃，必须在备注栏内注明原因及重测结果记于何处，重测记录前需加"重测"二字。

⑤ 在同一测站内不得有两个相关数字"连环更改"。例如，更改了标尺的黑面前两位读数后，就不能再改同一标尺的红面前两位读数。否则就叫连环更改。有连环更改记录应立即废去重测。

⑥ 有正、负意义的量，在记录计算时，都应带上"＋""－"号，正号不能省略。对于中丝读数，要求读记四位数，前后的"0"都要读记。

⑦ 作业人员应在手簿的相应栏内签名，并填注作业日期、开始及结束时刻、天气及观测情况和使用仪器型号等。

⑧ 作业手簿必须经过作业小组认真检查(记录员和观测员各检查一遍)，确认合格后，方可运用该成果进行内业计算。

2) 计算路线闭合差是否小于限差要求，如小于限差要求则可进行内业计算，如超限，则重测某些测段，直到满足限差要求为止。

2. 绘制水准测量计算略图

如图 2-23 所示，略图中的水准点要与实地的方位一致，路线用曲线连接(已知点用“⊗”表示，未知点用“○”表示)并在图上注明点名和各点间的观测高差、距离等，还要用箭头标出水准测量的观测方向。

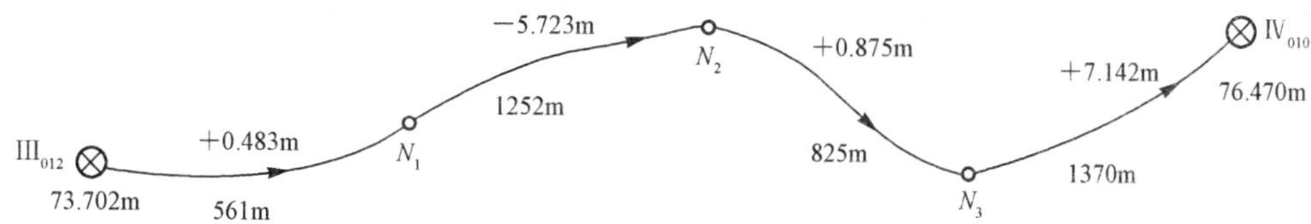

图 2-23　水准测量计算略图

3. 水准路线的高程计算

【例 2-1】 某一附合水准路线的观测略图与观测成果如图 2-23 所示，已知 $H_{III012}=73.702m$，$H_{IV010}=76.470m$，计算 N_1、N_2、N_3 点的高程。

解：

1) 将水准路线中的起始点、各待定点和终点的点名依次填入表 2-5 的第 1 列内，将各测段距离和高差中数分别填入第 2 列、第 3 列相应位置。

2) 计算路线全长 $\sum d$ 和高差总和 $\sum h$，如表 2-5 中的 4008m 和+2.777m。

表 2-5　高程误差配赋表

计算者：××　　　　检查者：××

点号	距离/m	高差中数/m	改正数/mm	改正后的高差/m	高程/m	备注
(1)	(2)	(3)	(4)	(5)	(6)	(7)
III_{012}					73.702	附合水准路线 $f_h=\sum h-(H_{终}-H_{始})$ $=+9(mm)$ $f_{h允}=\pm 20\sqrt{L}$ $=\pm 20\times\sqrt{4.008}$ $=\pm 40(mm)$ $f_h<f_{h允}$，可以分配
	561	+0.483	−1	+0.482		
N_1					74.184	
	1252	−5.723	−3	−5.726		
N_2					68.458	
	825	+0.875	−2	+0.873		
N_3					69.331	
	1370	+7.142	−3	+7.139		
IV_{010}					76.470	
$\sum$	4008	+2.777	−9	+2.768		

3）计算水准路线高程闭合差。

$$f_h=\sum h-(H_{终}-H_{始})=+2.777-(76.470-73.702)=+9(\mathrm{mm})$$

4）计算高程闭合差允许值。

$$f_{h允}=\pm 20\sqrt{L}$$

式中　L——路线全长$\sum d$，以 km 为单位，不足 1km 时按 1km 计算。

$$f_{h允}=\pm 20\sqrt{L}=\pm 20\times\sqrt{4.008}=\pm 40(\mathrm{mm})$$

5）高程闭合差配赋。当计算的高程闭合差 f_h 小于 $f_{h允}$ 时，可以进行高程闭合差配赋。当高程闭合差在允许范围内时，对于平坦地区，测段的高差改正数 v_i 为

$$v_i=\frac{-f_h}{\sum D}D_i$$

式中　$\sum D$——路线全长；

D_i——第 i 测段的长度。

改正数凑整至毫米，余数可分配于长测段中。

对于山区，可按测段的测站数 n 分配闭合差，即

$$v_i=\frac{-f_h}{\sum n}n_i$$

式中　$\sum n$——路线测站数之和；

n_i——第 i 测段的测站数。

各测段高差改正数之和与闭合差数值上相等，但符号相反，即 $\sum v=-f_h$，以此作为检核。

表 2-5 第 4 列为各测段相应改正数，改正数总和为−9mm，与其闭合差+9mm 绝对值相等，符号相反。

各测段高差观测值加上相应改正数即得改正后高差 $\hat{h}_i$，即

$$\hat{h}_i=h_i+v_i$$

表 2-5 中第 5 列为各测段相应改正后的高差。改正后高差之和与($H_{终}-H_{始}$)应相等，即等于+2.768m。

6）计算各待定点高程。由起始点的已知高程 H_0 开始，逐个加上与相邻点间的改正后高差 $\hat{h}_i$，即得下一点的高程 H_i，即

$$H_i=H_{i-1}+\hat{h}_i$$

最后推求的终点高程应与已知值一致。

表 2-5 第 6 列中，$H_{N_1}=73.702+0.482=74.184(\mathrm{m})$，依此类推。最后，$H_{IV_{010}}=69.331+7.139=76.470(\mathrm{m})$。

2.4.6 水准测量的主要误差来源及注意事项

1. 仪器误差

(1) 水准仪校正后的误差

仪器虽在测量前经过校正，仍会存在残余误差。因此，造成水准管气泡居中，水准管

轴居于水平位置而望远镜视准轴发生倾斜，致使读数误差。这种误差与视距长度成正比。观测时可通过中间法（前后视距相等）和距离补偿法（前视距离和等于后视距离总和）消除。针对中间法在实际过程中的控制，立尺人是关键，通过应用普通皮尺测量距离，然后立尺，简单易行。而距离补偿法不仅烦琐，还不容易掌握。

(2) 水准尺误差

水准尺误差主要包含尺长误差（尺子长度不准确）、刻划误差（尺上的分划不均匀）和零点差（尺的零刻划位置不准确）。对于较精密的水准测量，一般应选用尺长误差和刻划误差小的标尺。对于尺的零点差的影响，可以通过在一个水准测段内，将两根水准尺交替轮换使用（在本测站用作后视尺，下测站则用为前视尺），并把测段站数目布设成偶数，即在高差中使误差相互抵消。同时可以减弱刻划误差和尺长误差的影响。

2. 观测误差

(1) 符合水准管气泡居中误差

符合水准管气泡未能做到严格居中，造成望远镜视准轴倾斜，产生读数误差。读数误差的大小与水准管的灵敏度有关，主要受水准管分划值 τ 的大小影响。此外，读数误差与视线长度成正比。水准管居中误差一般认为是 0.15τ，根据公式 $m_{居}=0.075\tau D/\rho$，DS3 级水准仪水准管的分划值一般为 $20''/(2\text{mm})$，视线长度 $D=75\text{m}$，$\rho=206\ 265''$，那么，$m_{居}=0.3\text{mm}$[计算式为 $0.075\times(20/2)\times75\times1000\div206\ 265\approx0.3$]。由此看来，只要观测时符合水准管气泡能够认真仔细进行居中，且对视线长度加以限制，与中间法一致，此误差可以消除。

(2) 水准尺估读误差

在水准尺上估读毫米时，估读误差与测量人员眼的分辨能力、望远镜的放大倍率以及视线长度有关。因此，在水准测量时，要根据测量的精度要求严格控制视线长度。

(3) 视差误差

当尺像与十字丝平面不重合时，观测时眼睛所在的位置不同，读出的数也不同，因此，产生读数误差。所以，在每次读数前，控制方法就是要仔细进行物镜对光，以消除视差。

(4) 水准尺的倾斜误差

水准尺如果是向视线的左右倾斜，观测时通过望远镜十字丝很容易察觉而纠正。但是，如果水准尺的倾斜方向与视线方向一致，则不易察觉。水准尺倾斜总是使读数偏大。读数误差的大小与水准尺倾斜角和读数的大小（视线距地面的高度）有关。水准尺的倾斜角越大，对读数的影响就越大；读数越大，对读数的影响就越大，水准尺的倾斜角所产生的读数误差可以用公式 $\Delta a=a(1-\cos\gamma)$ 计算。假定 $\gamma=3°$，$a=1.5\text{m}$ 时，则 $\Delta a=2\text{mm}$，由此可以看出，此项影响是不可忽视的。因此，在水准测量中，立尺是一项十分重要的工作，一定要认真立尺，使尺处于铅垂位置。尺上有圆水准器的应使气泡居中。必要时可用摇尺法，即读数时将尺底置于点上，使尺的上部在视线方向前后慢慢摇动，读取最小的读数。当地面坡度较大时，尤其应注意将尺子扶直，并应限制尺的最大读数。最重要的是在转点位置认真立尺。

3. 外界条件的影响

(1) 仪器下沉

仪器下沉是指在一测站上读取后视读数和前视读数的过程中仪器发生下沉，使得前视读数减小，算得的高差增大。为减小其影响，当采用双面尺法或变更仪器高法时，第一次是先读后视读数再读前视读数，而第二次先读前视读数再读后视读数。即“后、前、前、后”的观测程序。这样取两次高差的平均值即可消除或减弱仪器下沉的影响。

(2) 水准尺下沉

水准尺下沉的误差是指在仪器迁站过程中，转点发生下沉，使迁站后的后视读数增大，算得的高差也增大。如果采取往返测，往测高差增大，返测高差减小，所以取往返高差的平均值，可以减弱水准尺下沉的影响。最有效的方法是在转点的地方放置尺垫，并将其踩实，以防止水准尺在观测过程中下沉。

(3) 地球曲率及大气折光的影响

用水平面代替水准面对高程的影响，可以用公式 $\Delta h=D^2/(2R)$ 表示，地球半径 $R=6371\text{km}$，当 $D=75\text{m}$ 时，$\Delta h=0.44\text{cm}$；当 $D=100\text{m}$ 时，$\Delta h=0.78\text{cm}$；当 $D=500\text{m}$ 时，$\Delta h=19.62\text{cm}$；当 $D=1\text{km}$ 时，$\Delta h=78.48\text{cm}$；当 $D=2\text{km}$ 时，$\Delta h=313.92\text{cm}$。显然，以水平面代替水准面时高程所产生的误差要远大于测量高程的误差。所以，对于高程而言，即使距离很短，也不能将水准面当作水平面，一定要考虑地球曲率对高程的影响。实测中采用中间法可消除。大气折光使视线成为一条曲率约为地球半径 7 倍的曲线，使读数减小，可以用公式 $\Delta h=D^2/(14R)$ 表示，视线离地面越近，折射越大，因此，视线距离地面的角度不应小于 0.3m，并且其影响也可用中间法消除或减弱。此外，应选择有利的时间，一日之中，上午 10 时至下午 4 时这段时间大气比较稳定，大气折光的影响较小，但在中午前后观测时，尺像会有跳动，影响读数，应避开这段时间，阴天、有微风的天气可全天观测。

(4) 温度影响

温度的变化不仅引起大气折光的变化，而且当烈日照射水准管时，由于管壁和管内液体的受热不均，气泡将向着温度更高的方向移动，从而影响仪器的水平，产生气泡居中误差。因此，在阳光强烈水准测量时，应注意撑伞遮阳。

任务 2.5　水准仪的检验和校正

学习引导

测量仪器本身的精度是影响测量结果的一个重要因素，所以在进行水准测量工作之前，要对所用的仪器进行检验和校正，尽可能减小仪器因素带来的影响。

2.5.1　水准仪的轴线及其关系

1. 水准仪的主要轴线(图 2-24)

1) 视准轴 CC。

2) 水准管轴 LL。

3) 圆水准器轴 $L'L'$。

4) 竖轴 VV。

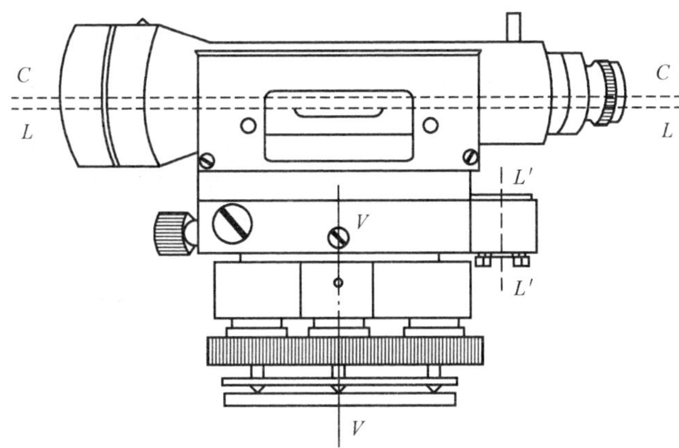

图 2-24　水准仪的轴线

2. 水准仪的轴线应满足的条件

1）圆水准器轴 $L'L'$ 应平行于仪器的竖轴 VV。

2）十字丝的横丝(中丝)应垂直于仪器的竖轴 VV。

3）水准管轴 LL 应平行于视准轴 CC。

上述水准仪应满足的各项条件，在仪器出厂时已经过检校而得到满足，但由于仪器在长期使用和运输过程中受到震动等原因，各轴线之间的关系发生变化，若不及时检验校正，将会影响测量成果的精度。所以，在水准测量之前，应对水准仪进行认真的检验与校正。

2.5.2　水准仪的检验项目及校正

1. 圆水准器轴平行于仪器竖轴的检验与校正

(1) 检验

转动脚螺旋，使圆水准器气泡居中，将仪器绕竖轴旋转 180°。如果气泡仍居中，则条件满足；如果气泡偏出分划圈外，则需校正(图 2-25)。

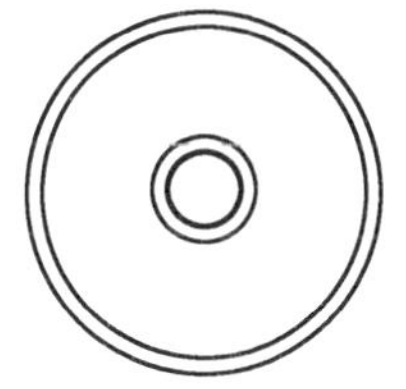 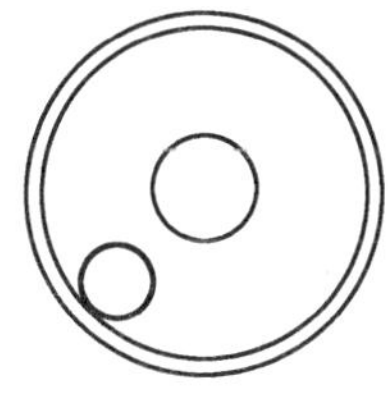 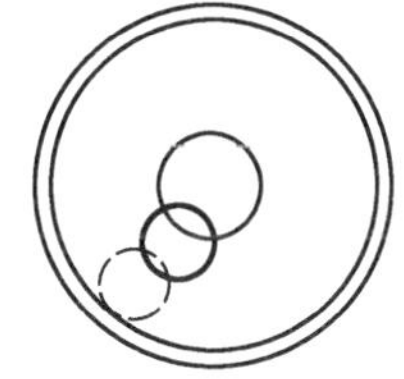 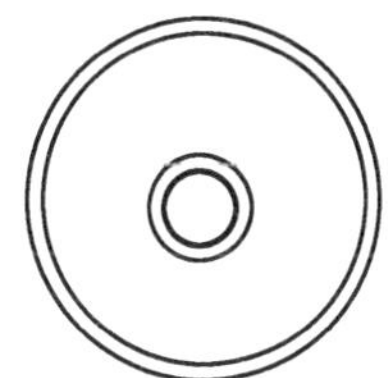

图 2-25　圆水准器的检验与校正

(2)校正

先转动脚螺旋，使气泡移动偏离值的一半，然后稍旋松圆水准器底部中央固定螺钉，用校正针拨动圆水准器校正螺钉，使气泡居中。如此反复检校，直到圆水准器转到任何位置时，气泡都在分划圈内(居中)为止。最后旋紧固定螺钉(图 2-26)。

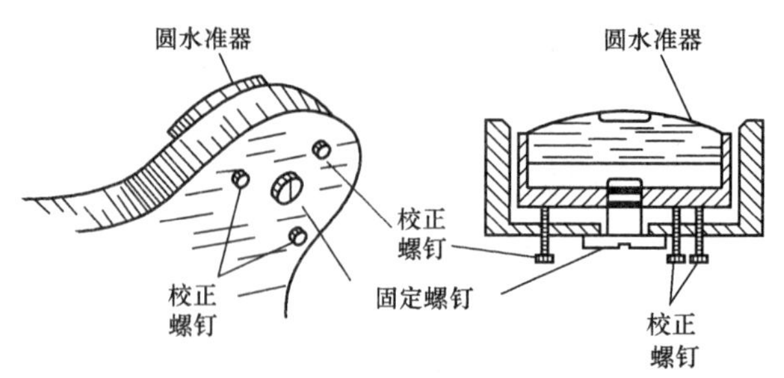

图 2-26　圆水准器校正螺钉与固定螺钉

2. 十字丝中丝垂直于仪器竖轴的检验与校正

(1) 检验

严格置平水准仪，用十字丝交点瞄准一明显的点状目标 M，旋紧水平制动螺旋，转动水平微动螺旋。如果该点始终在中丝上移动，说明此条件满足；如果该点离开中丝，则需校正(图 2-27)。

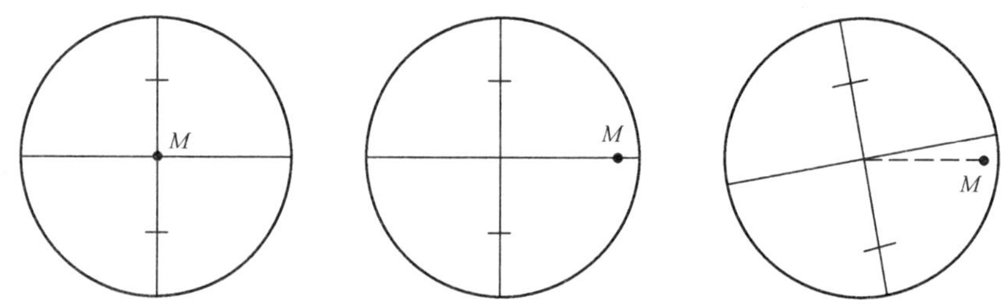

图 2-27　十字丝中丝垂直于仪器竖轴的检验与校正

(2)校正

卸下目镜处外罩，松开四个固定螺钉，稍微转动十字丝环，使目标点 M 与中丝重合。反复检验与校正，直到满足条件为止。再旋紧四个固定螺钉。

3. 水准管轴平行于视准轴的检验与校正

在一平坦地面上选择相距 80～100m 的 A、B 两点并打木桩(或放置尺垫)。将水准仪安置在 A、B 两点中间的 C 处，如图 2-28(a)所示。在 C 处用变动仪器高法，连续两次测出 A、B 两点的高差，若两次测定的高差之差不超过 3mm，则取两次高差的平均值 h_{AB} 作为最后结果。由于前后视距相等，视准轴与水准管轴不平行所引起的在前后标尺上的读数误差相等，均为 x，所以 A、B 两点的正确高差为

$$h_{AB}=a-b=(a_1+x)-(b_1+x)=a_1-b_1$$

将仪器移至离 B 点大约 3m 的 D 点，如图 2-28(b)所示，读 B 点尺上的读数为 b_2，因仪器离 B 点很近，视准轴与水准管轴不平行引起的读数误差可忽略不计，$b_2 \approx b_2'$。根据 b_2 和高差 h_{AB} 算出 A 点尺上视线水平时应有读数为

$$a_2'=b_2+h_{AB}$$

然后，瞄准 A 点水准尺，读出中丝的读数 a_2，如果 a_2' 与 a_2 相等，说明两轴平行。否

则两者不平行，存在 i 角，其值为

$$i=\frac{a_2-a_2'}{D_{AB}}\times\rho \tag{2-9}$$

式中 D_{AB}——A、B 两点间平距。

对于 DS3 级水准仪，i 值不得大于 20″，如果超限，则须校正。

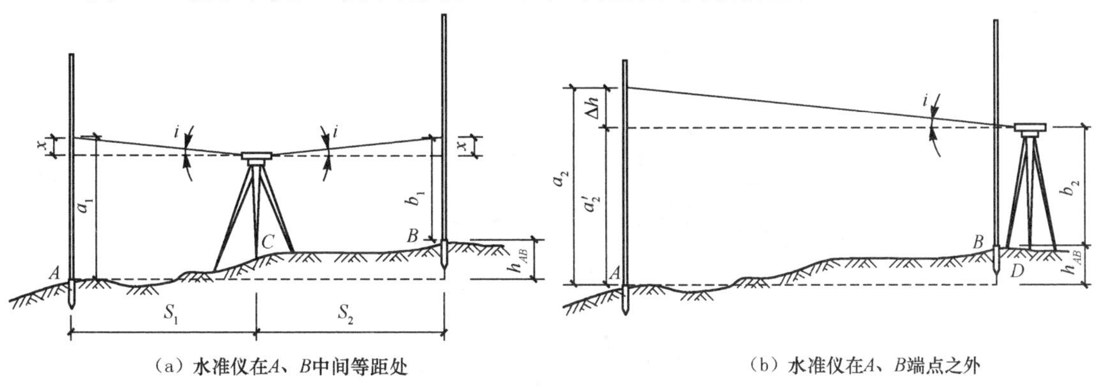

图 2-28 水准管轴的检验

校正方法如下。

仪器在 D 处不动，转动微倾螺旋，使十字丝的中丝对准 A 点尺上视线水平时应有读数 a_2'，此时视准轴处于水平位置，而水准管气泡不再居中，用校正针先拨松水准管一端左边(或右边)校正螺钉，再拨动上、下两个校正螺钉，使偏离的气泡重新居中，最后要将校正螺钉旋紧。此项校正工作需反复进行，直至达到要求为止。

任务 2.6 精密水准仪与精密水准测量

学习引导

建设工程中有些工程项目对水准测量的精度要求很高，属于精密水准测量，这就要求能掌握精密水准仪的使用，能够用精密水准仪进行精密水准测量。

2.6.1 精密水准仪简介

1. 精密水准仪

精密水准仪与一般水准仪比较，其特点是能够精密地整平视线和精确地读取读数。精密水准仪主要用于一、二等水准测量和精密工程测量。为此，在结构上应满足如下条件。

1) 水准器具有较高的灵敏度。例如，DS1 水准仪的管水准器 τ 为 10″/(2mm)。

2) 望远镜具有良好的光学性能。例如，DS1 水准仪望远镜的放大倍数为 38 倍，望远镜的有效孔径为 47mm，视场亮度较高。十字丝的中丝刻成楔形，能较精确地瞄准水准尺的分划。

3）具有光学测微器装置。可直接读取水准尺一个分格（1cm 或 0.5cm）的 1/100 单位（0.1mm 或 0.05mm），提高读数精度。

4）视准轴与水准轴之间的联系相对稳定。精密水准仪均采用钢构件，并且密封起来，受温度变化影响小。

苏一光 DSZ1 精密水准仪结构如图 2-29 所示。

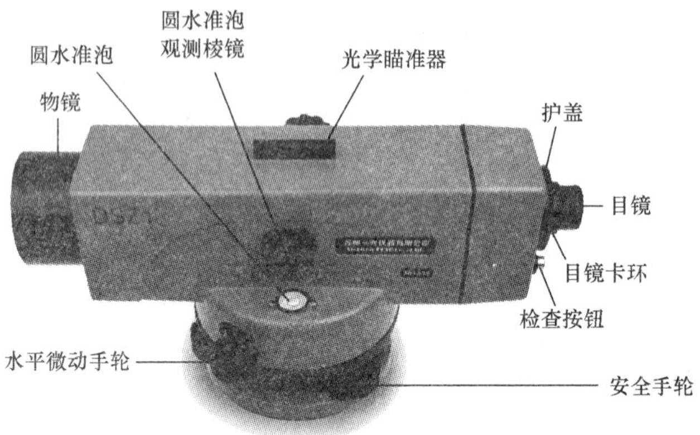

图 2-29　苏一光 DSZ1 精密水准仪结构

2. 精密水准尺

精密水准仪必须配有精密水准尺（图 2-30）。这种尺一般是在木质尺身的槽内，安有一根因瓦合金带。带上标有刻划，数字注在木尺上。精密水准尺须与精密水准仪配套使用。

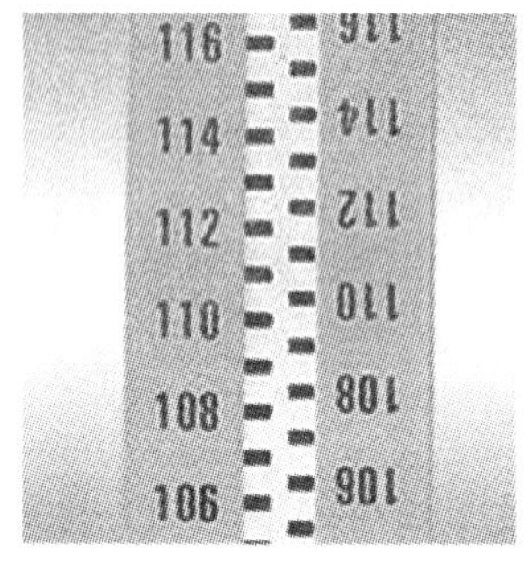

型号	长度/m	分划/mm	适用仪器	质量/kg
BGYCH	1	10	国内外DS2以上水准仪	3.2
BGYCH	1.5	10	国内外DS2以上水准仪	4
BGYCH	2	10	国内外DS2以上水准仪	5.2

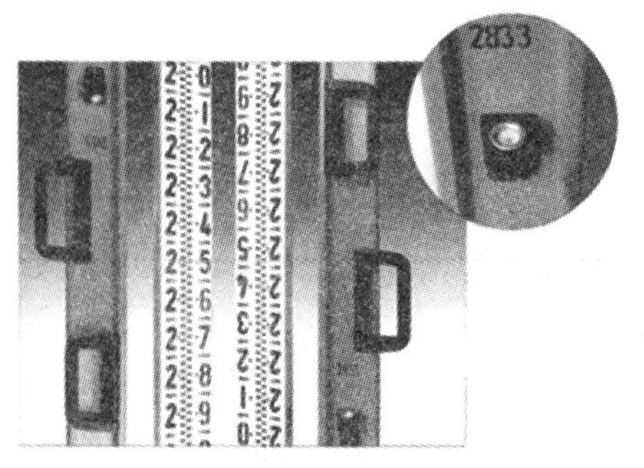

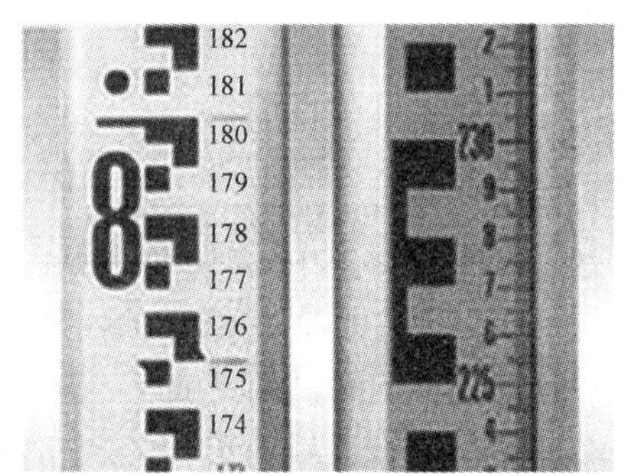

图 2-30　精密水准尺

精密水准尺上的分划注记形式一般有两种。

一种尺，其尺身上刻有左右两排分划，右边为基本分划，左边为辅助分划。基本分划的注记从零开始，辅助分划的注记从某一常数 K(基辅差)开始。

另一种尺，其尺身上两排均为基本分划，其最小分划为 10mm，但彼此错开 5mm。尺身一侧注记米数，另一侧注记分米数。尺身标有大、小三角形，小三角形表示半分米处，大三角形表示分米的起始线。这种水准尺上的注记数字比实际长度增大了一倍，即 5cm 注记为 1dm。因此使用这种水准尺进行测量时，要将观测高差除以 2 才是实际高差。

3. 精密水准仪的操作方法

精密水准仪的操作方法与一般水准仪基本相同，只是读数方法有些差异。在水准仪精平后，十字丝中丝往往不恰好对准水准尺上某一整分划线，这时就要转动测微轮使视线上下平行移动，十字丝的楔形丝正好夹住一个整分划线，被夹住的分划线读出 m、dm、cm。此时，视线上下平移的距离则由测微器读数窗中读出 mm。实际读数为全部读数的一半。

2.6.2　自动安平水准仪

自动安平水准仪(图 2-31)与微倾式水准仪的区别在于：自动安平水准仪没有水准管和微倾螺旋，而是在望远镜的光学系统中安置了补偿器。

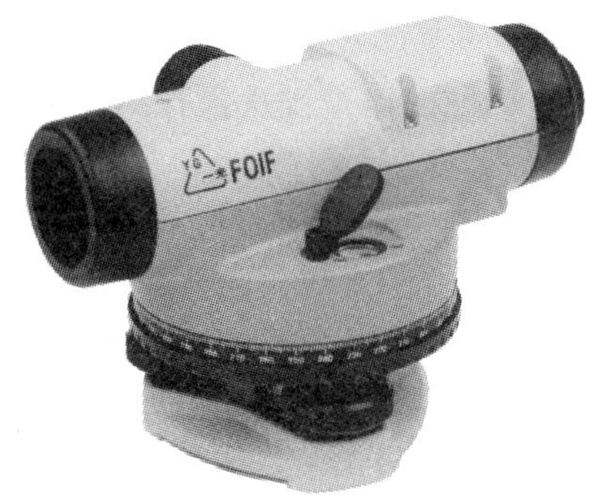

图 2-31　自动安平水准仪

1. 视线自动安平的原理

当圆水准器气泡居中后，视准轴仍存在一个微小倾角 α，在望远镜的光路上安置一补偿器，使通过物镜光心的水平光线经过补偿器后偏转一个 β 角，仍能通过十字丝交点，这样十字丝交点上读出的水准尺读数，即视线水平时应该读出的水准尺读数。

由于无须精平，这样不仅可以缩短水准测量的观测时间，而且对于施工场地地面的微小震动、松软土地的仪器下沉以及大风吹刮等原因引起的视线微小倾斜，能迅速自动安平仪器，从而提高了水准测量的观测精度。

2. 自动安平水准仪的使用

使用自动安平水准仪时，首先将圆水准器气泡居中，然后瞄准水准尺，等待 2～4s 后，即可进行读数。有的自动安平水准仪配有一个补偿器检查按钮，每次读数前按一下该按钮，确认补偿器能正常作用再读数。

2.6.3 电子水准仪

电子水准仪的主要优点如下。

1）操作简捷，自动观测和记录，并立即用数字显示测量结果。

2）整个观测过程在几秒钟内即可完成，从而大大减少观测错误和误差。

3）仪器还附有数据处理器及与之配套的软件，从而可将观测结果输入计算机进入后处理，实现测量工作自动化和流水线作业，大大提高功效。

1. 电子水准仪的观测精度

电子水准仪的观测精度高，如瑞士徕卡公司开发的 NA2000 型电子水准仪的分辨力为 0.1mm，每千米往返测得高差中数的偶然中误差为 2.0mm；NA3003 型电子水准仪的分辨力为 0.01mm，每千米往返测得高差中数的偶然中误差为 0.4mm。

2. 电子水准仪测量原理简述

与电子水准仪配套使用的水准尺为条形编码尺，通常由玻璃纤维或铟钢制成。在电子水准仪中安置有传感器，它可识别水准标尺上的条形编码。电子水准仪摄入条形编码后，经处理器转变为相应的数字，再通过信号转换和数据化，在显示屏上直接显示中丝读数和视距。

3. 电子水准仪的使用

NA2000 电子水准仪用 15 个键的键盘和安装在侧面的测量键来操作。有两行 LCD 显示器显示给使用者，并显示测量结果和系统的状态。

观测时，电子水准仪在人工完成安置与粗平、瞄准目标（条形编码水准尺）后，按下测量键后 3～4s 即显示出测量结果。其测量结果可贮存在电子水准仪内或通过电缆连接存入机内记录器。

另外，观测中如水准标尺条形编码被局部遮挡小于 30%，仍可进行观测。

电子水准仪结构如图 2-32 所示。

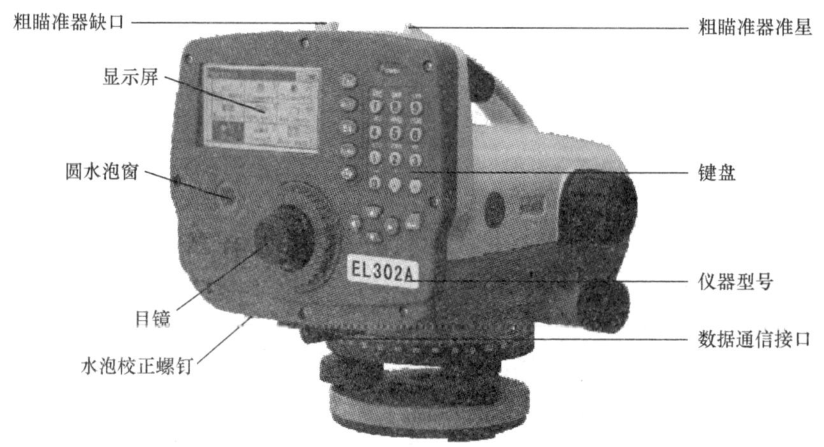

图 2-32　电子水准仪结构

2.6.4 二等水准测量

精密水准测量一般指国家一、二等水准测量，在各项工程的不同建设阶段的高程控制测量中，极少进行一等水准测量，故在工程测量技术规范中，将水准测量分为二、三、四等三个等级，其精度指标与国家水准测量的相应等级一致。下面以二等水准测量为例来说明精密水准测量的实施。

1. 精密水准测量作业的一般规定

了解有关水准测量的各项主要误差的来源及其影响，根据各种误差的性质及其影响规律，水准测量规范中对精密水准测量的实施做出了各种相应的规定，目的在于尽可能减弱各种误差对观测成果的影响。

1）观测前30min，应将仪器置于露天阴影处，使仪器与外界气温趋于一致；观测时应用测伞遮蔽阳光；迁站时应罩以仪器罩。

2）仪器距前、后视水准尺的距离应尽量相等，其差应小于规定的限值(二等水准测量中规定，一测站前、后视距差应小于1.0m，前、后视距累积差应小于3m)。这样，可以削弱与距离有关的各种误差对观测高差的影响，如角误差和垂直折光等影响。

3）对气泡式水准仪，观测前应测出倾斜螺旋的置平零点，并做标记，随着气温变化，应随时调整置平零点的位置。对于自动安平水准仪的圆水准器，须严格置平。

4）同一测站上观测时，不得两次调焦；转动仪器的倾斜螺旋和测微螺旋，其最后旋转方向均应为旋进，以避免倾斜螺旋和测微器隙动差对观测成果的影响。

5）在两相邻测站上，应按奇、偶数测站的观测程序进行观测，往测时，以奇数测站按“后前前后”、偶数测站按“前后后前”的观测程序在相邻测站上交替进行。返测时，奇数测站与偶数测站的观测程序与往测时相反，即奇数测站由前视开始，偶数测站由后视开始。这样的观测程序可以消除或减弱与时间成比例均匀变化的误差对观测高差的影响，如角度的变化和仪器的垂直位移等影响。

6）在连续各测站上安置水准仪时，应使其中两脚螺旋与水准路线方向平行，而第三脚螺旋轮换置于路线方向的左侧与右侧。

7）每一测段的往测与返测，其测站数均应为偶数，由往测转向返测时，两水准标尺应互换位置，并应重新整置仪器。在水准路线上每一测段仪器测站安排成偶数，可以削减两水准尺零点不等差等误差对观测高差的影响。

8）每一测段的水准测量路线应进行往测和返测，这样可以消除或减弱性质相同、正负号也相同的误差影响，如水准尺垂直位移的误差影响。

9）一个测段的水准测量路线的往测和返测应在不同的气象条件下进行，如分别在上午和下午观测。

10）使用补偿式自动安平水准仪观测的操作程序与水准器水准仪相同。观测前对圆水准器应严格检验与校正，观测时应严格使圆水准器气泡居中。

11）水准测量的观测工作间歇时，最好能结束在固定的水准点上；否则，应选择两个坚稳可靠、光滑突出、便于放置水准标尺的固定点，作为间歇点加以标记。间歇后，应对两个间歇点的高差进行检测，检测结果如符合限差要求(对于二等水准测量，规定检测间歇点高差之差应不大于1.0mm)，就可以从间歇点起测。若仅能选定一个固定点作为间歇点，则在间歇后应仔细检视，确认没有发生任何位移，方可由间歇点起测。

2. 精密水准测量观测

往测时，奇数测站照准水准尺分划的顺序如下：

后视标尺的基本分划；

前视标尺的基本分划；

前视标尺的辅助分划；

后视标尺的辅助分划。

往测时，偶数测站照准水准尺分划的顺序如下：

前视标尺的基本分划；

后视标尺的基本分划；

后视标尺的辅助分划；

前视标尺的辅助分划。

返测时，奇、偶数测站照准标尺的顺序分别与往测偶数、奇数测站相同。

按光学测微法进行观测，以往测奇数测站为例，一测站的操作程序如下。

1）置平仪器。气泡式水准仪望远镜绕垂直轴旋转时，水准气泡两端影像的分离，不得超过1cm，对于自动安平水准仪，要求圆气泡位于指标圆环中央。

2）将望远镜照准后视水准标尺，使符合水准器气泡两端影像近于符合(双摆位自动安平水准仪应置于第Ⅰ摆位)。随后用上、下丝分别照准标尺基本分划进行视距读数[表2-6中的(1)和(2)]。视距读取4位，第四位数由测微器直接读得。然后，使符合水准器气泡两端影像精确符合，使用测微螺旋用楔形平分线精确照准标尺的基本分划，并读取标尺基本分划和测微分划的读数(3)。测微分划读数取至测微器最小分划。

3）旋转望远镜照准前视标尺，并使符合水准器气泡两端影像精确符合(双摆位自动安平水准仪仍在第Ⅰ摆位)，用楔形平分线照准标尺基本分划，并读取标尺基本分划和测微分划的读数(4)。然后用上、下丝分别照准标尺基本分划读取视距读数(5)和(6)。

4）用水平微动螺旋使望远镜照准前视标尺的辅助分划，并使符合气泡两端影像精确符合(双摆位自动安平水准仪置于第Ⅱ摆位)，用楔形平分线精确照准并读取标尺辅助分划与测微分划读数(7)。

5）旋转望远镜，照准后视标尺的辅助分划，并使符合水准器气泡两端影像精确符合(双摆位自动安平水准仪仍在第Ⅱ摆位)，用楔形平分线精确照准并读取辅助分划与测微分划读数(8)。表2-6中第(1)～(8)栏是读数的记录部分，(9)～(18)栏是计算部分，现以往测奇数测站的观测程序为例，来说明计算内容与计算步骤。

视距部分的计算如下：

$$(9)=(1)-(2)$$

$$(10)=(5)-(6)$$

$$(11)=(9)-(10)$$

$$(12)=(11)+\text{前站}(12)$$

高差部分的计算与检核如下：

$$(14)=(3)+K-(8)$$

式中　K——基辅差(对于 N3 水准标尺而言，$K=3.0155\text{m}$)。

$$(13)=(4)+K-(7)$$

$$(15)=(3)-(4)$$

$$(16)=(8)-(7)$$

$$(17)=(14)-(13)=(15)-(16)\quad \text{检核}$$

$$(18)=\frac{1}{2}[(15)+(16)]$$

表 2-6　二等水准测量观测记录簿

测自______至________　　　　年　月　日

时间：　始　时　分　末　时　分　　　　成　　像_____

温度_______云量_______　　　　风向风速_____

天气_______土质_______　　　　太阳方向_____

测站编号	后尺 下丝	前尺 下丝	方尺及向号	标尺读数		基+K一辅(一减二)	备注
	后尺 上丝	前尺 上丝		基本分划(一次)	辅助分划(二次)		
	后距	前距					
	视距差 d	$\sum d$					
1	(1)	(5)	后	(3)	(8)	(14)	
	(2)	(6)	前	(4)	(7)	(13)	
	(9)	(10)	后一前	(15)	(16)	(17)	
	(11)	(12)	h	—		(18)	
2			后				
			前				
			后一前				
			h				

以上即一测站全部操作与观测过程。一、二等精密水准测量外业计算尾数取位见表 2-7 规定。

表 2-7　一、二等精密水准测量外业计算尾数取位

等级	项目					
	往(返)测距离总和/km	测段距离中数/km	各测站高差/mm	往(返)测高差总和/mm	测段高差中数/mm	水准点高程/mm
一	0.01	0.1	0.01	0.01	0.1	1
二	0.01	0.1	0.01	0.01	0.1	1

表 2-7 中的观测数据是用 N3 精密水准仪测得的，当用 S1 型或 Ni004 精密水准仪进行观测时，由于与这种水准仪配套的水准标尺无辅助分划，故在记录表格中基本分划与辅助分划的记录栏内，分别记入第一次和第二次读数。

思考题与习题

1. 试绘图说明水准测量的基本原理。

2. 设 A 点为后视点，B 点为前视点，A 点高程为 87.452m。当后视读数为 1.267m、前视读数为 1.663m 时，问 A、B 两点的高差是多少？请绘图说明。

3. 何谓视差？如何检查和消除视差？

4. 何谓转点？转点在水准测量中起什么作用？

5. 水准路线的布设形式有哪些？

6. 四等水准测量的观测程序是什么？

7. 水准测量的主要误差来源是什么？

8. 已知 BM_1 的高程为 26.262m，根据图 2-33 所示的测量资料，计算各点的高程，见表 2-8。

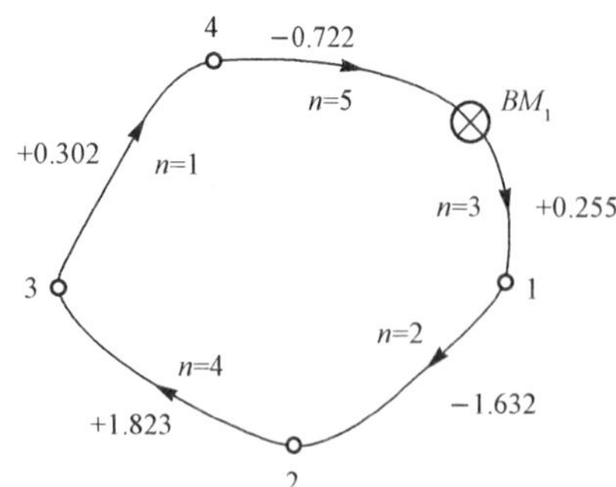

图 2-33 8 题图

表 2-8 高程计算表

点号	测站数	实测高差 h/m	改正数 v/mm	改正后高差 h'/m	高程 H/m
BM_1					
1					
2					
3					
4					
BM_1					
总和					
辅助计算					

项目3

角度测量

项目描述

经纬仪是观测角度的主要测量仪器，在测量工作中，可以通过观测水平角和竖直角，计算出地面点的平面位置和高程。

本项目主要介绍角度测量的原理、经纬仪的基本操作以及观测水平角和竖直角的操作方法，并介绍光学经纬仪的检验和校正的原理及方法。通过学习，学生可以了解光学经纬仪和电子经纬仪的操作和使用方法。

知识目标

- 了解水平角、竖直角的概念；
- 掌握测回法水平角观测的方法和方向法水平角观测的方法；
- 掌握竖直角的观测和计算方法、竖盘指标差的计算方法；
- 了解测角误差的来源和减弱观测误差的措施；
- 了解经纬仪主要轴线及一般检查方法。

能力目标

- 能够完成经纬仪的安置操作；
- 能够利用经纬仪进行水平角观测，并计算出观测角；
- 能够利用经纬仪进行竖直角观测，并完成角度计算；
- 会利用经纬仪的特点减弱误差的来源；
- 会进行经纬仪的一般检验和校正操作。

任务 3.1　了解角度测量原理

学习引导

利用经纬仪进行角度观测之前，首先要了解水平角和竖直角的概念。本任务主要是让学生理解角度测量的原理。

角度测量包括水平角测量和竖直角测量，是测量的三项基本工作之一。水平角用于确定地面点的平面位置，竖直角用于确定地面点间的高差或将倾斜距离改化成水平距离。经纬仪是角度测量的主要仪器。

3.1.1 水平角测量原理

水平角是指测站点至两个观测目标方向线在水平面上垂直投影的夹角，用β表示。水平角的范围为0°～360°。如图3-1所示，地面上有高低不同的A、O、B三点。测站点O至观测目标A、B的方向线OA、OB在水平面H内的垂直投影分别为oa、ob，该两直线之间夹角$\angle aob$即方向线OA、OB间的水平角β。由此可见，空间两方向线之间的水平角也就是通过该两方向线的两个竖直面间的二面角。

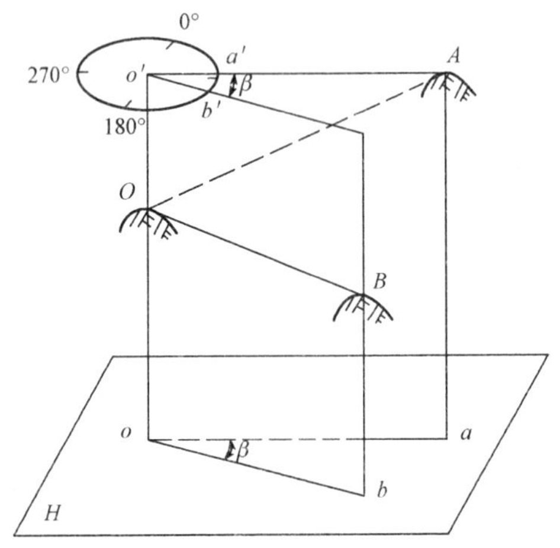

图3-1 水平角测量原理

为测量水平角β，可在过角顶O的铅垂线上任一点水平安置一顺时针刻划、注记的圆形刻度盘，称水平度盘。包含OA、OB的两个竖直面与刻度盘的水平交线$o'A$、$o'B$在度盘上所指读数为a'和b'，则$\angle a'o'b'$就是水平角β，即

$$\beta = b' - a'$$

即

$$\beta = \text{右目标方向读数} - \text{左目标方向读数}$$

3.1.2 竖直角测量原理

竖直角是同一竖直面内，测站点到目标点的方向线与水平线之间的夹角，用α表示，取值范围−90°～90°，如图3-2所示。竖直角有正负之分，瞄准目标方向线在水平线以上，竖直角为正，称仰角；瞄准目标方向在水平线以下，竖直角为负，称俯角。

$$\alpha = \text{目标方向读数} - \text{水平线方向读数}$$

天顶距是视线与铅垂线之间的夹角，如图3-3所示，用Z表示，其角度值大小为0°～180°，均为正值。因此，同一方向的竖直角α和天顶距Z之间的关系为$\alpha = 90° - Z$。

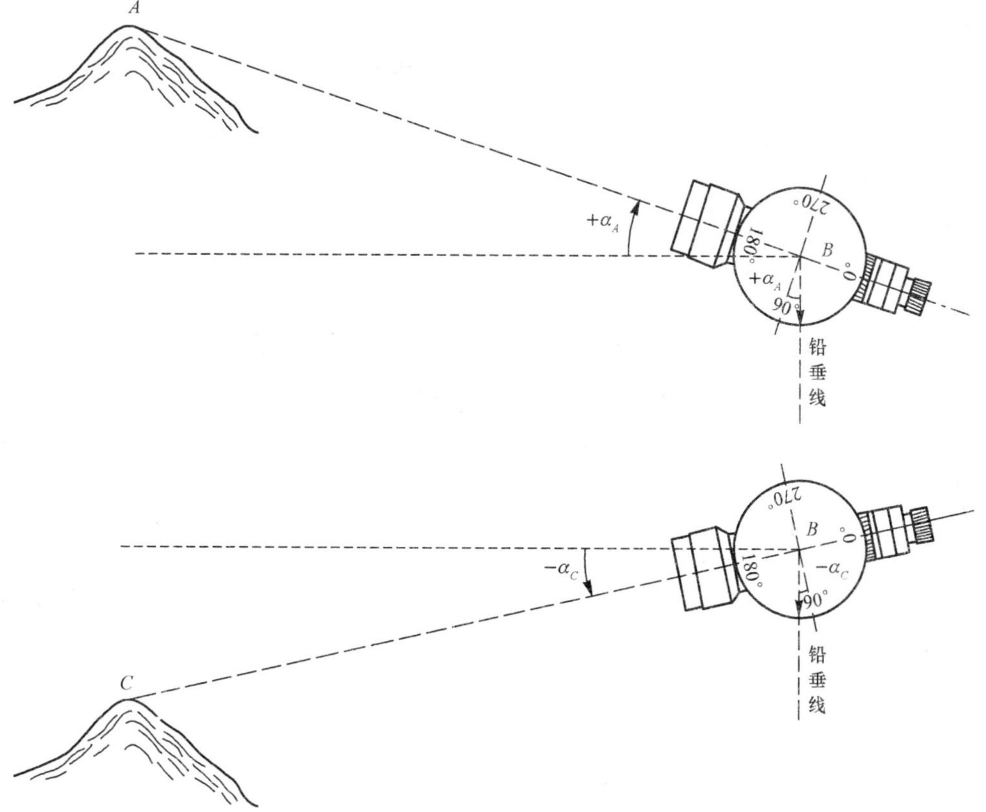

图 3-2 竖直角测量原理

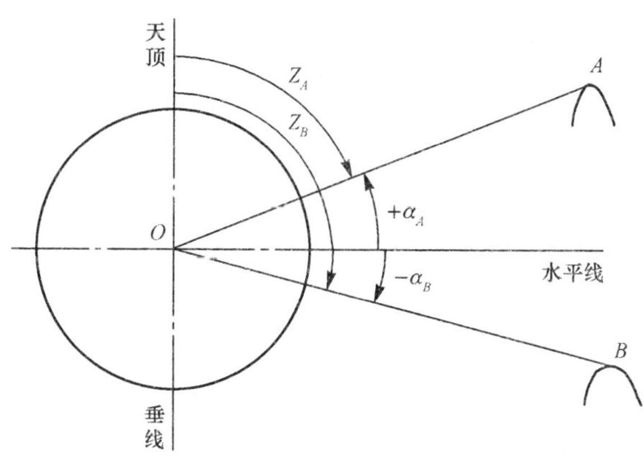

图 3-3 天顶距原理

任务 3.2　认识光学经纬仪

学习引导

经纬仪是角度测量的重要工具，分为光学经纬仪和电子经纬仪，根据精度等级不同，型号和外形有所差异。本任务主要介绍光学经纬仪，详细介绍光学经纬仪的型号和结构。

经纬仪是一种主要用于精确测量水平角和竖直角的仪器，按读数原理分光学经纬仪和电子经纬仪两大类别。光学经纬仪的读数度盘采用光学玻璃制成，借助光学透镜和棱镜系统的折射或反射，使度盘上的分划线成像到望远镜旁的读数显微镜中。光学经纬仪体积小、重量轻、密封性好、使用方便、读数精度高。

国产经纬仪按测角精度的不同分为 DJ07、DJ1、DJ2、DJ6 级等。其中“D”和“J”分别为“大地测量”和“经纬仪”两词的汉语拼音第一个字母；数字表示该仪器一测回水平方向观测中误差，也就是能达到的精度指标，以秒为单位，数值越大，精度越低。工程中使用较多的光学经纬仪为 DJ2 级、DJ6 级两种。

3.2.1　DJ6 级光学经纬仪

1. 基本构造

如图 3-4 所示，是博飞仪器厂生产的 DJ6 光学经纬仪，其主要由照准部、水平度盘和基座三部分组成。

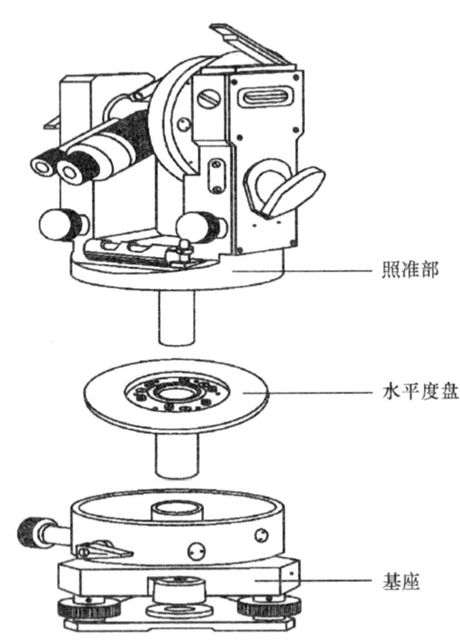

图 3-4　DJ6 光学经纬仪部件图

(1)照准部

照准部是光学经纬仪的重要组成部分，是在基座上部能绕竖轴旋转部分的总称，它主要由望远镜、水准管、竖盘装置、读数装置、制动微动装置和竖轴等组成，如图 3-5 所示。

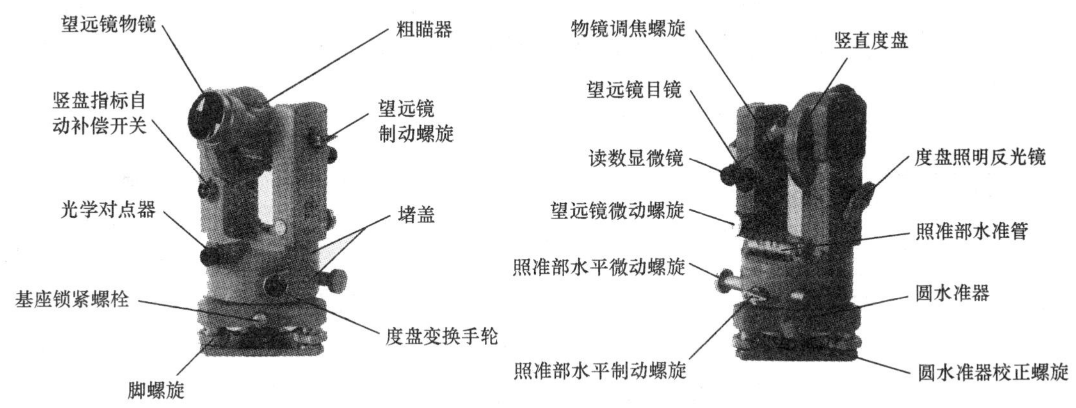

图 3-5 DJ6 光学经纬仪

1) 望远镜。用来精确瞄准远处目标，与仪器横轴固连在一起，安装在支架上。仪器精平后，望远镜绕仪器横轴做上下转动时，视准轴扫出的是一个竖直面。

2) 水准管。用来精确整平仪器，安装在照准部上。水准管气泡居中，仪器竖轴竖直，水平度盘水平。

3) 竖盘装置。由竖直度盘(简称竖盘)和竖盘读数指标、指标水准管等组成，用于观测竖直角。

4) 读数装置。是由一系列透镜和棱镜组成的一套精密的较为复杂的光学系统。通过安装在望远镜旁的读数显微镜可以看到水平度盘和竖直度盘的影像并读数。

5) 制动微动装置。由照准部水平制动螺旋、水平微动螺旋，望远镜制动螺旋、微动螺旋组成，可分别控制照准部水平旋转和望远镜的竖直旋转。

6) 竖轴。即照准部的旋转轴，套在基座轴套内，使整个照准部绕竖轴水平旋转。

(2) 水平度盘

水平度盘是用光学玻璃制成的精密刻度盘，度盘边缘刻有分划，从 0°～360°按顺时针方向每度注记，用来测量水平角。度盘上相邻两分划所夹圆心角称度盘的分划值，度盘的分划值为 1°。水平度盘安装在竖轴轴套外，并被密封在照准部的金属罩内。水平度盘的圆心与经纬仪竖轴中心轴线重合。水平度盘与照准部是分离的，不随照准部的转动而转动。水平度盘的转动是通过转动安装在照准部上的水平度盘变换手轮来实现的，打开水平度盘变换手轮并旋转可使水平度盘绕竖轴轴套旋转至任一示数位置。

(3) 基座

基座用来支撑仪器，下部有三个脚螺旋，调节脚螺旋可使水准管气泡居中，用于整平仪器。基座与三脚架头通过中心连接螺旋相固连。中心连接螺旋下有一挂钩可悬挂垂球，借助于垂球尖将仪器水平度盘中心安置在过测站点的铅垂线上，称仪器对中。垂球对中精度仅能达到 3mm。目前，DJ6 光学经纬仪上都装有光学对点器，利用光学对点器代替悬挂垂球进行仪器对中。照准部通过轴座固定螺旋固定在基座上，使用仪器时切勿松动该螺旋，以免照准部与基座分离而坠落。

2. DJ6 光学经纬仪的读数方法

DJ6 光学经纬仪有分微尺测微器和单平板玻璃测微器两种读数方法，这里主要讲第一种读数方法。由于分微尺测微装置读数方法简单、直观，是目前国产仪器常采用的一种读数装置。

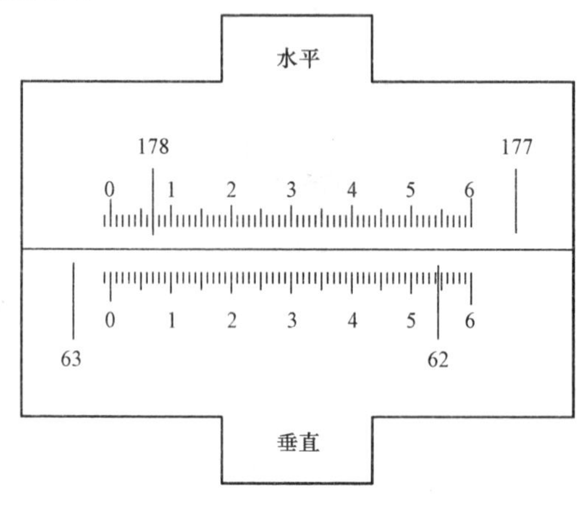

图 3-6　分微尺测微器读数窗

如图 3-6 所示，在经纬仪的读数显微镜窗口内可看到水平度盘和竖直度盘以及相应的分微尺影像，上方为水平度盘影像(用水平或 H 表示)，下方为竖直度盘影像(用竖直或 V 表示)。这种影像的读数装置称分微尺(也称测微尺)测微器读数装置。在这种读数装置中，度盘上相邻两分划的间隔长度与分微尺长度正好等长。因此，分微尺全长读数代表 1°。而分微尺又等分成 6 个大格，每大格又等分成 10 个小格，故分微尺上每一个大格代表 10′，而每一个小格代表 1′，不足 1′的部分估读，估读至 0.1′即 6″。

利用这种装置进行读数方法是：首先，读出落在分微尺上度盘分划线的度数；然后，读出这根分划线在分微尺上的分数，分以下的读数可估计读至 0.1′即 6″。将度、分、秒读数相加即得度盘读数，图 3-6 中水平度盘读数为 178°07′00″，竖直度盘读数为 62°54′30″。

3.2.2　DJ2 光学经纬仪

1. 基本构造

图 3-7 所示为苏州第一光学仪器厂生产的 DJ2 光学经纬仪。

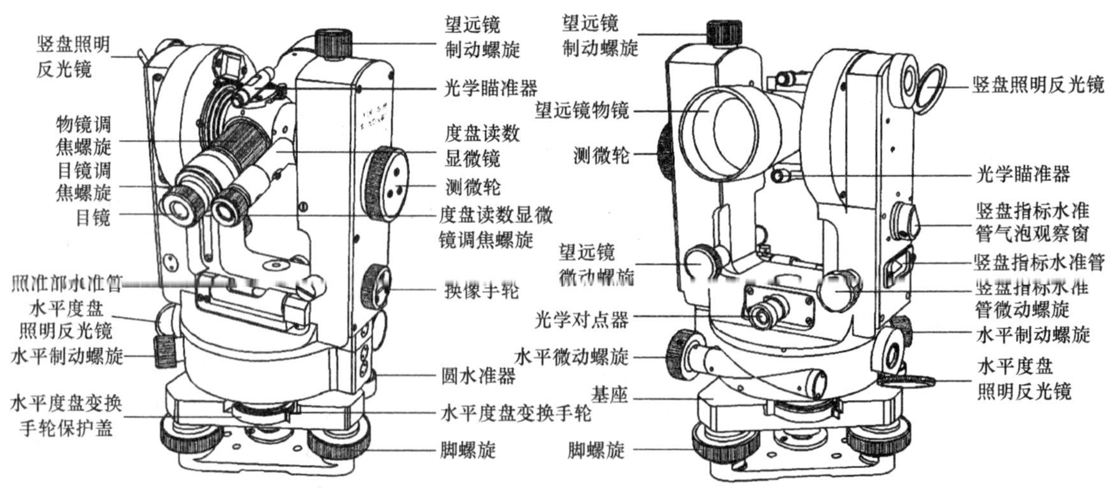

图 3-7　DJ2 光学经纬仪

DJ2 光学经纬仪与 DJ6 相比在基本构造上类似，主要区别如下。

1) DJ2 光学经纬仪观测精度高，望远镜放大倍数较大，照准部水准管灵敏度高，度盘格值小，属精密经纬仪。

2) DJ2 光学经纬仪采用对径分划影像重合读数装置，即取度盘对径相差 180°处的两个读数的平均值，因此，可以消除度盘偏心对读数的影响。

3) 在 DJ2 光学经纬仪读数显微镜中一次只能看到水平度盘或竖直度盘中的一种影像，因而方便了读数。读数时，可通过转动换像手轮，选择所需的度盘影像。

4) DJ2 光学经纬仪采用双光楔测微装置，即在度盘对径两端各安装一个固定的和移动的光楔，移动光楔与测微尺相连，可同时将度盘某一直径两端的分划反映到读数显微镜内，并被横线分隔为正像和倒像，从而实现对径分划重合读数。

2. DJ2 光学经纬仪的读数方法

如图 3-8 所示，大读数窗即度盘对径分划影像。位于横线之上的是正像，位于横线之下的是倒像。图 3-8 中左侧的小读数窗为测微尺读数窗，该窗中部的一条长横线为测微尺读数指标线，短线为测微尺分划线。测微尺分划线左侧标注的数字(0～10)表示分值，右侧的数字(0～5)表示 10″的倍数(2 即表示 20″)，分划线的每一小格代表 1″。该仪器的度盘分划值为 20′，当转动测微手轮使测微尺从 0′到 10′时，度盘的正、倒像分划线向相反的方向各移动半格，上、下影像相向总移动量为一格，换言之，对径分划线每相对移动一格为 10′(格值的一半)。

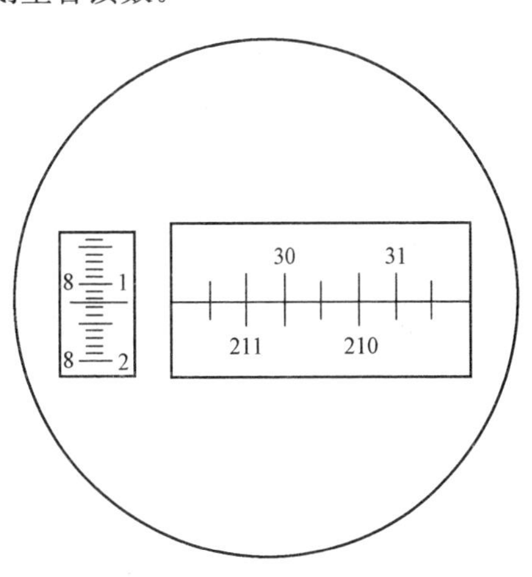

图 3-8 对径分划读数窗图

读数时先转动测微轮，使度盘对径分划影像相对移动，直至上、下分划严格重合，如图 3-8 所示。读数应按正像在左，倒像在右且相距最近的一对注有度数的对径分划进行。正像分划所注度数即所要读出的度数，正像分划线和对径的倒像分划线间的格数乘以 10′即应读的 10 分数，不足 10′的部分由测微尺读出。图 3-8 显示的读数为 30°28′12.5″。数值构成如下。

度数	30°	读自度盘
10 分数	2 格×10′－20′	读自度盘
分、秒数	08′12.5″	读自测微尺

新型 DJ2 光学经纬仪，采用了半数字化读数，如图 3-9 所示。读数窗上部矩形框中的数字为度盘的度数，下凸的小方框中所示数字为 10′数的整数倍数，不足 10′的部分由下方测微尺读数窗读出。读数窗下部带竖线的矩形框为度盘对径分划影像。读数时先转动测微轮，使对径分划线严格对齐，然后在上部读数窗中读取位于左方的度数(窗中只出现两个度数)或中央的度数(窗中出现三个度数)，然后，由下凸的小方框中读出整 10 分数，最后在测微尺读数窗中读出分、秒数，三读数之和为最终读数。图 3-9 所示，读数为 133°12′28″。

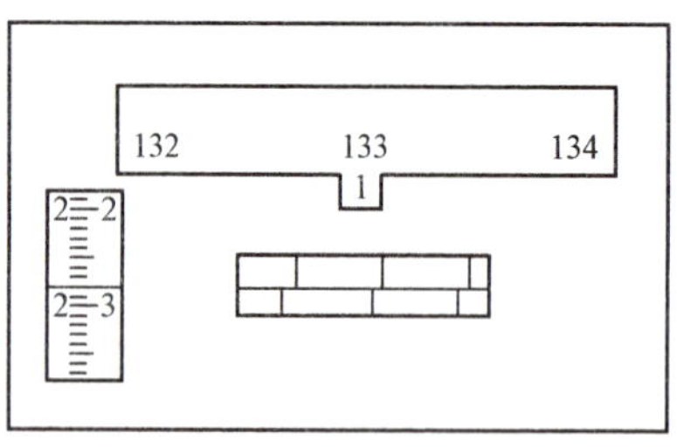

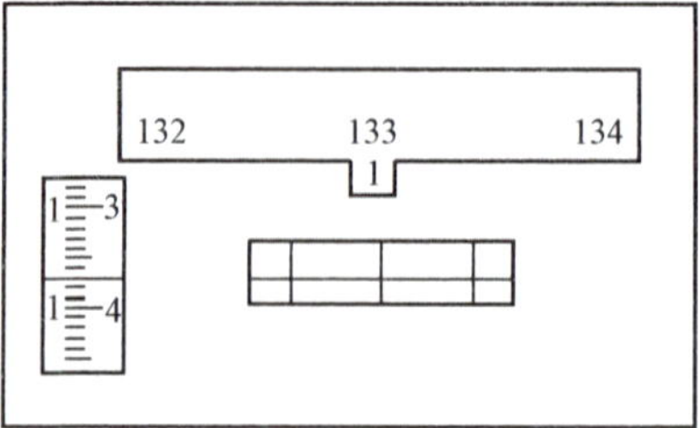

图 3-9　数字化读数窗

任务 3.3　经纬仪使用的基本操作

学习引导

通过本任务的学习，学生应掌握经纬仪基本的操作步骤和方法。

经纬仪的使用主要包括仪器安置、观测操作和读数测量工作。

3.3.1　仪器安置

仪器安置包括对中、整平(精平)两个步骤。对中的目的是使经纬仪水平度盘中心与所测角顶点位于同一铅垂线上，观测水平角的顶点也称测站点。整平(精平)的目的是使仪器的竖轴处于铅垂位置，从而使水平度盘水平。

1. 对中

目前生产的经纬仪都有光学对点器，采用光学对点器对中的精度比垂球对中的精度高，可达 1mm，且不受风力影响，所以工作中基本都采用光学对中法。光学对中的步骤如下。

1) 将三脚架安置在测站点上，目估使架头大致水平并使架头中心大致对准测站点标志中心。

2) 调节光学对点器的目镜、物镜调焦螺旋(目镜为左右旋转调焦，物镜为前后推拉调焦)，分别使对点器十字丝影像和测站上标志点的影像清晰。

3) 固定一个架腿，移动另两个架腿，一边移动三脚架腿，一边观察对中器，直到地面标志点影像位于对点器圆圈中央为止，一般要求对中误差小于 1mm。

2. 整平(精平)

整平的过程分为粗略整平和精确整平两个过程。

1) 粗略整平：松开脚架腿的连接螺旋，伸缩架腿，使圆水准器的气泡居中。

2) 精确整平：将管水准器置于平行于任意两个脚螺旋的连线的位置，如图 3-10(a)所示。然后，两手同时相向旋转脚螺旋 1、2 使气泡居中。气泡移动方向与左手拇指旋转方向一致。接着旋转照准部 90°使水准管垂直 1、2 两脚螺旋连线的方向，如图 3-10(b)所示，转动第三个脚螺旋使气泡居中。转动照准部回到起始位置，检查气泡是否居中。若气泡偏移则重复上述过程。直到照准部转到任意位置，气泡偏离中央均不超过一格时为止。

交替进行对中和整平检查，使仪器既对中又精平。若对中整平相差很小，也可稍旋松中心连接螺旋，在架头上轻轻地移动仪器，使精确对中，最后将中心连接螺旋拧紧。

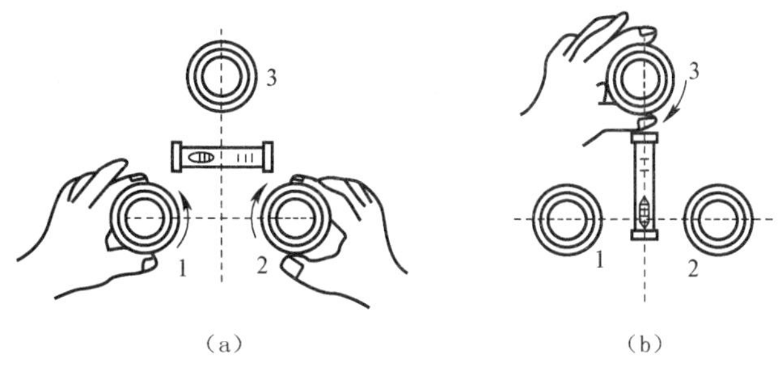

图 3-10　经纬仪精平

3.3.2　观测操作

观测操作步骤如下。

1) 瞄准目标。瞄准是使望远镜十字丝的交点精确照准目标的几何中线。

2) 目镜调焦。松开望远镜制动螺旋和照准部制动螺旋，将望远镜对准天空或明亮的背景，调节目镜调焦螺旋，使十字丝清晰。

3) 粗瞄目标。用望远镜上的粗瞄器，先从镜外找到目标方向(粗瞄器 Δ 的尖部对准目标)，使在望远镜内能够看到目标的物像，再旋紧望远镜和照准部的制动螺旋。

4) 物镜调焦。转动望远镜调焦螺旋，在望远镜视场内使目标物像清晰，并消除视差。

5)精确瞄准目标。转动望远镜和照准部的微动螺旋，使十字丝纵丝精确瞄准目标，如图 3-11 所示。进行水平角观测时，应尽量瞄准目标底部。当目标较近，成像较大时，用十字丝单丝平分日标。当日标较远时，可使十字丝双丝与目标重合或者将目标对称地夹在双丝的中央。

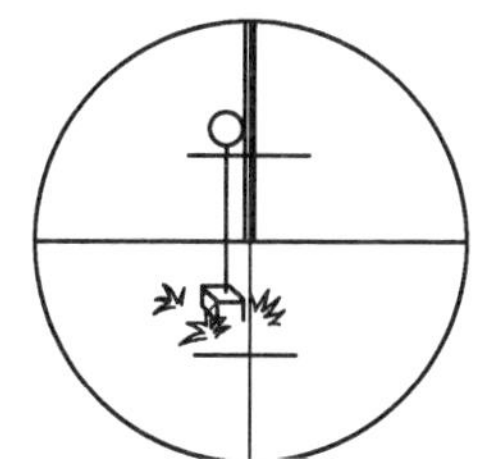
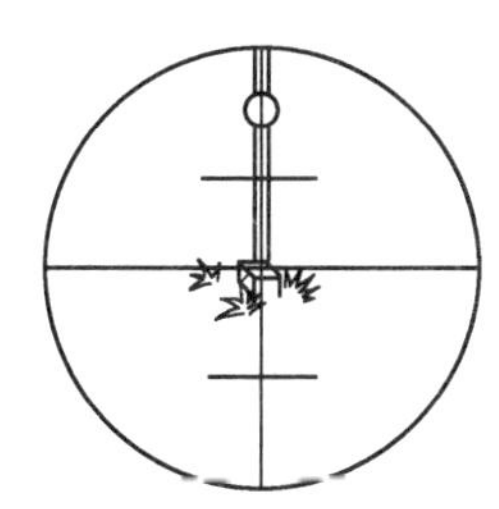
图 3-11　水平角测量照准目标的方法

3.3.3　读数测量

读数时要注意以下两点：一是应打开度盘照明反光镜，并调节反光镜的开启角度和方向使读数窗内亮度适中；二是应调节读数显微镜目镜使度盘影像清晰，然后正确读数。

任务 3.4　水平角测量

学习引导

水平角观测是经纬仪的主要操作之一，本任务主要介绍测回法和方向观测法两种水平角的观测方法，通过学习学生应掌握经纬仪的水平角的测量操作。

3.4.1 测回法水平角测量

测回法适用于两个方向之间的单角观测。如图 3-12 所示，设要测水平角为∠412，先在 4、2 两点竖立标志，在测站点 1 上安置经纬仪，进行对中、整平，分别照准点 4、点 2 两点的目标并进行读数，两读数之差即∠412 的角值。

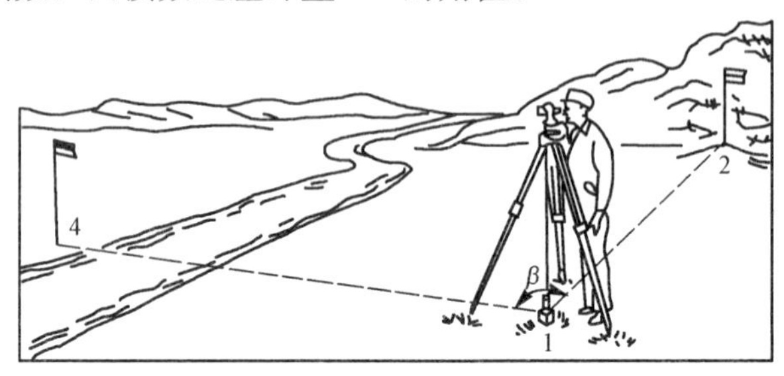

图 3-12　测回法观测水平角

为了消除仪器在观测过程中产生的误差，需用盘左及盘右两个位置进行观测。所谓盘左又称正镜，是指观测者面对望远镜的目镜时，竖直度盘位于观测者左侧时的位置。所谓盘右又称倒镜，是指观测者面对望远镜的目镜时，竖直度盘位于观测者右侧时的位置。具体测量操作步骤如下。

1. 安置仪器

选择多边形某角点(如 1)安置仪器，对中、整平。该点称为测站点。在要观测的两个目标点 4、2 上竖立测钎或花杆作为标志，供测角瞄准之用。

2. 观测

(1) 盘左位置

1) 松开照准部和望远镜的制动螺旋，转动照准部，通过望远镜外的粗瞄器，粗略瞄准起始方向目标点 4，将照准部和望远镜制动螺旋制动。仔细调焦，使目标成像清晰，转动照准部与望远镜的微动螺旋，精确瞄准目标点 4。为了降低测杆竖立不直的影响，应尽量瞄准标杆的最下部。

2) 打开度盘变换手轮保险装置，转动度盘变换手轮，使度盘读数稍大于 0°，然后关上变换手轮保险装置。再次确认精确瞄准目标，读取水平度盘读数 0°03′18″，填写到 $4_{左}$ 位置，见表 3-1。

3) 松开照准部和望远镜的制动螺旋，顺时针转动照准部，精确瞄准第二目标 2，读记水平度盘读数 $2_{左}$(表 3-1 中 89°33′30″)。

以上过程称上半测回或者盘左半测回，测得角值为

$$\beta_{左}=2_{左}-4_{左}$$

(2) 盘右位置

1) 松开照准部和望远镜制动螺旋，纵转望远镜，成盘右位置，按逆时针方向转动照准部，精确瞄准目标点 2，读记水平度盘读数 $2_{右}$(表 3-1 中 269°33′42″)。

2) 松开照准部和望远镜的制动螺旋，逆时针方向转动照准部，精确瞄准目标点 4，读

记水平度盘读数 $4_{右}$(表 3-1 中 180°03′24″)。

以上过程称下半测回或者盘右半测回，测得角值为

$$\beta_{右}=2_{右}-4_{右}$$

上、下两个半测回合并成为一测回。当两个半测回角值之差不超过《工程测量规范》(GB 50026—2007)中相应等级水平角测量误差规定时，则取其平均值作为一测回的最后角值，即

$$\beta=\frac{1}{2}(\beta_{左}+\beta_{右})$$

β 称为一测回角值，表 3-1 为测回法两测回观测水平角的记录格式。

表 3-1　水平角观测手簿(测回法)

作业日期：××××年××月××日　　　天气：晴
开始时间：8：00　　测站：1　　　观测方向图略（4　2　1）　　　仪器：J6
结束时间：8：20　　　观测者：××

测序	目标	竖盘位置	读数/(°　′　″)	半测回角值/(°　′　″)	一测回角值/(°　′　″)	各测回平均角值/(°　′　″)	备注
1	2	3	4	5	6	7	8
第一测回	4	盘左	0　03　18	89　30　12	89　30　15	89　30　21	
	2		89　33　30				
	4	盘右	180　03　24	89　30　18			
	2		269　33　42				
第二测回	4	盘左	90　03　30	89　30　30	89　30　27		
	2		179　34　00				
	4	盘右	270　03　24	89　30　24			
	2		359　33　48				

3. 观测限差

水平角观测限差根据使用的仪器型号、观测方法、观测等级、测回数的不同而有不同的要求。

用 J6 级经纬仪测角，只观测一个测回的，要求上、下半测回所测角值较差不得超过±40″；多测回观测的，要求同一方向值(测回法为角值)各测回较差不得超过±24″。对于有归零观测的还要求半测回归零差不得超过±18″。

用 J2 级经纬仪测角，半测回归零差不超过±12″；一个测回两倍照准差($2c$)变动范围不得超过±18″；一个测回观测时要求上、下半测回同一方向值(测回法为角值)较差不得超过±24″；多测回观测时要求同一方向值(测回法为角值)各测回较差不得超过±12″。

4. 水平度盘配置

在水平角观测中，常常需要使某一方向的读数为零或某一指定值。照准某一目标时，使度盘示数为某一特定值的工作称为水平度盘配置。其方法是先精确照准目标，并紧固水

平及望远镜制动螺旋，再打开度盘变换手轮保险装置，转动度盘变换手轮，使度盘读数为某一指定数值，然后关上变换手轮保险装置。

当测角精度要求较高，需要观测几个测回时，为减小水平度盘刻划不均匀误差的影响，各测回之间应变换水平度盘起始读数，其变换间隔值按$\frac{180°}{n}$计算，n为测回数。如为两个测回，第一测回起始方向水平度盘的读数应略大于0°，第二测回水平度盘起始方向的读数应略大于90°。

3.4.2 方向观测法水平角测量

测回法适用于仅有两个方向的单角测量。在一个测站上当观测方向超过两个方向时，应采用方向观测法。如图3-13所示，测站点O上有四个目标方向，即OA、OB、OC、OD。其观测步骤、记录计算方法如下。

1. 盘左

首先瞄准起始方向(也称零方向)，如A方向。将水平度盘读数配置在稍大于0°读数处，读数并记入观测手簿，如表3-2所示。再按顺时针方向依次观测B、C、D，读取各方向的水平度盘读数并记入观测手簿。由于观测方向多，累计观测时间较长，为了检查水平度盘位置在观测过程中是否发生变动，最后还要继续沿顺时针方向转动照准部，再一次照准起始方向A，读数并记入观测手簿，这次观测称为归零观测。同一方向两次读数之差称为归零差。上述全部工作称为上半测回。

2. 盘右

倒转望远镜，成盘右位置，按逆时针方向依次照准A、D、C、B、A各方向，读数并记入观测手簿表3-2，这一操作过程称为下半测回。

上、下两半测回合起来称为一个测回。若进行多测回观测，则各测回间需变换度盘$\frac{180°}{n}$。表3-2为两个测回的方向观测法手簿的记录和计算实例。

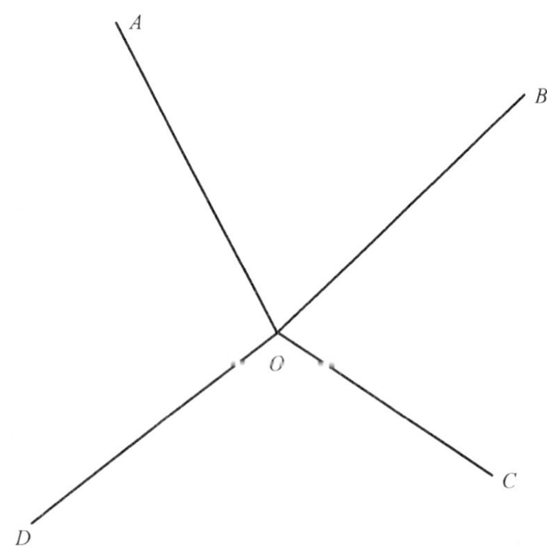

图3-13　方向观测法观测水平角

表 3-2　水平角观测手簿(方向观测法)

作业日期：××××年××月××日

开始时间：8∶30

结束时间：9∶10

测站：O

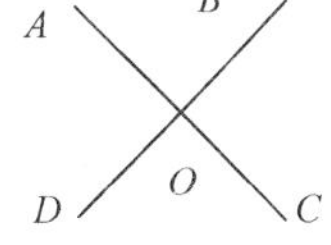

天气：晴

仪器：J6

观测者：××

测序/目标	读数				$2c$=左$-L$(右±180°)	平均读数$=\frac{1}{2}$(左+右±180°)	归零后方向值	各测回归零方向平均值	备注
	盘左		盘右						
1	2	3	4	5	6	7	8	9	10
第一测回	(° ′)	(″)	(° ′)	(″)	(″)	(° ′ ″)	(° ′ ″)	° ′ ″	
						(0 01 18)			
A	0 01	12	180 01	18	−6	0 01 15	0 00 00	0 00 00	
B	96 53	06	276 53	00	+6	96 53 03	96 51 45	91 52 42	
C	143 32	48	323 32	48	0	143 32 48	143 31 30	143 31 30	
D	214 06	12	34 06	06	+6	214 06 09	214 04 51	214 05 02	
A	0 01	24	180 01	18	+6	0 01 21			
归零差		12		0					
第二测回						(90 01 30)			
A	90 01	24	270 01	24	0	90 01 23	0 00 00		
B	186 53	00	6 53	18	−18	186 53 09	96 51 39		
C	233 32	54	53 33	06	−12	233 33 00	143 31 30		
D	304 06	36	124 06	48	−12	304 06 42	214 05 12		
A	90 01	36	270 01	36	0	90 01 36			
归零差		12		12					

表 3-2 中，第 2、4 列为水平度盘度、分读数的记录，第 3、5 列为水平度盘秒值读数的记录。第 6 列为同一方向盘左和盘右的差值，也叫两倍照准误差 $2c$。测量成果中利用各个方向的 $2c$ 的变化值，也就是最大值和最小值之差作为是否超限的检查标准。规定 DJ2 一测回内 $2c$ 互差不大于 13″。

$$2c=\text{盘左读数}-(\text{盘右读数}\pm 180°)$$

第 7 列为同一方向盘左、盘右的平均值(度数以盘左为准)。由于进行“归零”观测，一测回内起始方向有两个平均值，因而，再取其平均值记于该列的括号中，作为该方向的一测回平均读数。

第 8 列是归零后的各方向值，为方便计算和比较各测回的观测值，起始方向读数都改化成 0°00′00″的方向值，这样一来，B、C、D 等目标的读数也就随着改正一个相同的数值。如第一测回中，起始方向 A 的平均读数原为 0°01′18″，改化成 0°00′00″，减去 1′18″。而 B 目标的平均读数 96°53′03″，也应减去 1′18″，即得 B 目标的上半测回方向值为 96°51′45″(写入表中第 8 列 B 目标的相应位置)，同理，可计算出其他方向的归零值。第一、第二测回平均方向值，记入第 9 列相应行中。

显然，若要求取任意两个方向间所夹水平角之观测值，只需将该两方向的“各测回归零平均方向值”的数值相减即可。

一般规定，当方向数不超过 3 个时可以不“归零”。通常把有“归零”观测的方向观测法称为全圆测回法。

任务 3.5　竖直角测量

学习引导

竖直角观测是经纬仪的主要操作之一，本任务主要介绍竖直角观测方法和计算方法，通过学习，掌握经纬仪的竖直角操作。

3.5.1　竖盘装置的结构

经纬仪的竖盘装置一般包括竖盘、读数指标、竖直指标水准管及用于调节竖直指标水准管气泡的微动螺旋，如图 3-14 所示。竖盘固定在望远镜横轴的一端，与横轴保持垂直，并随望远镜一起转动。

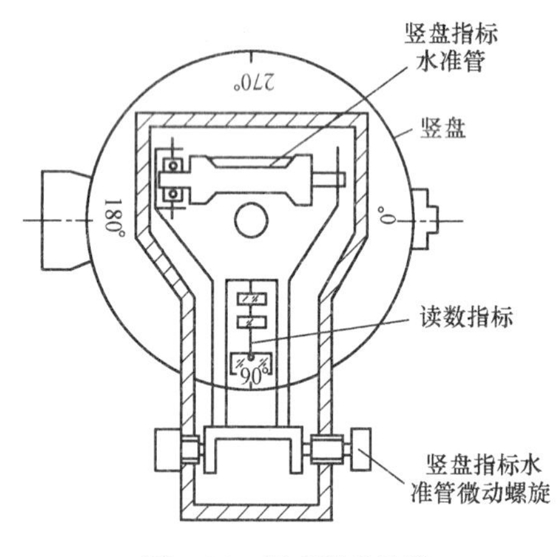

图 3-14　竖直度盘构造

当经纬仪精确整平时，竖盘便处于竖直状态。望远镜上下转动，竖盘随望远镜一起在竖直面内转动。作为读数用的竖盘读数指标与指标水准管固连在一起，不随望远镜转动，它只能通过转动指标水准管微动螺旋，使读数指标和指标水准管一起做微小转动。读数指标和竖盘刻划影像，通过光学棱镜系统的折射，一起呈现在望远镜旁的读数显微镜窗口里。当指标水准管气泡居中时，读数指标应处于 90°或 270°的正确位置。

新一代经纬仪采用了竖盘读数指标自动归零装置。这类仪器取消了指标水准管及指标水准管微动螺旋，而增加了一个自动补偿器。当仪器精平后(照准部水准管气泡居中)，在读数指标自动归零装置的作用下，竖盘读数指标自动处于正确位置，即可读得正确的竖盘读数，精度更高，操作更加方便。

竖盘刻划常见的注记方式为全圆注记式，即从 0°～360°注记。其注记形式有顺时针方向和逆时针方向两种。图 3-15 所示为 DJ6 光学经纬仪竖盘注记的形式。这一类竖盘注记特点是：当视线水平时，竖盘读数为 90°或者 270°。

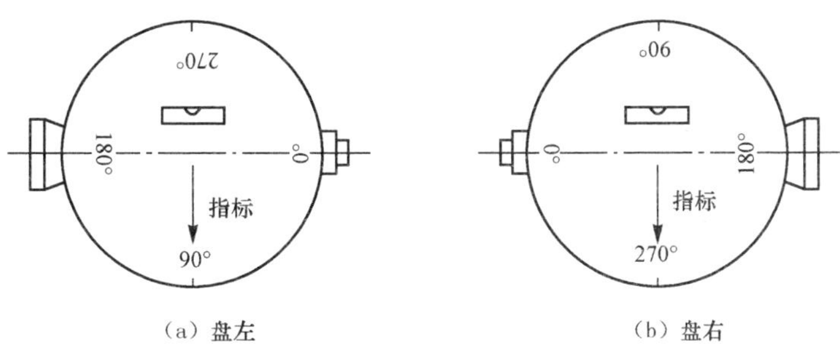

（a）盘左　　（b）盘右

图 3-15　竖盘刻划注记形式

3.5.2　竖直角的计算

竖直角计算公式随竖盘刻划与注记形式的不同而不同，现以 DJ6 光学经纬仪的竖盘刻划为例，具体推导竖直角的计算公式。

如图 3-16 所示，观测某一目标，盘左观测的竖直角为 $\alpha_{左}$，竖盘读数为 L；盘右观测的竖直角为 $\alpha_{右}$，竖盘读数为 R，由图可以看出该仪器竖直角计算公式为

$$\alpha_{左}=90°-L \tag{3-1}$$

$$\alpha_{右}=R-270° \tag{3-2}$$

$$\alpha=\frac{1}{2}(\alpha_{左}+\alpha_{右})=\frac{1}{2}(R-L-180°) \tag{3-3}$$

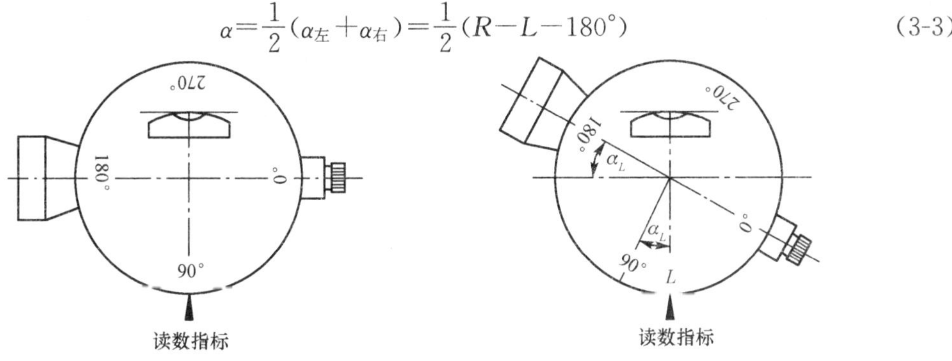

（a）盘左

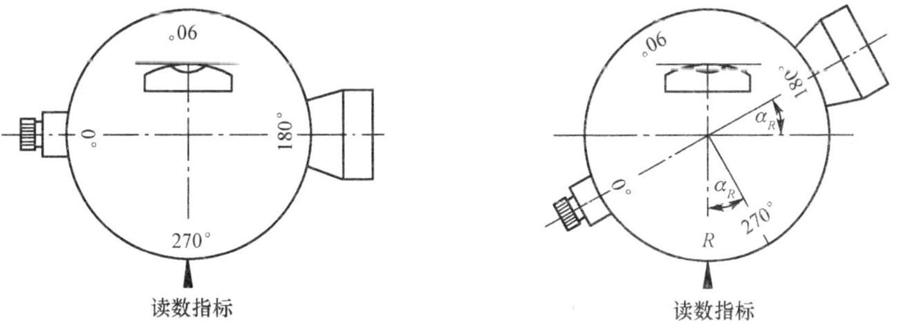

（b）盘右

图 3-16　竖直角的计算

按式(3-1)～式(3-3)计算出竖直角有正、负号之分，正值表示仰角，负值表示俯角。

当竖盘注记与上述形式不同时，竖直角计算公式推导的一般方法如下。

将望远镜大致置成水平状态，从读数显微目镜中观察竖盘读数，确定视线水平时的某一特殊值(90°或270°等)。

然后逐渐上抬望远镜，观察竖盘读数是逐渐增大还是逐渐减小。

1）当望远镜抬起，读数增大时，α＝竖盘读数－视线水平时的特殊值。

2）当望远镜抬起，读数减小时，α＝视线水平时的特殊值－竖盘读数。

3.5.3 竖盘指标差

上述竖直角的计算公式是一种理想的情况，即当望远镜视准轴水平，竖盘读数指标水准管气泡居中时，竖盘读数指标对准一特殊值(90°或270°)。但实际上这个条件往往不能满足，而是竖盘指标水准管气泡居中时，竖盘指标不是正好指在90°或270°这个特定值上，而是与这个特定值相差一个小角值 x，这个小角值 x 称为竖盘指标差，简称指标差，如图3-17所示。当竖盘指标的偏移方向与竖盘注记增加方向一致时，规定指标差 x 为正值，反之为负值。图中表示盘左和盘右观测同一目标时，由于指标差 x 的存在，读数受到影响。

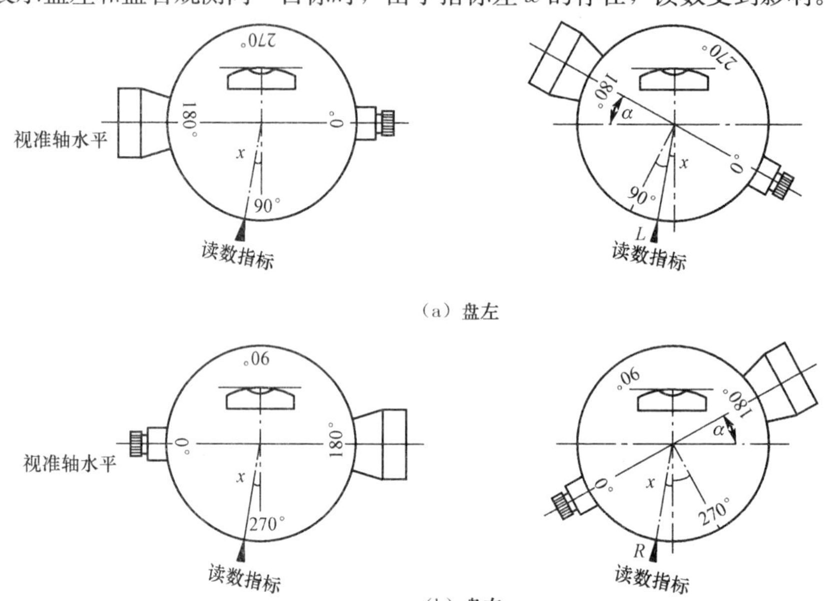

图3-17 竖盘指标差

盘左时，竖直角为

$$\alpha=90°-(L-x)=90°-L+x=\alpha_{左}+x \tag{3-4}$$

盘右时，竖直角为

$$\alpha=(R-x)-270°=R-270°-x=\alpha_{右}-x \tag{3-5}$$

将式(3-4)、式(3-5)相加得

$$\alpha=\frac{1}{2}(\alpha_{左}+\alpha_{右})=\frac{1}{2}(R-L-180°) \tag{3-6}$$

将式(3-5)减式(3-4)得

$$x=\frac{1}{2}(\alpha_{右}-\alpha_{左})=\frac{1}{2}(R+L-360°) \tag{3-7}$$

这就是含有指标差的竖直角及指标差的计算公式。从式(3-6)中可以看出，取盘右读数和盘左读数之差减180°再除以2，或取盘左和盘右观测的竖直角之平均值，都能消除指标差对竖直角的影响。由式(3-7)可知，取盘右和盘左读数之和减360°再除以2，或取盘右与盘左观测的竖直角之差再除以2，都可以求得指标差x。

3.5.4 竖直角的观测

竖直角观测是用望远镜十字丝横丝切于目标某个位置，转动指标水准管微动螺旋，使气泡居中后，读取读数，按计算公式求出竖直角。由于竖直角是竖直面内瞄准目标方向线的读数与水平方向线读数之差所得的角值，而视线水平时竖盘读数为一已知的特殊值90°或者270°。因而，在竖直角观测时，实际上只需读取瞄准目标方向线的竖盘读数，即可计算出竖直角。其观测程序如下。

1）将经纬仪安置在测站上，盘左照准目标A，制动望远镜，用望远镜微动螺旋使十字丝的横丝精确地切准目标顶部，如图3-18所示。

2）旋转指标水准管微动螺旋，使气泡居中，再查看一下十字丝横丝是否仍切准目标，确认切准后，立即读数(L)并记入手簿中。(若仪器带竖盘指标自动补偿器，则需先将补偿器开关置于“ON”状态，有的仪器则在读数前要按一下自动补偿器按钮后便可进行读数。)

3）盘右照准目标同一部位，以同样的方法，读数(R)并记入手簿中。

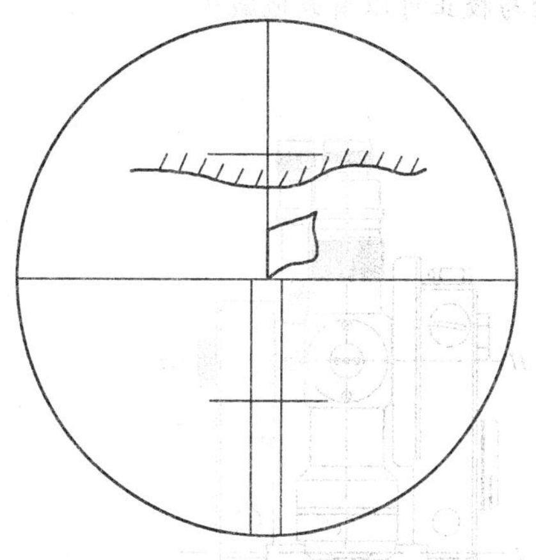

图3-18 观测竖直角时的目标瞄准方法

这样就完成一测回的竖直角观测。若进行多测回观测，只需重复上述操作步骤。竖直角观测记录计算示例见表3-3。

表3-3 竖直角观测记录手簿

日期：××××年××月××日　　　　观测者：×××

天气：晴　　　　仪器：J6级　　　　记录者：×××

测站	目标	竖盘位置	竖盘读数/(° ′ ″)	半测回竖直角/(° ′ ″)	指标差/(″)	一测回竖直角值/(° ′ ″)	备注
1	2	3	4	5	6	7	
O	A	盘左	81 38 12	+8 21 48	−12	+8 21 36	
		盘右	278 21 24	+8 21 24			
	B	盘左	96 12 36	−6 12 36	−09	−6 12 45	
		盘右	263 47 06	−6 12 54			

由竖直角计算公式可知，用盘左、盘右观测可以消除指标差的影响。根据《工程测量规范》(GB 50026—2007)中的有关要求，当指标差大于1′时，应进行校正。对于同一台仪器，指标差 x 在同一时间段内应是常数，但由于各种原因，各方向和各测回所计算的指标差可能互不相同。指标差的变化情况，能反映观测过程中仪器的稳定性，从而反映出观测质量，故在有关测量规范中，对指标差的变化范围，有相应的规定。

用 J6 级光学经纬仪作竖直角观测时，指标差互差及竖直角互差均不得超过±25″，对于 J2 级仪器则要求指标差互差及竖直角互差均不得超过±10″。

任务 3.6　光学经纬仪的检验与校正

学习引导

在经纬仪测量过程中，仪器本身的误差会给测量结果带来误差，故测量前进行严谨的检验与校正可以有效地减少误差，本任务主要介绍经纬仪的构造以及基本的检验和校正方法。

3.6.1　经纬仪主要轴线及应满足的几何条件

经纬仪主要几何轴线包括竖轴 VV、横轴 HH、视准轴 CC 和水准管轴 LL，如图 3-19 所示。

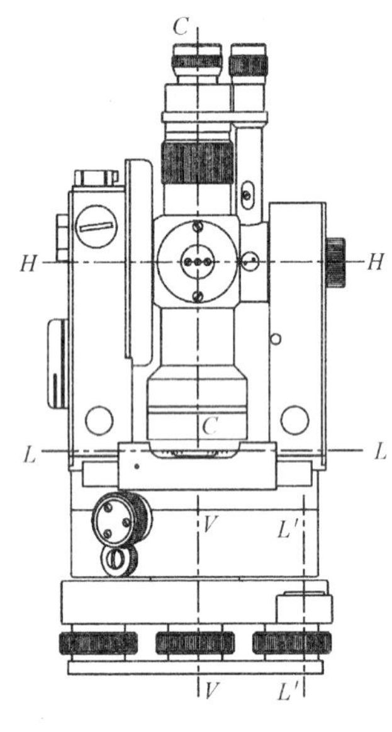

图 3-19　经纬仪轴线

经纬仪各主要几何轴线间的相互关系满足以下 4 个几何条件。

1) 水准管轴应垂直于竖轴($LL \perp VV$)。
2) 视准轴应垂直于横轴($CC \perp HH$)。
3) 横轴应垂直于竖轴($HH \perp VV$)。
4) 圆水准轴平行于竖轴($L'L' // VV$)。
5) 十字丝竖丝应垂直于横轴。

3.6.2　照准部水准管轴垂直于竖轴的检验与校正

1. 检校目的

使水准管轴垂直于竖轴，以保证当水准管气泡居中时，竖轴处于铅垂位置，从而整平仪器。否则，将无法整平仪器。

2. 检验方法

先粗平经纬仪，再转动照准部使水准管平行于任意一对脚螺旋的连线，旋转这两个脚螺旋，使水准管气泡严格居中。将照准部旋转 180°，若水准管气泡仍居中，则表明条件满足。否则，条件不满足，应进行校正。

3. 校正方法

当气泡不居中时，用校正针拨动位于水准管一端的校正螺旋，使气泡退回偏离量的一半，然后相向转动两脚螺旋，使气泡居中，如图 3-20 所示。

这项检验校正需反复进行，直至水准管气泡偏离中心不超过一格为止。

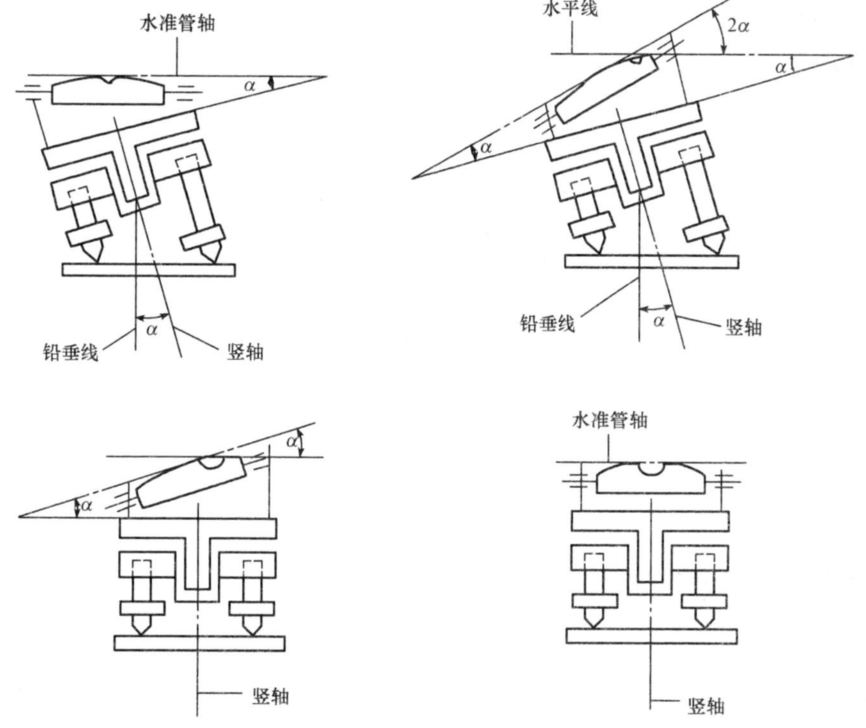

图 3-20 水准管轴的检验与校正

3.6.3 十字丝竖丝垂直于横轴的检验与校正

1. 检校目的

使十字丝竖丝垂直于横轴，以保证横轴水平时，竖丝铅垂，从而可以用竖丝上任一位置瞄准目标。

2. 检验方法

整平仪器，用十字丝竖丝最上端精确对准远处一明显点状目标，制动照准部和望远镜。徐徐转动望远镜微动螺旋，若目标点始终沿竖丝移动，则表明条件满足，如图 3-21(a)所示；否则需校正，如图 3-21(b)所示。

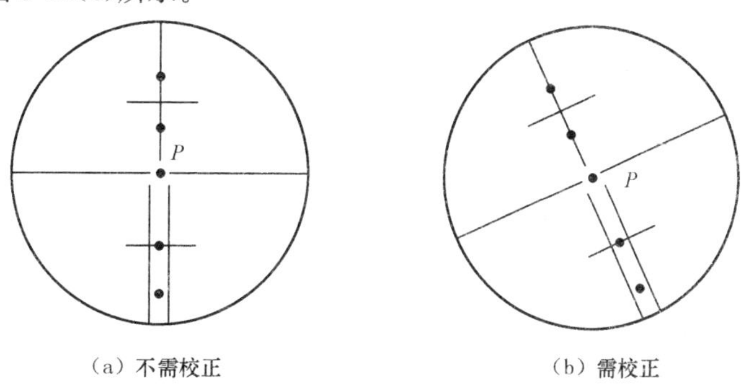

(a) 不需校正　　(b) 需校正

图 3-21 十字丝的检验

3. 校正方法

竖丝校正与水准仪十字丝横丝垂直于仪器竖轴的校正方法相似，如图 3-22 所示。

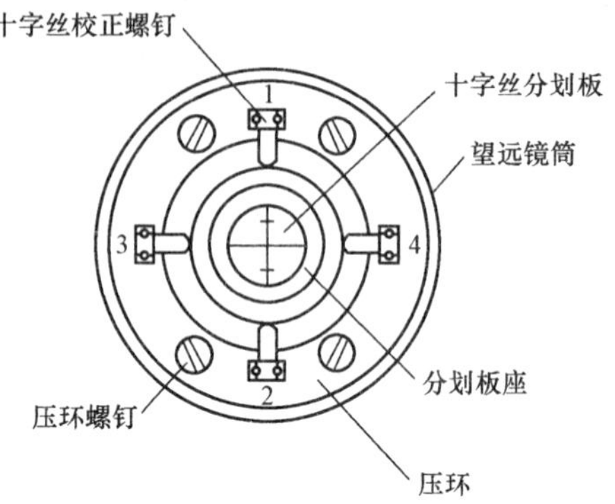

图 3-22　十字丝竖丝的校正

3.6.4　视准轴垂直于横轴的检验与校正

1. 检校目的

使视准轴垂直于横轴，这样当望远镜绕横轴转动时所扫出的视准面为一平面，否则为一对顶圆锥面。

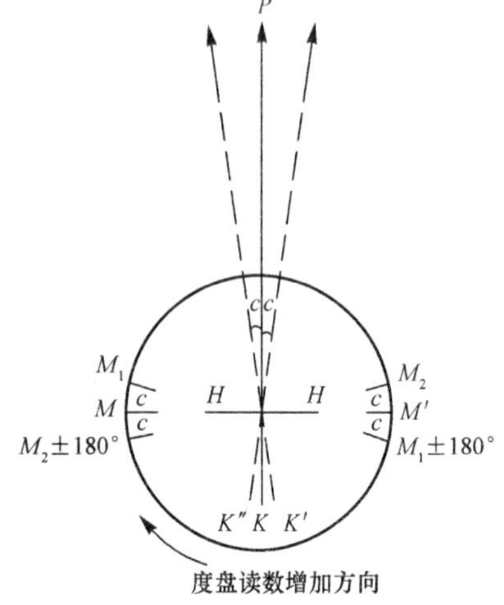

图 3-23　视准轴的检验

2. 检验方法

精平仪器，盘左位置瞄准一与仪器高度大致相同(视线大致水平)的远处目标，读得水平度盘数为 M_1。纵转望远镜，以盘右位置瞄准同一目标，读得水平度盘读数为 M_2。图 3-23 为检验原理图，HH 为横轴，KP 为正确的视准轴方向，两侧的虚线为存在误差的视准轴方向。

若 $M_1=M_2\pm180°$，则表示视准轴垂直于横轴。当 $M_1-(M_2\pm180°)$ 的绝对值大于 $2'$时，则应予以校正。

3. 校正方法

1) 计算盘右位置观测原目标的正确读数 M'。计算式为

$$M'=\frac{1}{2}[M_2+(M_1\pm180°)]$$

2) 在检验的盘右位置，转动照准部水平微动螺旋，使水平度盘读数指在 M'的读数上。这时，望远镜十字丝交点必偏离原目标。

3) 拨动十字丝环的左、右两个校正螺钉，如图 3-22 所示，使十字交点对准原目标为止。这项检验与校正需反复进行，直至满足要求为止。

3.6.5 横轴垂直于竖轴的检验与校正

1. 检验目的

使横轴垂直于竖轴，以保证仪器整平后，视准面为一竖直面，否则为一倾斜面。

2. 检验方法

如图 3-24 所示，距墙壁 15m 左右处安置经纬仪。

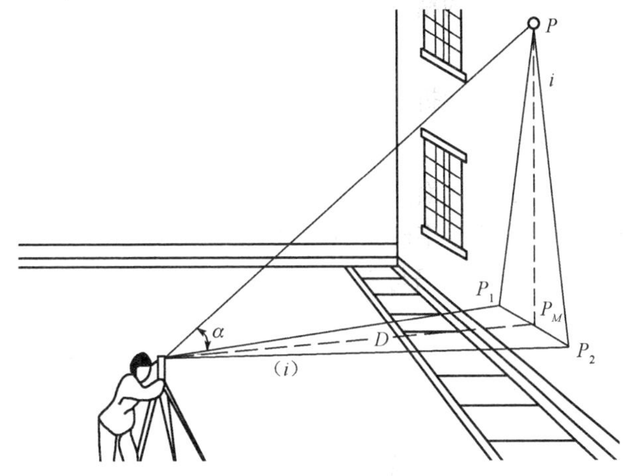

图 3-24 望远镜横轴的检校

1）以盘左位置用望远镜瞄准墙壁高处一明显点状目标 P，其仰角最好在 30°左右，转动照准部，将望远镜下放至水平，在墙上标出十字丝交点位置 P_1。

2）用盘右位置再瞄准 P 点，同样方法，在墙面上定 P_2 点。若 P_2 点与 P_1 点重合，说明横轴与竖轴垂直，条件满足，否则需要进行校正。

光学经纬仪的横轴是密封的，一般都能保持横轴与竖轴的垂直关系，为不破坏它的密封性能，操作人员一般只进行检验。如确实须校止时，应由专业检修人员进行此项校正。

3.6.6 竖盘指标水准管的检验与校正

1. 检验目的

使竖盘指标差为零。

2. 检验方法

安置经纬仪并瞄准远方一明显目标，用竖直角观测的方法测定其竖直角一测回，求出指标差 x。对于 J6 级经纬仪，当计算出的 x 绝对值大于 1′时，则需进行校正。

3. 校正方法

1）根据检验时的读数 L 或 R 以及计算出的 x 值，计算盘左时的正确读数 $L_0=(L-x)$ 或盘右时的正确读数 $R_0=(R-x)$。

2）以盘右或盘左的位置，瞄准检验时的目标，转动竖盘指标水准管微动螺旋，使读数对准盘右正确读数 R_0（或盘左正确读数 L_0）。此时，指标水准管气泡必不居中，用校正针拨动指标水准管的上下螺钉，使气泡居中。此项校正需反复进行，直至指标差不超过±1′为止。

3.6.7 光学对点器的检验与校正

光学对点器是由目镜、分划板、物镜和直角棱镜组成的。分划板刻划圈中心与物镜光心的连线是对点器的视准轴。光学对点器的视准轴由棱镜折射 90°后，应与仪器竖轴重合，否则会产生对中误差，影响测角的精度。

1. 检验目的

使光学对点器的视准轴经棱镜折射后与仪器的竖轴重合。

2. 检验方法

精平仪器，在对点器正下方地面上放一张白纸，调节对点器目镜、物镜调焦，使十字丝及地面点成像清晰。根据目镜十字丝交点(有的仪器为刻划圆圈中心)在纸上标记 P 点。将照准部旋转 180°，若十字丝交点仍与 P 点重合，则条件满足；否则在白纸上得到另一点 P'，条件不满足，必须校正(图 3-25)。

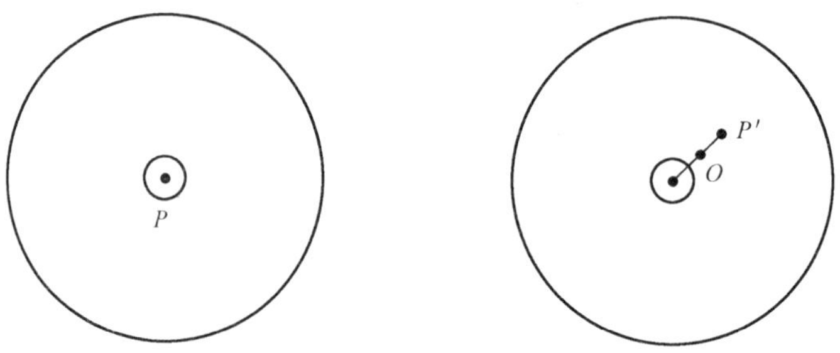

图 3-25 光学对点器的检验

3. 校正方法

在固定的白纸板上求出 P、P'两点中心 O，调节光学对点器校正螺钉使十字丝交点对准 O 点即可。此项检校须反复多次，直至照准部旋转至任一位置，对点器都不发生偏移为止。

任务 3.7 角度测量误差及注意事项

学习引导

使用经纬仪观测角度过程中，观测条件和环境的不同都会使测量结果产生误差，本任务主要分析测量误差的来源，以及观测过程中的注意事项。

3.7.1 角度测量主要误差来源

角度测量误差的来源主要有仪器误差、观测误差和外界条件的影响。

1. 仪器误差

仪器误差是指仪器不能满足设计理论要求而产生的误差，主要包括以下两个方面。

1）由于仪器制造和加工不完善而引起的误差，如度盘刻划不均匀、水平度盘中心和仪器竖轴不重合而引起的度盘偏心误差。

2）由于仪器检校不完善而引起的误差，如望远镜视准轴不垂直于水平轴、水平轴不垂直于竖轴、水准管轴不垂直于竖轴等而引起的误差。

消除或减弱上述误差的具体方法如下。

1）采用盘左、盘右观测取平均值的方法，可以消除视准轴不垂直于水平轴、水平轴不垂直于竖轴和水平度盘偏心误差的影响。

2）采用在各测回间变换度盘位置的方法进行观测，然后取各测回平均值，可以减弱由于水平度盘刻划不均匀给测角带来的影响。

3）仪器竖轴倾斜引起的水平角测量误差，无法采用一定的观测方法来消除。因此，在使用经纬仪之前应严格检校，确保水准管轴垂直于竖轴；同时，在观测过程中，应特别注意仪器的严格整平。

2. 观测误差

（1）仪器对中误差

在安置仪器时，由于对中不准确，仪器中心与测站点不在同一铅垂线上所产生的误差称为对中误差。

对中误差引起的角度误差不能通过观测方法消除，所以，观测水平角时应仔细对中，当边长较短或两目标与仪器近似在一条直线上时，要特别注意仪器的对中，避免引起较大的误差。

注意：一般规定对中误差不超过3mm。

（2）目标偏心误差

观测水平角时，常用测钎、测杆或觇牌等立于目标点上作为观测标志，当观测标志倾斜或没有立在目标点的中心时，将产生目标偏心误差。

（3）整平误差

整平误差是指安置仪器时竖轴不竖直所产生的误差。在同一测站竖轴倾斜的方向不变时，其对水平角观测的影响与视线倾斜角有关，倾角越大，影响也越大。应注意对水准管轴与竖轴是否垂直的检校和使用中的整平。

注意：在观测过程中，水准管偏离零点一般不得超过一格。

（4）瞄准误差

瞄准误差主要与人眼的分辨能力和望远镜的放大倍率有关。在观测中，应尽量消除视差，选择适宜的照准标志，熟练操作仪器，掌握瞄准方法，并仔细瞄准以减小误差。

（5）读数误差

读数误差主要取决于仪器的读数设备，同时与照明情况和观测者的经验有关。读数时必须仔细调节读数显微镜，使度盘与测微尺影像清晰，同时仔细调整反光镜，使影像亮度适中，然后认真读数。使用测微轮时，一定要使度盘分划线位于双指标线正中央。

3. 外界条件的影响

外界条件对水平角测量的影响因素很多，如大风、松软的土质会影响仪器的稳定；地面的辐射热会引起物像的跳动；观测时大气透明度和光线的不足会影响瞄准精度；温度变化会影响仪器的正常状态等，这些因素都直接影响测角的精度。因此，要选择有利的观测时间和避开不利的观测条件，使这些外界条件的影响降低到较小的程度。

3.7.2 角度测量的注意事项

角度测量应注意以下事项。

1）水平度盘刻划是按顺时针方向标注的，因此，计算水平角值时总是以右边方向的读数减去左边方向的读数。若不够减时，则在右边方向加 360°，再减左边方向的读数，切不可倒过来减。

2）要精确对中，特别是短边测角，对中应更加严格。

3）当观测目标间的高度相差较大时，更须注意仪器整平。

4）为了减小目标偏心误差，瞄准测杆时，测杆应立直，并尽可能瞄准测杆的底部。当目标较近，又不能瞄准目标的底部时，可采用悬吊垂线法或选用专用觇牌作为目标。

5）在水平角观测过程中，若水准管气泡偏离中央 2 格时，须重新整平仪器，重新观测。

6）安置经纬仪时要踩实三脚架腿；晴天观测时要打测伞，以防止阳光直接照射仪器；观测视线应尽量避免接近地面、水面和建筑物等，以防止物像跳动和光线产生不规则的折光，使观测成果受到影响。

任务 3.8 电子经纬仪简介

学习引导

经纬仪分为光学经纬仪和电子经纬仪，从任务 3.2 中已了解到光学经纬仪的相关知识，本任务主要介绍电子经纬仪的特点。

电子经纬仪是近些年发展起来并广泛应用的一种新型经纬仪，其基本结构与光学经纬仪类似，但与光学经纬仪有本质上的不同，主要表现在电子经纬仪采用光电扫描度盘测角、光电传输系统传输信息、测量结果自动处理、存储和显示等方面，实现了角度测量的电子化、数字化和自动化，使用更加简单、容易。

电子经纬仪是新一代测角仪器，它由精密光学器件、机械器件、电子扫描度盘、电子传感器和微处理机等组成。电子经纬仪仍采用度盘测角，但与光学经纬仪相比其光电扫描度盘取代了传统的光学度盘，光电信息传输取代了光路折反射信息传输，电子测微取代了光学测微，自动处理、显示结果取代了人工读数，配合适当的接口，可将观测的数据传入计算机，实现数据处理和绘图自动化，从而使电子经纬仪具有光学经纬仪无法比拟的优

越性。

光电测角原理，可分为编码度盘测角、格区式度盘动态测角、光栅度盘测角、条码度盘测角等。

图3-26为博飞测绘仪器厂生产的DJD2型2″级电子经纬仪。该系列仪器采用光栅增量式数字角度测量系统；双面大屏幕液晶显示屏，可同时显示水平、垂直角的测量结果；全中文显示，具有用户操作错误及系统故障提示信息，操作界面人性化；同轴制动、微动设计，操作更方便；可实现与PC双向通信，内存可存储500点的数据信息；最小读数有1″、5″、10″三种可选；自动垂直角补偿。

图3-27为苏一光测绘仪器厂生产的DT200型2″级电子经纬仪。该系列仪器也采用光栅增量式数字角度测量系统；使用微型计算机技术实现测量、计算、显示、存储等多项功能；可以进行角度、坡度等多模式的测量；最小读数有1″、5″、10″、20″四种，按测角精度分为2″、5″两种型号；采用超大屏幕，全中文操作，读取数据更为方便，自动垂直补偿；有复测功能，在保证测量精度的同时减少数据的记录量；省电设计，工作时间长，四节AA碱性电池能让仪器连续工作80h，支持断电数据保护，操作更安全。

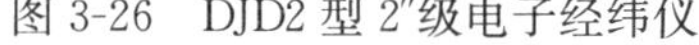

图3-26 DJD2型2″级电子经纬仪

图3-27 DT200型2″级电子经纬仪

思考题与习题

1. 什么叫水平角？什么叫竖直角？

2. 光学经纬仪由哪几部分组成？各部分的作用是什么？

3. 经纬仪角度测量时对中、整平的目的是什么？

4. 分别叙述测回法、方向观测法测角操作步骤。并说明它们各适用于什么情况的角度测量。

5. 用带有度盘变换手轮的经纬仪观测水平角时，要使起始方向的水平度盘读数对准0°或稍大点，应如何操作？

6. 测回法观测水平角的手簿见表 3-4，完成表格计算。

表 3-4　测回法观测手簿

测站	测序	目标	镜位	读数/(° ′ ″)	半测回角值/(° ′ ″)	一测回角值/(° ′ ″)	各测回平均角值/(° ′ ″)	备注
1	2	3	4	5	6	7	8	9
O	第一测回	A	盘左	0 02 48				
		B		45 48 36				
		A	盘右	180 02 36				
		B		225 48 30				
	第二测回	A	盘左	90 03 30				
		B		135 49 24				
		A	盘右	270 03 24				
		B		315 49 24				

7. 观测水平角和竖直角有哪些相同点和不同点？

8. 观测竖直角时，在读取竖盘读数之前为什么要竖盘指标水准管气泡居中？带有竖盘自动归零装置的经纬仪在读竖盘读数前又是如何操作的？

9. 竖直角观测手簿见表 3-5，完成表格计算。

表 3-5　竖直角观测手簿

测站	目标	竖盘位置	竖盘读数/(° ′ ″)	半测回竖直角/(° ′ ″)	指标差/(″)	一测回竖直角值	备注
1	2	3	4	5	6	7	8
O	A	盘左	81 18 42				
		盘右	278 41 30				
	B	盘左	124 03 30				
		盘右	235 56 54				

10. 在进行水平角或竖直角观测时，为什么都要采用盘左盘右观测？

11. 经纬仪有哪些主要几何轴线？它们之间的关系如何？

项目 4

距离测量与直线定向

项目描述

水平距离测量是测量的三项基本工作之一，距离测量是确定地面点位之间的水平距离，即测量地面上两点垂直投影到水平面上的直线距离。

距离测量的方法：①钢尺量距：用钢卷尺沿地面丈量，直接量距。②视距测量：利用经纬仪、水准仪十字丝的上下丝进行测距，适用于低精度的间接量距。③电磁波测距：是用仪器的电磁波发射与接收测定距离，属于电子物理测距、测距精度高，适用于高精度的间接量距。测量时，根据测距等级要求选择测距方法。

为了确定地面点的平面位置，不但要知道已知直线的长度，还要知道已知直线的方向。直线定向是确定两点间相对位置关系的必要环节，也即欲确定两点在平面上的相对位置，必须确定两点连线的方向。确定直线方向首先要有一个共同的基本方向，此外，要有一定的方法来确定直线与基本方向之间的角度关系。

知识目标

- 重点掌握直线定线、直线定向的常用方法；
- 重点掌握钢尺的一般量距；
- 重点掌握普通视距测量的观测和计算方法；
- 了解光电测距的原理及方法；
- 熟悉罗盘仪的构造和操作方法。

能力目标

- 能够根据实际情况选择合适的测距方法；
- 能够利用钢尺、经纬仪及全站仪等工具进行距离测量；
- 能够根据实际情况选择合适的方法表示直线的方向；
- 能够进行坐标方位角的推算；
- 能够计算直线的正反方位角。

任务 4.1　钢尺量距

学习引导

钢尺量距就是利用具有标准长度的钢尺直接量测两点间的距离，丈量距离时，常使用钢尺、皮尺、绳尺等，辅助工具有标杆、测钎和垂球等。按丈量方法的不同，它分为一般量距和精密量距。一般量距读数至厘米(cm)，精度可达 1/3000 左右；精密量距读数至亚毫米(mm)，精度可达 1/30 000(钢卷带尺)及 1/1 000 000(因瓦线尺)。由于光电测距的普及，在现今的测量工作中长距离测量已很少使用钢尺量距，只是在精密的短距测量中偶尔用到。

4.1.1　量距工具

1. 钢尺

钢尺是由优质钢制成的带状尺，一般卷放在圆形盒内或者金属架上(图 4-1)，也称为钢卷尺，长度有 20m、30m 及 50m 等几种。钢尺的基本分划为厘米(cm)，在每米(m)及每分米(dm)处有数字注记。一般钢尺在起点处一分米内刻有毫米分划；有的钢尺，整个尺长内都刻有毫米分划。

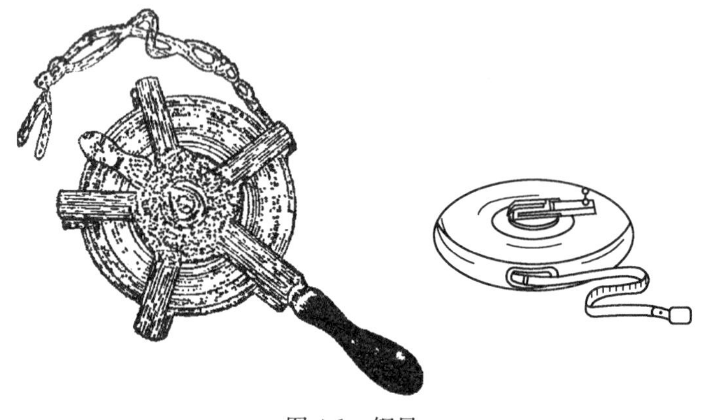

图 4-1　钢尺

由于尺的零点位置的不同，有端点尺和刻线尺的区别。端点尺是以尺的最外端作为尺的零点，当从建筑物墙边开始丈量时使用很方便。刻线尺是以尺前端的一刻线作为尺的零点，如图 4-2 所示。

2. 辅助工具

量距的辅助工具有标杆、测钎、垂球等，如图 4-3 所示。标杆又称花杆，直径为 3～4cm，长 2～3m，杆身涂以 20cm 间隔的红、白漆，下端装有锥形铁尖，主要用于标定直线方向；测钎也称测针，用直径 5mm 左右的粗钢丝制成，长 30～40cm，上端弯成环形，下端磨尖，一般以 11 根为一组，穿在铁环中，用来标定尺的端点位置和计算整尺段数；垂球用于在不平坦地面丈量时将钢尺的端点垂直投影到地面。

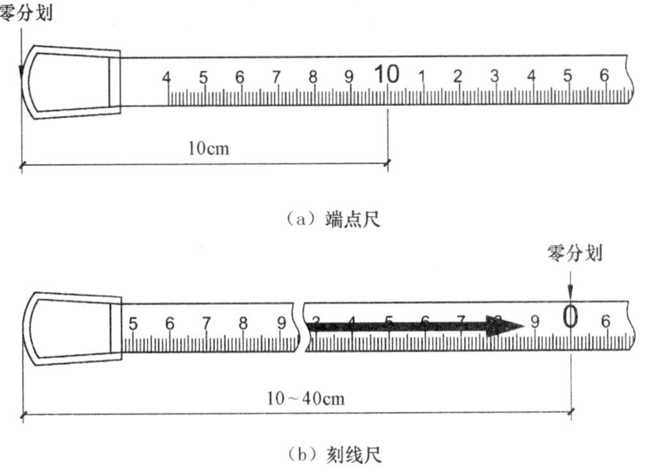

（a）端点尺

（b）刻线尺

图 4-2　钢尺的零分划位置

当进行精密量距时，还需配备弹簧秤和温度计，弹簧秤用于对钢尺施加规定的拉力，温度计用于测定钢尺量距时的温度，以便对钢尺丈量的距离施加温度改正。量距的其他主要辅助工具如图 4-3 所示。

（a）标杆　　（b）测钎　　（c）垂球

图 4-3　量距的主要辅助工具

4.1.2　直线定线

当地面两点之间的距离大于钢尺的一个尺段或地势起伏较大时，为方便量距工作，需分成若干尺段进行丈量，这就需要在直线的方向上插上一些标杆或测钎，在同一直线上定出若干点，这项工作被称为直线定线，其方法有以下几种。

1. 两点间目测定线

目测定线适用于钢尺量距的一般方法。如图 4-4 所示，设 A 和 B 为地面上相互通视、待测距离的两点。现要在直线 AB 上定出 1、2 等分段点。先在 A、B 两点上分别竖立标杆，甲站在 A 杆后约 1m 处，指挥乙左右移动标杆，直到甲在 A 点沿标杆的同一侧看见 A、1、B 三点处的标杆在同一直线上。用同样方法可定出 2 点。直线定线一般应由远到近，即先定 1 站立的直线方向。

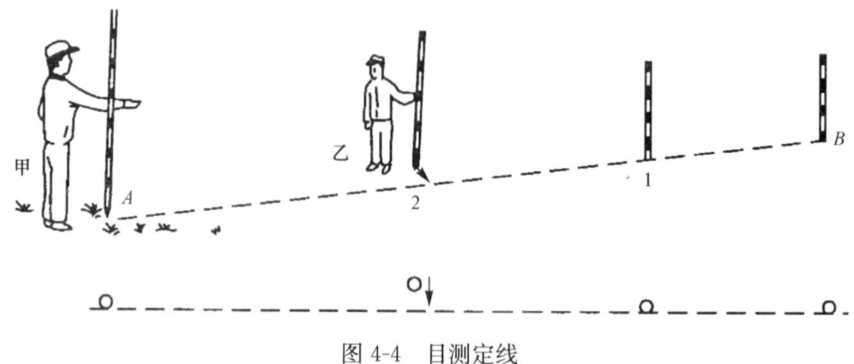

图 4-4 目测定线

2. 逐渐趋近定线

逐渐趋近定线适用于 A、B 两点在高地两侧、互不通视的量距。如图 4-5 所示，欲在 A、B 两点间标定直线，可采用逐渐趋近法。先在 A、B 两点上竖立标杆，甲、乙两人各持标杆分别选择在 C_1 和 D_1 处站立，要求 B、D_1、C_1 位于同一直线上，且甲能看到 B 点，乙能看到 A 点。可先由甲站在 C_1 处指挥乙移动至 BC_1 直线上的 D_1 处。然后，由站在 D_1 处的乙指挥甲移动至 AD_1 直线上的 C_2 处，要求甲站在 C_2 处能看到 B 点，接着由站在 C_2 处的甲指挥乙移至能看到 A 点的 D_2 处，这样逐渐趋近，直到 C、D、B 在一直线上，同时 A、C、D 也在一直线上，这时说明 A、C、D、B 均在同一直线上。

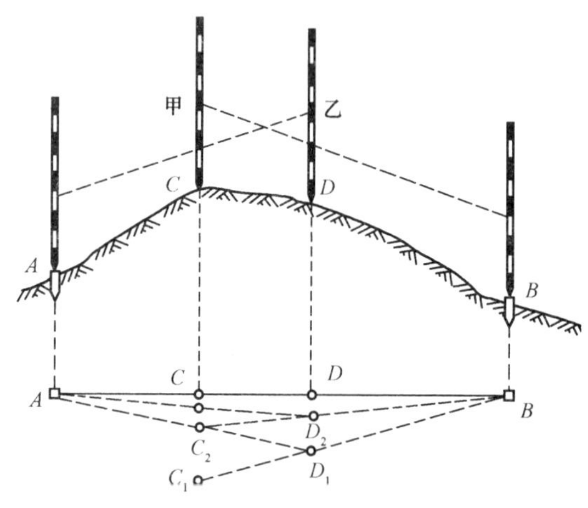

图 4-5 逐渐趋近定线

这种方法也可用于分别位于两座建筑物上的 A、B 两点间的定线。

3. 经纬仪定线

当直线定线精度要求较高时，可用经纬仪定线。如图 4-6 所示，欲在 AB 直线上确定

出 1、2、3 点的位置，可将经纬仪安置于 A 点，用望远镜照准 B 点，固定照准部制动螺旋，然后将望远镜向下俯视，将十字丝交点投测到木桩上，并钉小钉以确定出 1 点的位置。同法标定出 2、3 点的位置。

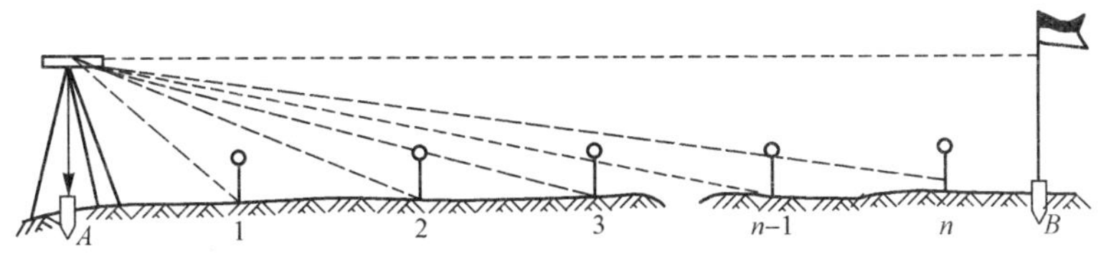

图 4-6 经纬仪定线

4.1.3 距离丈量的一般方法

1. 平坦地面的距离丈量

丈量工作一般由两人进行。如图 4-7 所示，沿地面直接丈量水平距离时，可先在地面上定出直线方向，丈量时后尺手持钢尺零点一端，前尺手持钢尺末端和一组测钎沿 AB 方向前进，行至一尺段处停下，后尺手指挥前尺手将钢尺拉在 AB 直线上，后尺手将钢尺的零点对准 A 点，当两人同时把钢尺拉紧后，前尺手在钢尺末端的整尺段长分划处竖直插下一根测钎得到 1 点，即量完一个尺段。前、后尺手抬尺前进，当后尺手到达插测钎处时停住，再重复上述操作，量完第二尺段。后尺手拔起地上的测钎，依次前进，直到量完 AB 直线的最后一段为止。

图 4-7 平坦地面的距离丈量

丈量时应注意沿着直线方向进行，钢尺必须拉紧伸直且无卷曲。直线丈量时尽量以整尺段丈量，最后丈量余长，以方便计算。丈量时应记清楚整尺段数，或用测钎数表示整尺段数，然后逐段丈量。直线的水平距离 D 按下式计算。

$$D=nl+q \tag{4-1}$$

式中 l——钢尺的一整尺段长；

n——整尺段数；

q——不足一整尺的零尺段长。

为了防止丈量中发生错误并提高量距精度，需要进行往返丈量，若合乎要求，取往返平均数作为丈量的最后结果，丈量精度用相对误差 K 表示，即

$$K=\frac{|D_{往}-D_{返}|}{D_{平均}}=\frac{1}{D_{平均}/|D_{往}-D_{返}|} \tag{4-2}$$

2. 倾斜地面的距离丈量

(1) 平量法

如果地面高低起伏不平，可将钢尺拉平丈量。丈量由 A 向 B 进行，后尺手将尺的零端对准 A 点，前尺手将尺抬高，并且目估使尺子水平，用垂球尖将尺段的末端投于 AB 方向线的地面上，再插以测钎，依次丈量 AB 的水平距离，如图 4-8 所示。

(2) 斜量法

当倾斜地面的坡度比较均匀时，可沿斜面直接丈量出 AB 的倾斜距离 D'，测出地面倾斜角 α 或 AB 两点间的高差 h，按下式计算 AB 的水平距离 D(图 4-9)。

$$D=D'\cos\alpha \tag{4-3}$$

或

$$D=\sqrt{D'^2-h^2} \tag{4-4}$$

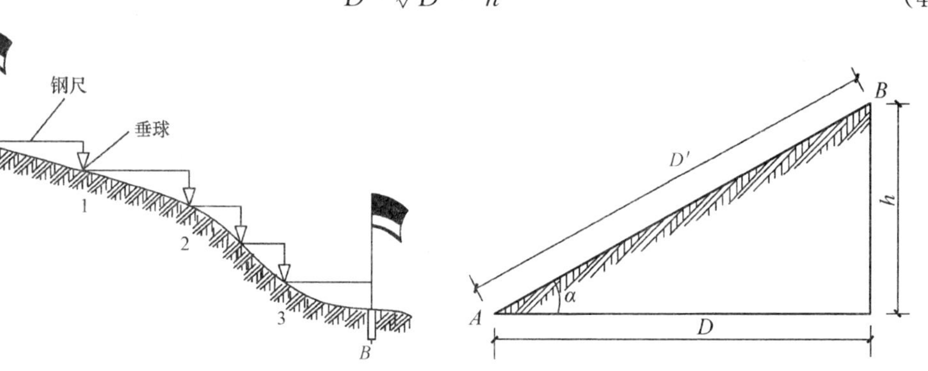

图 4-8　平量法

图 4-9　斜量法

4.1.4　钢尺量距的误差及注意事项

钢尺量距的误差及注意事项如下。

1) 伸展钢尺时，要小心慢拉，钢尺不可卷扭、打结。若发现有扭曲、打结情况，应细心解开，不能用力抖动，否则容易造成折断。

2) 丈量前，应辨认清钢尺的零端和末端。丈量时，钢尺应逐渐用力拉平、拉直、拉紧，不能突然猛拉。丈量过程中，钢尺的拉力应始终保持鉴定时的拉力。

3) 转移尺段时，前、后拉尺员应将钢尺提高，不应在地面上拖拉摩擦，以免磨损尺面分划。钢尺展开后，不能让车辆从钢尺上通过，否则极易损坏钢尺。

4) 测钎应对准钢尺的分划并插直。如插入土中有困难，可在地面上标志一明显记号，并把测钎尖端对准记号。

5) 单程丈量完毕后，前、后尺手应检查各自手中的测钎数目，避免加错或算错整尺段数。一测回丈量完毕，应立即检查限差是否合乎要求；不合乎要求时，应重测。

6) 丈量工作结束后，要用软布擦干净尺上的泥和水，然后涂上机油，以防生锈。

任务4.2　视距测量

学习引导

视距测量是用望远镜内视距丝装置，根据几何光学原理，同时测定距离和高差的一种方法。这种方法具有操作方便，速度快，不受地面高低起伏限制等优点，但测距精度较低，一般相对误差为1/300～1/200。虽然精度较低，但能满足测定碎部点位置的精度要求，因此，被广泛应用于碎部测量中。视距测量所用的主要仪器和工具是经纬仪及视距尺。

4.2.1　视距测量的原理和公式

1. 视线水平时的视距测量公式

欲测定A、B两点间的水平距离，如图4-10所示，在A点安置经纬仪，在B点竖立视距尺，当望远镜视线水平时，视准轴与尺子垂直，经对光后，通过上、下两条视距丝m、n就可读得尺上M、N两点处的读数，两读数的差值l称为视距间隔或视距，如图4-11所示。f为物镜焦距，p为视距丝间隔，δ为物镜至仪器中心的距离，由图4-10可知，A、B点之间的平距为

$$D=d+f+\delta \tag{4-5}$$

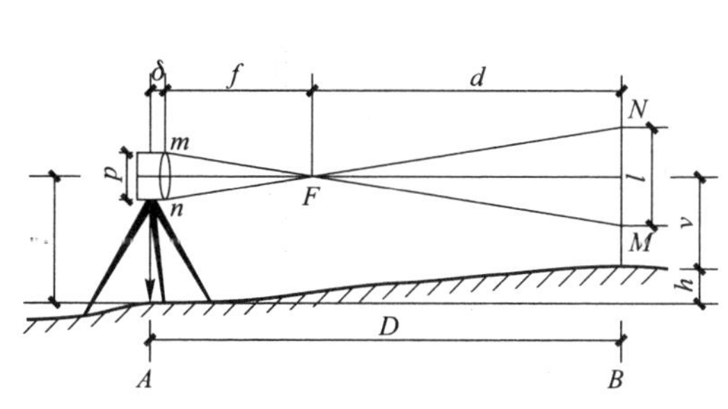

图4-10　水平视距测量

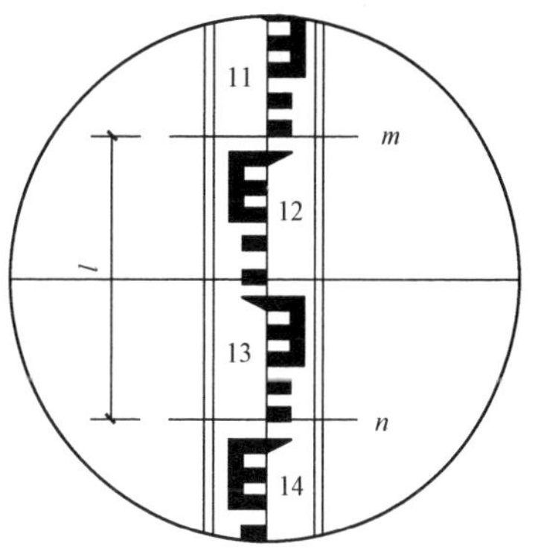

图4-11　视距丝读数

其中d由两相似三角形MNF和mnF求得，即

$$\frac{d}{f}=\frac{l}{p}$$

$$d=\frac{f}{p}l$$

因此

$$D=\frac{f}{p}l+(f+\delta)$$

令$\frac{f}{p}=K$，称为视距乘常数，$f+\delta=c$，称为视距加常数，则

$$D=Kl+c \tag{4-6}$$

在设计望远镜时，适当选择有关参数后，可使 $K=100$，$c=0$。于是，视线水平时的视距公式为

$$D=100l \tag{4-7}$$

两点间的高差为

$$h=i-v \tag{4-8}$$

式中 i——仪器高；

v——望远镜的中丝在尺上的读数。

2. 视线倾斜时的距离与高差公式

在地面起伏较大的地区进行视距测量的，必须使视线倾斜才能读取视距间隔。由于视线不垂直于视距尺，故不能直接应用式(4-8)。

设想将目标尺以中丝读数 l 这一点为中心，转动一个 α 角，使目标尺与视准轴垂直，由图 4-12 可推算出视线倾斜时的视距测量计算公式为

$$D=Kl\cos^2\alpha \tag{4-9}$$

$$h=\frac{1}{2}Kl\sin 2\alpha+i-v \tag{4-10}$$

式中 K——视距常数；

α——竖直角；

i——仪器高；

v——中丝读数，即目标高。

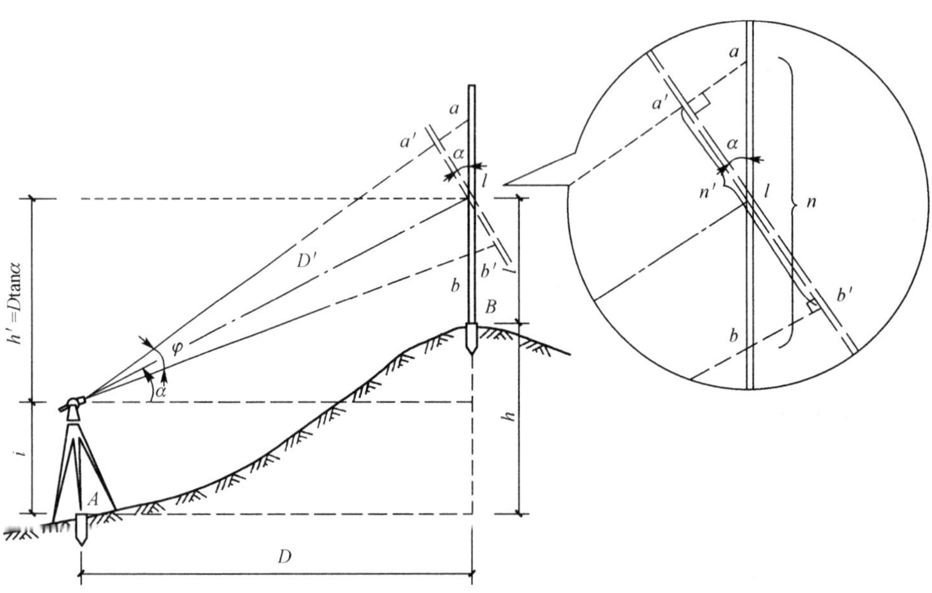

图 4-12 视线倾斜时的视距测量

4.2.2　视距测量的观测与计算

施测时，安置仪器于 A 点，量出仪器高 i，转动照准部瞄准 B 点视距尺，分别读取上、下、中三丝的读数，计算视距间隔。再使竖盘指标水准管气泡居中(如为竖盘指标自测量动补偿装置的经纬仪则无此项操作)，读取竖盘读数，并计算竖直角。利用上述视距计算公式计算出水平距离和高差。

4.2.3　视距测量应注意的事项

视距测量的精度较低，在较好的条件下，视距测量所测平距的相对误差为 1/300～1/200。

1. 视距测量的误差

1) 读数误差。视距丝在视距尺上读数的误差，与尺子最小分划的宽度、水平距离的远近和望远镜放大倍率等因素有关，因此，读数误差的大小，视使用的仪器、作业条件而定。

2) 垂直折光影响。视距尺不同部分的光线是通过不同密度的空气层到达望远镜的，越接近地面的光线受折光影响越显著。经验证明，当视线接近地面在视距尺上读数时，垂直折光引起的误差较大，并且这种误差与距离的平方成比例地增加。

3) 视距尺倾斜所引起的误差。视距尺倾斜误差的影响与竖直角有关，尺身倾斜对视距精度的影响很大。

2. 注意事项

1) 为减少垂直折光的影响，观测时应尽可能使视线离地面 1m 以上。

2) 作业时，要将视距尺竖直，并尽量采用带有水准器的视距尺。

3) 要严格测定视距常数 K，K 应在 100±0.1 之内，否则应加以改正。

4) 视距尺一般应是厘米刻划的整体尺。如果使用塔尺应注意检查各节尺的接头是否准确。

5) 要在成像稳定的情况下进行观测。

任务 4.3　光电测距

学习引导

光电测距与传统的钢尺量距相比，具有测程远、精度高、受地形限制少和速度快的特点，目前在测量测距工作中已普遍采用。

4.3.1　光电测距概述

前面介绍的钢尺量距，作业工作十分繁重，而且效率较低，在山区或沼泽地区使用钢尺更为困难。视距测量精度又太低，为了提高测距速度和精度，随着科学技术的进步，在 20 世纪 40 年代末人们就研制成了光电测距仪。它具有测量速度快、方便，受地形影响小，测量精度高等优点，现已逐渐代替常规量距。如今，光电测距仪的应用，大大提高了作业的速度和效率，使测量的精度大为提高。

光电测距仪按测程划分有短程测距仪(≤5km)、中程测距仪(≥5 而<15km)、远程测距仪(≥15km)；按测量精度划分为Ⅰ级($[m_D]\leqslant$5mm)、Ⅱ级(5mm<$[m_D]\leqslant$10mm)和Ⅲ级($[m_D]\geqslant$10mm)($[m_D]$为1km测距的中误差)；按采用载波划分有微波测距仪、激光测距仪和红外测距仪。

4.3.2 光电测距原理

如图4-13所示，光电测距的原理是以电磁波(光波等)作为载波，通过测定电磁波(光波)在测线两端点间的往返传播时间 t，以及光波在大气中的传播速度 c，来测量两点间距离 D。其计算公式为

$$D=\frac{ct}{2} \tag{4-11}$$

式中 c——$c=c_0/n$，其中 c_0 为真空中的光速，其值为299 792 458m/s，n 为大气折射率，它与光波波长 λ，测线上的气温 T、气压 P 和温度 e 有关。因此测距时还需测定气象元素，对距离进行气象改正。

t——电磁波(光波)在被测两端点间往返传播一次所用的时间，s。

从式(4-11)可知，光电测距仪主要是确定电磁波(光波)在待测距离上所用的时间 t，据此计算出所测距离。

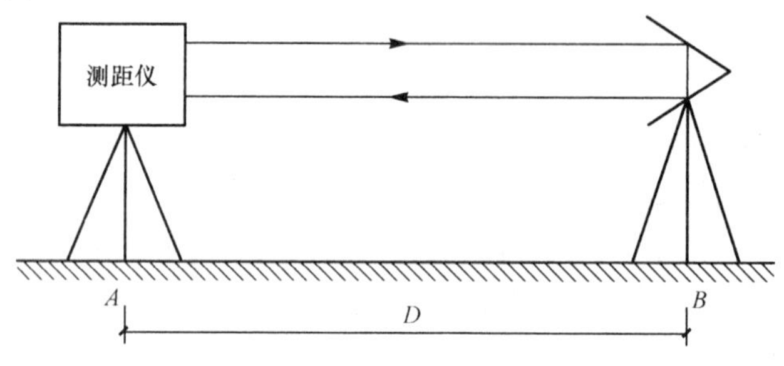

图4-13 光电测距原理

4.3.3 光电测距仪

根据测定电磁波(光波)传播时间 t 的方法，光电测距仪可分为脉冲式和相位式两种。

1. 脉冲式光电测距仪

脉冲式光电测距仪是由测距仪发射系统发出脉冲，经被测目标反射后，再由测距仪的接收系统接收，直接测定脉冲在待测距离上所用的时间，即测量发射光脉冲与接收光脉冲的时间差，从而求得距离的仪器。

脉冲式光电测距仪具有功率大、测程远等优点，但测距的绝对精度较低，一般只能达到米级，不能满足地籍测量和工程测量所需的精度要求。目前，具有高精度测距的是相位式光电测距仪。

2. 相位式光电测距仪

相位式光电测距仪是将测量时间变成测量光在测线中传播的载波相位差，通过测定相位差来测定距离的仪器。

光源灯的发射光管发出的光会随输入电流的大小发生相应的变化，这种光称为调制光。测距仪在 A 点发射的调制光在待测距离上传播，被 B 点的反射棱镜反射后又回到 A 点而被接收机接收，然后由相位计将发射信号与接收信号进行相位比较，得到调制光在待测距离上往返传播所引起的相位移 φ，其相应的往返传播时间为 t。如果将调制波的往程和返程展开，则有如图 4-14 所示的波形。

设调制光的频率为 f(每秒振荡次数)，其周期 $T=\frac{1}{f}$(每振荡一次的时间，T 单位为 s)，则调制光的波长为

$$\lambda=cT=\frac{c}{f} \tag{4-12}$$

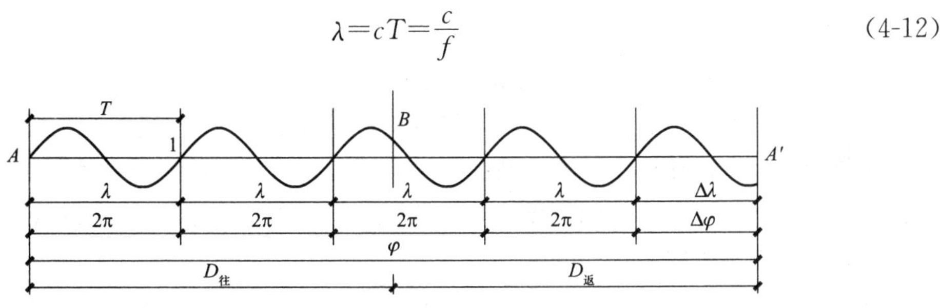

图 4-14　相位式测距原理

从图中可看出，在调制光往返的时间 t 内，其相位变化了 N 个整周(2π)及不足一周的余数 $\Delta\varphi$，设对应 $\Delta\varphi$ 的时间为 Δt，距离为 $\Delta\lambda$，则

$$t=NT+\Delta t \tag{4-13}$$

由于变化一周的相位差为 2π，则不足一周的相位差 $\Delta\varphi$ 与时间 Δt 的对应关系为

$$\Delta t=\frac{\Delta\varphi}{2\pi}T \tag{4-14}$$

于是得到相位测距的基本公式为

$$\begin{aligned} D &=\frac{1}{2}ct=\frac{1}{2}c\left(NT+\frac{\Delta\varphi}{2\pi}T\right) \\ &=\frac{1}{2}ct\left(N+\frac{\Delta\varphi}{2\pi}\right)=\frac{\lambda}{2}(N+\Delta N) \end{aligned} \tag{4-15}$$

式中　$\Delta N=\frac{\Delta\varphi}{2\pi}$——不足一整周的小数。

此为相位式光电测距仪的基本测距公式。式中的 $\lambda/2$ 可看成一根“光尺”的长度，光电测距仪就是用这根“光尺”去量距。式中的 N 表示“光尺”的整尺段数，ΔN 为不足一根“光尺”长的余长值。两点间的距离 D 就等于整尺段总长 $\lambda/2N$ 和余尺段长度 $\lambda/2\ \Delta N$ 之和。

测距仪的测相装置(相位计)只能测出不足整周(2π)的尾数 $\Delta\varphi$，而不能测定整周数 N，因此使式(4-13)产生多值解，只有当所测距离小于光尺长度时，才能有确定的数值。例如，“光尺”为 10m，只能测出小于 10m 的距离；“光尺”为 1000m，则可测出小于 1000m

的距离。又由于仪器测相装置的测相精度一般为1/1000，故测尺越长测距误差越大。为了解决扩大测程与提高精度的矛盾，目前的测距仪一般采用两个调制频率，即用两把“光尺”进行测距。用长测尺(称为粗尺)测定距离的大数，以满足测程的需要；用短测尺(称为精尺)测定距离的尾数，以保证测距的精度。将两者结果衔接组合起来，就是最后的距离值，并自动显示出来。

相位式光电测距仪与脉冲式光电测距仪相比，具有测距精度高的优势，目前精度高的光电测距仪能达到毫米级，甚至可达到0.1mm级，但也具有测程较短的缺点。

4.3.4 测距成果整理

在测距仪测得初始斜距值后，还需加上仪器常数改正、气象改正和倾斜改正等，最后求得水平距离。

1. 仪器常数改正

仪器常数有加常数 K 和乘常数 R 两项。

由于仪器的发射中心、接收中心与仪器旋转竖轴不一致而引起的测距偏差值，称为仪器加常数。实际上仪器加常数还包括由于反射棱镜的组装(制造)偏心或棱镜等效反射面与棱镜安置中心不一致引起的测距偏差，称为棱镜加常数。仪器的加常数改正值 δ_K 与距离无关，并可预置于机内做自动改正。

仪器乘常数主要是由于测距频率偏移而产生的。乘常数改正值 δ_R 与所测距离成正比，在有些测距仪中可预置乘常数做自动改正。

仪器常数改正的最终计算式可写成

$$\Delta S=\delta_K+\delta_R=K+RS \tag{4-16}$$

2. 气象改正

仪器的测尺长度是在一定的气象条件下推算出来的。野外实际测距时的气象条件不同于制造仪器时确定仪器测尺频率所选取的基准(参考)气象条件，故测距时的实际测尺长度就不等于标称的测尺长度，使测距值产生与距离长度成正比的系统误差。所以在测距时应同时测定当时的气象元素：温度和气压，利用厂家提供的气象改正公式计算距离改正值。如某测距仪的气象改正公式为

$$\Delta S=\left(283.37-\frac{106.2833P}{273.15+t}\right)S$$

式中 P——气压，hPa；

t——温度，℃；

S 距离测量值，km。

目前，所有的测距仪都可将气象参数预置于机内，在测距时自动进行气象改正。

3. 倾斜改正

距离的倾斜观测值经过仪器常数改正和气象改正后得到改正后的斜距。

当测得斜距的竖角 δ 后，可按下式计算水平距离

$$D=S\cos\delta \tag{4-17}$$

4.3.5 测距仪标称精度

当考虑仪器加常数 K，并将 $c=c_0/n$ 代入式(4-15)，相位测距的基本公式可写成

$$S=\frac{c_0}{2nf}\left(N+\frac{\Delta\varphi}{2\pi}\right)+K \tag{4-18}$$

上式中，c_0、n、f、$\Delta\varphi$ 和 K 的误差，都会使测量距离产生误差。若对上式做全微分，并应用误差传播定律，则测距误差可表示成

$$M_S^2=\left(\frac{m_{c_0}^2}{c_0^2}+\frac{m_n^2}{n^2}+\frac{m_f^2}{f^2}\right)S+\left(\frac{\lambda}{4\pi}\right)m_{\Delta\varphi}^2+m_K^2 \tag{4-19}$$

公式(4-19)中的测距误差可分成两部分，前一项误差与距离成正比，称为比例误差。而后两项与距离无关，称为固定误差。因此，常将上式写成式(4-20)的形式，作为仪器的标称精度。

$$M_S=\pm(A+BS) \tag{4-20}$$

例如，某测距仪的标称精度为

$$\pm 3\text{mm}+2\times10^{-6}S$$

说明该测距仪的固定误差 $A=3\text{mm}$，比例误差 $B=2\times10^{-6}\text{mm/km}$，$S$ 的单位为 km。

任务 4.4　直线定向

学习引导

在测量中，欲确定地面上两点在平面上的相对位置，除了要确定两点间的水平距离外，还须确定两点连成的直线的方向。通常，一条直线的方向是用该直线与标准方向线之间的水平角表示。确定一条直线与标准方向线之间的角度关系，称为直线定向。

4.4.1 标准方向与方位角的概念

1. 标准方向的种类及相互关系

(1) 真子午线方向

地球表面某点与地球旋转轴所构成的平面与地球表面的交线称为该点的真子午线，真子午线在该点的切线方向称为该点的真子午线方向。

(2) 磁子午线方向

地球表面某点与地球磁场南北极连线所构成的平面与地球表面的交线称为该点的磁子午线。磁子午线在该点的切线方向称为该点的磁子午线方向，一般是指磁针在该点自由静止时所指的方向。

(3) 坐标纵轴方向

由于地球上各点的子午线互相不平行，而是向两极收敛，故为了测量、计算工作的方

便，常以平面直角坐标系的纵坐标轴为标准方向，即高斯投影带中的中央子午线方向。在工程中常用坐标纵轴方向为标准方向，即指北方向。

(4)“三北”方向的关系

“三北”方向的关系，如图 4-15 所示。

1) 真、磁子午线的关系。

磁偏角：真、磁子午线之间的夹角，叫磁偏角；

东偏：磁子午线偏真子午线以东为东偏(正)；

西偏：磁子午线偏真子午线以西为西偏(负)。

2) 坐标纵轴、真子午线的关系。

地面上某点的坐标纵轴与真子午线之间的夹角叫子午线收敛角，凡坐标纵轴偏在真子午线以东为正，反之为负。

2. 直线方向的表示方法

通常用方位角和象限角来表示直线的方向。

(1) 坐标方位角

从标准方向北端起，顺时针方向量到某直线的夹角，用 α 来表示，角值范围 0°～360°。因标准方向的不同又可分为真方位角(以直子午线为基本方向的方位角)、磁方位角(以磁子午线为基本方向的方位角)和坐标方位角(以坐标纵轴为标准方向的方位角)，如图 4-16 所示。

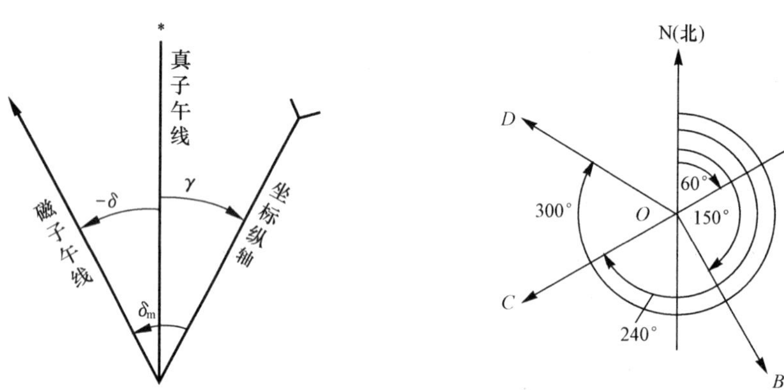

图 4-15　三种标准方向之间的关系

图 4-16　坐标方位角

(2) 正反坐标方位角

一条直线有正反两个方向，通常以直线前进的方向为正方向。由图 4-17 中可以看出，一条直线正反坐标方位角的数值相差 180°，即

$$\alpha_{正}=\alpha_{反}\pm 180° \tag{4-21}$$

(3) 象限角

测量上有时用象限角来确定直线的方向。所谓象限角，就是由标准方向的北端或南端起量至某直线所夹的锐角，常用 R 表示，角值范围 0°～90°。

(4) 坐标方位角和象限角的换算关系

坐标方位角和象限角均是表示直线方向的方法，它们之间既有区别又有联系。在实际

测量中经常用到它们之间的互换，由图 4-18 可以推算出它们之间的互换关系，见表 4-1。

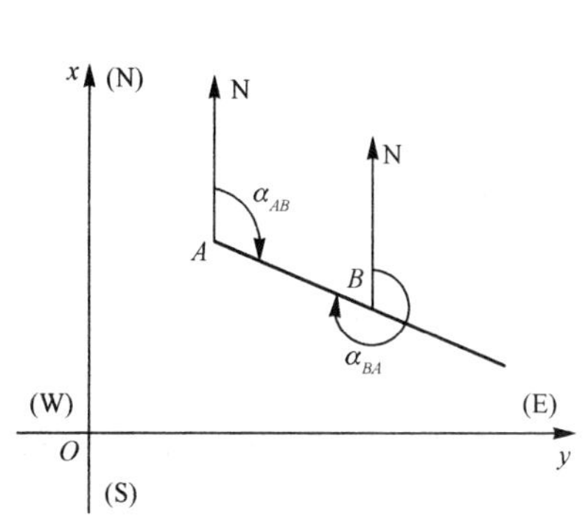

图 4-17　正反坐标方位角

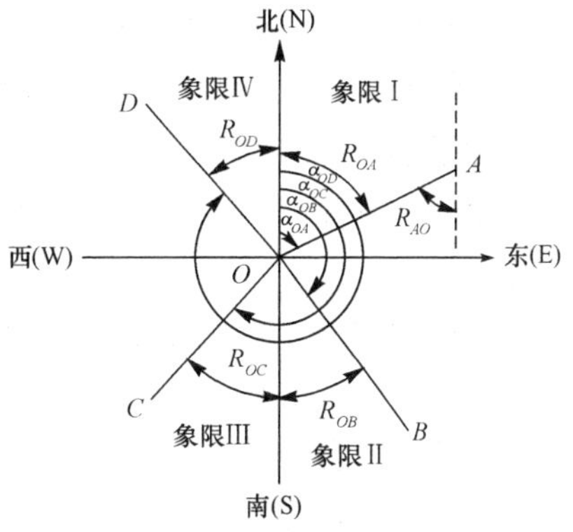

图 4-18　坐标方位角与象限角

表 4-1　坐标方位角和象限角的换算

直线方向	由坐标方位角 α 求象限角 R	由象限角 R 求坐标方位角 α
第Ⅰ象限(北东)	$R=\alpha$	$\alpha=R$
第Ⅱ象限(南东)	$R=180°-\alpha$	$\alpha=180°-R$
第Ⅲ象限(南西)	$R=\alpha-180°$	$\alpha=180°+R$
第Ⅳ象限(北西)	$R=360°-\alpha$	$\alpha=360°-R$

【例 4-1】　某直线 AB，已知正坐标方位角 $\alpha_{AB}=334°31'48''$，试求 α_{BA}、R_{AB}、R_{BA}。

解：

$$\alpha_{BA}=334°31'48''-180°=154°31'48''$$

$$R_{AB}=360°-334°31'48''=25°28'12''(\text{NW})$$

$$R_{BA}=180°-154°31'48''=25°28'12''(\text{SE})$$

4.4.2　用罗盘仪测定直线的磁方位角

1. 罗盘仪结构

罗盘仪是主要用来测量直线的磁方位角的仪器，也可以粗略地测量水平角和竖直角，还可以进行视距测量。

罗盘仪主要由刻度盘、望远镜和磁针三部分组成，如图 4-19 所示。

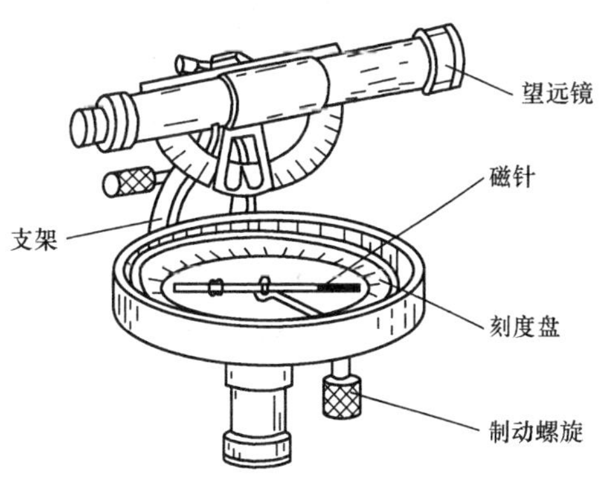

图 4-19　罗盘仪

望远镜是照准用设备，它安装在支架上，而支架则连接在度盘盒上，可随度盘一起旋转。磁针支承在度盘中心的顶针上，可以自由转动，静止时所指方向即磁子午线方向。为保护磁针和顶针，不用时应旋紧制动螺旋，可将磁针托起压紧在玻璃盖上。一般磁针的指北端染成黑色或蓝色，用来辨别指北端或指南端。由于受两极不同磁场强度的影响，在北半球磁针的指北端向下倾斜，倾斜的角度称磁倾角。为使磁针水平，在磁针的指南端加上一些平衡物，这也有助于辨别磁针的指南端或指北端。

2. 直线磁方位角的测量

1）将仪器搬到测线的一端，并在测线另一端插上标杆。

2）安置仪器。

① 对中。将仪器装于三脚架上，并挂上垂球后，移动三脚架，使垂球尖对准测站点，此时仪器中心与地面点处于同一条铅垂线上。

② 整平。松开仪器球形支柱上的螺旋，上、下俯仰调整度盘位置，使度盘上的两个水准气泡同时居中，旋紧螺旋，固定度盘，此时罗盘仪主盘处于水平位置。

3）瞄准读数。

① 转动目镜调焦螺旋，使十字丝清晰。

② 转动罗盘仪，使望远镜对准测线另一端的目标，调节调焦螺旋，使目标成像清晰稳定，再转动望远镜，使十字丝对准立于测点上的标杆的最底部。

③ 松开磁针制动螺旋，等磁针静止后，从正上方向下读取磁针指北端所指的读数，即测线的磁方位角。

④ 读数完毕后，旋紧磁针制动螺旋，将磁针顶起以防止磁针磨损。

3. 使用罗盘仪的注意事项

1）在磁铁矿区或离高压线、无线电天线、电视转播台等较近的地方不宜使用罗盘仪，有电磁干扰现象。

2）观测时，一切铁器等物体，如斧头、钢尺、测钎等不要接近仪器。

3）读数时，眼睛的视线方向与磁针应在同一竖直面内，以减小读数误差。

4）观测完毕后，搬动仪器前应拧紧磁针制动螺旋，固定好磁针以防损坏磁针。

思考题与习题

1. 距离测量的方法主要有哪几种？

2. 用钢尺丈量倾斜地面的距离有哪些方法？各适用于什么情况？

3. 何谓直线定线？目估定线通常是如何进行的？

4. 用目估定线，在距离30m处标杆中心偏离直线0.40m，由此产生的量距误差为多少？

5. 用钢尺往、返丈量了一段距离，其平均值为184.26m，要求量距的相对误差为1/5000，则往、返丈量距离之差不能超过多少？

6. 用钢尺丈量了AB、CD两段距离，AB的往测值为206.32m，返测值为206.17m；CD的往测值为102.83m，返测值为102.74m。问这两段距离丈量的精度是否相同？为什么？

7. 怎样衡量距离丈量的精度？设丈量了AB、CD两段距离：AB的往测长度为246.68m，返测长度为246.61m；CD的往测长度为435.888m，返测长度为435.98m。问

哪一段的量距精度较高？

8. 何谓直线定向？为什么要进行直线定向？怎样确定直线的方向？

9. 在直线定向中有哪些标准方向线？它们之间存在什么关系？

10. 什么叫方位角？方位角有几种？它们之间的关系是什么？

11. 已知直线 AB 的坐标方位角为 $215°45'10''$，直线 BA 的坐标方位角是多少？

12. 已知 A 点坐标为 A(421.35，356.86)，AB 边的边长 $D_{AB}=85.79$m，AB 边的坐标方位角 $\alpha_{AB}=70°42'$，试求 B 点的坐标。

13. 已知 A 点的坐标为 A(383.28，589.57)，B 点的坐标为 B(352.14，554.58)，试求 AB 的边长 D_{AB} 及 AB 边的方位角 α_{AB}。

项目5

测量误差的基本知识

项目描述

在实际的测量工作中，不论工程中使用的测量仪器多么精密，观测人员多么谨慎，在对同一个观测对象进行多次观测时，结果都会有差异，这就是误差。同时，对观测数据中的误差必须进行有效的平差处理，才能有效地利用观测数据。本项目的主要内容针对测量工作中常用到的误差的基本知识进行讲授，主要包括测量误差的来源和分类、观测值的算术平均值和改正数、评价精度的标准、误差传播定律等内容。

知识目标

- 理解测量误差的概念和分类；
- 熟悉测量误差的来源；
- 掌握观测值的算术平均值和改正数的计算方法；
- 理解评定观测值精度的标准；
- 了解误差传播定律。

能力目标

- 能够将误差的来源与实际测量操作相对应；
- 能够计算观测值的算术平均值和改正数；
- 能够说出评价观测值精度的标准；
- 会按照误差传播定律的思路指导测量工作和内业计算。

任务5.1　了解测量误差基本知识

学习引导

观测数据不可避免地受到误差的影响和干扰，为了满足应用要求，必须对观测数据进行处理。首先，要了解什么是误差，它是怎么产生的，误差有哪些种类，然后才能有针对性地对误差进行有效处理。

5.1.1　测量误差的概念

用仪器对某个量进行观测，获得的数据称为观测值。在测量工作中，由于受客观条件的影响，所有的观测成果都不可避免地存在误差。例如，对一个三角形的三个内角进行测量，三个内角观测值之和一般不会正好等于 180°。这就是说测量成果中含有测量误差是必然的。

如果用 L 表示观测值，$\widetilde{L}$ 表示真值，$\hat{L}$ 表示平差值，则观测值与真值之差，称为真误差，用 Δ 表示，即

$$\Delta=L-\widetilde{L} \tag{5-1}$$

在测量工作中，真值通常是未知的，真误差也就无法获得。而将观测值与其相应的平差值之间的偏差定义为观测值的改正数，也称为最或然(最可靠)误差，用符号 V 表示，即

$$V=L\hat{L}-L \tag{5-2}$$

但在一些情况下，有可能预知由观测值构成的某一函数理论真值。例如，当对同一个距离进行往返观测时，获得观测值 L_1 和 L_2，它的真值设为 X，若以 d 表示两次观测值的差值的真误差，即

$$d=(L_1-L_2)-(X-X)=L_1-L_2 \tag{5-3}$$

由此得出，两次观测值的差值 d 就是差值的真误差，又称为较差。

5.1.2　误差来源

从测量的实践中可以发现，无论采用多么精密的仪器，观测多么得仔细认真，观测值之间总是存在着差异。例如，在用两次仪器高法进行测站水准测量时，两次观测结果总是不一致的；用经纬仪进行盘左盘右观测，盘左盘右的角值一般情况下也是不相等的，这种差异就是观测结果中存在的测量误差。测量误差的产生主要有以下三个方面的原因。

1. 仪器的原因

测量工作是用仪器进行的，而任何一种仪器都具有一定限度的精度，因而必然会使观测结果的精度受到一定的限制。另外，虽然仪器在使用前已按规范做了检验与校正，但仍会有残差存在，因而使观测结果受到相应的影响，也必然会给测量的结果带来误差。

2. 观测者的原因

观测者是通过感觉器官进行观测的，由于人的感觉器官鉴别能力的局限性，在进行仪器安置、瞄准、读数等工作时，都会产生一定的误差。同时，观测者的技术水平和工作态度，也对观测数据的质量有直接影响。

3. 外界条件的原因

测量工作的数据采集观测是在野外进行的，自然环境因素随时都在变化，因而环境因素对观测结果的影响也随之变化，这就必然使得观测结果含有误差。此外，观测者的技术水平熟练程度、工作态度也会直接影响观测成果的质量。

通常把观测误差来源的三个方面称为观测条件。观测条件的优劣与观测成果的质量密切相关。一般来说，观测误差的大小受观测条件的制约。观测条件好时，误差就小，所获得的测量成果的质量就高。反之，误差就大，观测成果质量就低。不论观测条件如何，观

测结果总是不可避免地带有误差。因此，了解误差性质、产生和累积的规律，对观测数据进行合理的处理，使之对观测结果不致产生有害的影响是很有必要的。

5.1.3 测量误差的分类

测量误差按性质可分为系统误差、偶然误差和粗差。

1. 系统误差

在相同的观测条件下，对某量进行一系列观测，如果误差的大小和符号保持常数或按一定的规律变化，这类误差称为系统误差。例如，用一把名义长度为30m，而实际长度为29.995m的钢尺丈量距离，则每丈量一整尺子的距离，就要比实际距离大5mm。这一误差在大小和符号上都是不变的，用该钢尺丈量的距离越长，产生的误差就越大。又如，当水准仪的视准轴与水准管轴不平行时产生的读数误差，这种误差的大小与水准仪到水准尺之间的距离成正比等。系统误差具有累积性，对观测结果精确性影响较大。但如果能找出系统的影响规律，就可以采取措施将其消除。如利用尺长方程式，对量距结果进行尺长改正；也可以在测量前对仪器进行检验校正，如对水准仪的视准轴不平行于水准管轴进行检校，使其偏差减少到最小程度；还可以采取合理的观测方法，使误差自行抵消或减少到最小，如在水平角观测时采用盘左、盘右观测，消除视准轴误差；又如在水准测量中采用前、后视距相等的方法消除视准轴不平行于水准管轴的误差对高差的影响。

2. 偶然误差

在相同观测条件下，对某量进行一系列观测，如果误差的大小和符号从表面上看都没有表现出任何规律性，这类误差称为偶然误差。如瞄准目标的照准误差，在水准尺上估读毫米读数的误差等。

偶然误差由于观测条件的限制，在观测过程中是不可避免的。如观测时仪器不能严格照准目标，估读厘米刻划的水准尺上的毫米数不准确，钢尺量距时温度变化对观测结果产生的微小影响等都属于偶然误差。

在观测过程中，系统误差与偶然误差是同时产生的。但由于系统误差具有规律可循，可以在测量工作中根据系统误差的规律性采取各种措施将其消除或减弱其影响，这样决定观测精度的关键就是偶然误差。因此，在测量误差理论中主要是讨论偶然误差。

3. 粗差

在测量中，除误差之外，有时还会发生错误。例如，测错、记错、算错等，称为粗差，又称错误或者大量级的误差。粗差是由于观测者操作错误或粗心大意所造成的，它是可以避免的。

引起粗差的原因很多，如测角时仪器安置位置不正确、水准测量时读错或记错读数、测距仪测距时加常数设置错误等。粗差的存在严重影响测量成果的质量，甚至会给测量工作带来难以估计的灾难性后果，因此在测量工作中，必须采取适当的措施避免在观测成果中产生错误。在观测过程中为了发现并消除粗差，对测量结果除采取必要的检核外，同时要求测量工作者必须具有高度的责任心和严谨的工作态度，做到认真、细心地从事各项测量工作。

任务 5.2 观测值的算术平均值及其改正数

学习引导

在测量工作中常用求算术平均值的方式求最佳结果。算术平均值为什么能提高精度？如何通过改正数纠正观测值的误差？本任务主要针对这些问题展开讲解。

5.2.1 观测值的算术平均值

在等精度条件下，对某量进行 n 次观测，其观测值分别是 l_1，l_2，…，l_n，设其真值为 X，真误差为 Δ，则

$$\begin{cases} \Delta_1 = l_1 - X \\ \Delta_2 = l_2 - X \\ \quad \vdots \\ \Delta_n = l_n - X \end{cases} \tag{5-4}$$

将上式左右两边分别相加并求平均值，得

$$\frac{[\Delta]}{n} = \frac{[l_i - X]}{n} = \frac{[l_i]}{n} - X$$

令

$$\bar{x} = \frac{[l_i]}{n}$$

根据偶然误差收敛性，当 n 无限大时，$\bar{x}$ 算术平均值就是 X。也就是当观测次数 n 无限大时，算术平均值就趋于未知量的真值。但是观测次数是有限的，通常认为有限次观测的算术平均值就是该量的最接近真值的近似值，称为最或然值。

5.2.2 观测值的改正数

在实际测量工作中，很多情况下真值是未知的，在这种情况下就要对观测值进行误差处理。最或然值与观测值之差称为观测值的改正数，即

$$\begin{cases} v_1 = \bar{x} - l_1 \\ v_2 = \bar{x} - l_2 \\ \quad \vdots \\ v_n = \bar{x} - l_n \end{cases} \tag{5-5}$$

将上式两边分别求和，得

$$[v] = n\bar{x} - [l_i]$$

我们通常利用改正数纠正观测值产生的误差，经过误差处理得到理想的结果时，如果改正数总和为 0，说明观测值中可以认为没有误差。这个特性也可用作计算中的检核。

任务 5.3 评定观测值精度的标准

学习引导

在测量工作中，通过平差计算和一些操作主要消减的是偶然误差，对某观测对象进行一定次数观测后发现偶然误差符合正态分布。通常，利用观测值误差分布密集或者离散的程度评价观测精度，在相同条件下，正态分布曲线变化陡峭的一组数据精度高，变化平缓的一组数据精度低。那么如何利用直观的数据来说明观测值的精度高低呢？这是本任务讲述的主要内容。

5.3.1 偶然误差的特性

对单个偶然误差而言，其大小和符号没有规律性。但如果观测的次数很多，在大量的偶然误差中就能发现其内在的规律，进行统计的数量越大，这种规律就越明显。

例如，在相同的观测条件下，观测了 358 个三角形的内角。由于观测结果中存在偶然误差，各三角形的内角观测值之和与三角形内角和的理论值(也称真值)180°相差 Δ_i。设三角形内角和的真值为 X，各三角形内角观测值之和为 L_i，则 Δ_i 为三角形内角和的真误差(也称三角形闭合差)，即

$$\Delta_i = L_i - X \quad (i = 1,2,\cdots,n) \tag{5-6}$$

现将 358 个真误差按每隔 3″为一区间，以误差的大小及其符号分别统计在各误差区间的个数 n_i 及相对个数 $n_i/358$，并将结果列入表 5-1。

表 5-1 多次观测偶然误差统计表

误差区间	正误差		负误差		合计	
(″)	个数	相对个数 n_i/n	个数	相对个数 n_i/n	个数	相对个数 n_i/n
0～3	45	0.126	46	0.128	91	0.254
>3～6	40	0.112	41	0.115	81	0.226
>6～9	33	0.092	33	0.092	66	0.184
>9～12	23	0.064	21	0.059	44	0.123
>12～15	17	0.047	16	0.045	33	0.092
>15～18	13	0.036	13	0.036	26	0.073
>18～21	6	0.017	5	0.014	11	0.031
>21～24	4	0.011	2	0.006	6	0.017
>24	0	0	0	0	0	0
$\sum$	181	0.505	177	0.495	358	1.000

从表 5-1 可以看出偶然误差具有如下统计特性。

1) 有界性：即在一定的观测条件下，偶然误差的绝对值不会超过一定的限值；

2）单峰性：即绝对值小的误差比绝对值大的误差出现的可能性大；

3）对称性：即绝对值相等、符号相反的正负误差出现的可能性相等；

4）补偿性：即当观测次数无限增多时，偶然误差的算术平均值趋近于零。

$$\lim_{n\to\infty}\frac{[\Delta]}{n}=0 \tag{5-7}$$

式中，$[\Delta]=\Delta_1+\Delta_2+\Delta_3+\cdots+\Delta_n$。

上述第四个特性是由第三个特性推导出来的。由偶然误差的第三个特性可知在大量的观测值中正、负偶然误差出现的可能性相等，因而求全部误差的总和时，正、负误差就有可能相互抵消。当误差数量无限增多时，真误差的算术平均值必然趋于零。

精度是指同一个量的各观测值之间密集和离散的程度。如果各观测值分布很集中，说明观测值的精度高；反之，如果各观测值分布很分散，说明观测值的精度低。准确度是指观测值中系统误差的大小。精确度是准确度与精度的总称。

当观测值仅含偶然误差时，精度和观测质量是一致的，它们都取决于测量条件。在相同的测量条件下，对某量所进行的一组观测对应着同一种误差分布，这一组中的每一个观测值都具有相同的精度。为了衡量观测值精度的高低，可以将所有可能的误差都统计在内，采用误差分布表或绘制频率直方图来评定，从误差的总体分布中得到反映观测精度的真实数据。但这在实际工作中是不可能做到的。因此，需要建立一个统一的衡量精度的标准，使该标准及其数据大小能反映出误差分布的离散或密集的程度，称为衡量精度的指标。

5.3.2　中误差

方差反映的是随机变量总体的离散程度，在测量中，当观测值仅含偶然误差时，方差的大小就反映了总体观测结果接近真值的程度。方差小，观测精度高；方差大，观测精度低。在实际应用中，可以依据有限次观测计算方差的估计值，并以其平方根作为均方差的估计值，称为中误差。

例如，有两观测小组分别对10个三角形的三个内角进行了观测，各组观测值的真误差见表5-2。

表5-2　三角形闭合差

三角形号	1	2	3	4	5	6	7	8	9	10
一组	+3″	−2″	−1″	+3″	0″	+2″	+4″	−3″	+2″	−4″
二组	0″	−8″	+1″	+2″	−1″	−1″	−7″	+1″	0″	+3″

我们要对两个小组的观测质量进行评价，以确定他们观测精度的高低。为此我们引入中误差的概念。

设在相同的观测条件下，对某量进行了 n 次独立观测，得到一组独立的真误差 Δ_1，$\Delta_2,\cdots,\Delta_n$，则观测值中误差公式为

$$m=\pm\sqrt{\frac{[\Delta^2]}{n}} \tag{5-8}$$

根据式(5-8)可分别计算出两组观测值的中误差为

$$m_1=\pm\sqrt{\frac{[\Delta_1^2]}{10}}=\pm 2.7''$$

$$m_2=\pm\sqrt{\frac{[\Delta_2^2]}{10}}=\pm 3.6''$$

计算表明：$m_1<m_2$，表示第一组观测值的精度优于第二组。

中误差是评定观测精度的指标，并不等于每个观测值的真误差，它是一组真误差的代表。中误差的大小反映了该组观测值精度的高低，而且它能明显地反映出测量结果中较大误差的影响。m 越大，精度越低；m 越小，精度越高。因此，一般都采用中误差作为评定观测质量的标准。

但是在实际观测过程中，真值是未知的，真误差也是未知的，因此不能用真误差计算观测值中误差。由于观测值的改正数是可以求得的，在实际测量过程中通常用改正数计算中误差。

当有真值时，用真误差计算中误差时多余观测数为 n，而没有真值时，用改正数计算中误差时多余观测数为 $n-1$。因此，利用观测值改正数计算中误差的公式为

$$m=\pm\sqrt{\frac{[v^2]}{n-1}} \tag{5-9}$$

式(5-9)称为白塞尔公式。

5.3.3 极限误差

偶然误差的第一特性表明，在一定的观测条件下，偶然误差的绝对值不会超过一定的限度。如果超过了一定的限度就认为不符合要求，应舍去重测，这个限度就是允许误差(也称极限误差)。那么，允许误差应该为多大呢？根据概率理论研究和测量实践表明：在大量等精度观测的一组偶然误差中，大于 1 倍中误差的偶然误差的个数约占误差总个数的 32%；大于 2 倍中误差的偶然误差个数约占 4.5%；大于 3 倍中误差的偶然误差个数约占 0.3%。这说明在观测次数不多的情况下，大于 3 倍中误差的偶然误差出现的可能性很小。因此，通常以 3 倍中误差作为偶然误差的允许误差，即

$$\Delta_{限}=3m \tag{5-10}$$

实际测量工作中，由于观测次数较少，也常以 2 倍的中误差作为极限误差，即

$$\Delta_{限}=2m \tag{5-11}$$

允许误差是检验观测值中粗差的标准。如果某观测值的误差超过了允许误差，就可以认为是错误的，该值应舍去重测。

5.3.4 相对中误差

对于某些观测量来说，有时仅知道其中误差还不能完全反映观测精度的高低。例如，丈量了两段距离，一段为 500m，另一段为 100m，它们的测量中误差均为±10mm。显然不能认为两段距离的精度相同，因为距离的精度与距离本身长度的大小有关。为了能客观地反映两组的观测精度，还需引入相对误差的概念。

相对误差就是观测值中误差的绝对值与观测值本身之比，通常以分子为 1 的分数表

示，即

$$K=\frac{|m|}{L}=\frac{1}{M} \tag{5-12}$$

上例中，两段距离的相对误差分别为

$$K_1=\frac{m_1}{L_1}=\frac{10}{500\ 000}=\frac{1}{50\ 000}$$

$$K_2=\frac{m_2}{L_2}=\frac{10}{100\ 000}=\frac{1}{10\ 000}$$

用相对误差来衡量，就可以看出第一段距离的精度高于第二段。

相对误差不能用来评定角度测量的精度，因为测角误差的大小与角度的大小无关。

任务 5.4　认识误差传播定律

学习引导

在实际测绘工作中，大多数情况某些待求数值的大小并不能直接测定，要通过观测值建立函数关系计算得到，这时就不能直接用计算精度指标的公式获取函数的精度指标了。也就是说，如果要评价观测函数的精度，必须借助误差传播定律，将直接观测值的中误差传递给相关函数。

5.4.1　误差传播定律的概念

由 5.3 节可知，观测值的精度是用中误差等来衡量的。但是，在实际工作中，某些未知量不是由直接观测获得的，而是由观测值间接求得的，即这些量是观测值的函数。例如，在水准测量中为求得两点间的高差(图 5-1)，观测过程中，根据前视尺的读数 a、后视尺的读数 b，按关系式 $h_{AB}=b-a$ 计算得来的。很显然观测值 a、b 所包含的误差，导致其函数 h_{AB} 也必然存在误差。函数的中误差与观测值的中误差之间必定存在着某种必然的关系。这种描述观测值中误差与其函数中误差之间关系的定律，称为误差传播定律。

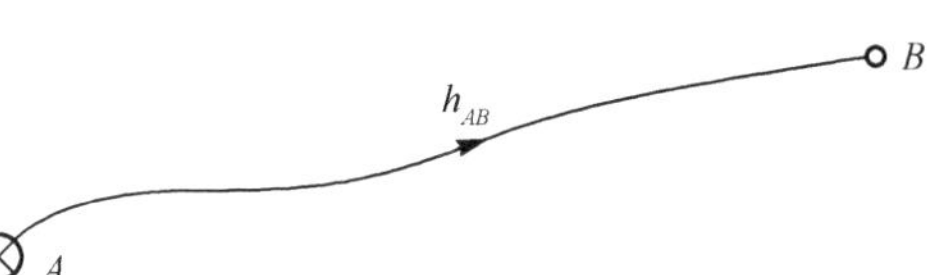

图 5-1　水准测量路线

5.4.2　误差传播定律的几种常见公式

在实际测量工作中，遇到的某些待定量的大小并不能直接由观测获得，而是由观测值通过一定的函数关系计算得到的，也就是需要建立观测值的函数。根据函数关系的不同，中误差的传递呈现不同的运算特点，下面我们主要针对几种简单的常用公式进行介绍。

1. 倍数函数

设有函数

$$z=kx \tag{5-13}$$

式中　x——直接观测值，其中误差为 m_x；

k——常数，无误差；

z——观测值 x 的函数。

设对 x 进行了 n 次观测时，则

$$\Delta_{z_i} = k\Delta_{x_i} \quad (i = 1,2,\cdots,n)$$

将上式两端平方，求总和，并除以 n，得

$$\frac{[\Delta_z^2]}{n}=k^2\frac{[\Delta_x^2]}{n} \tag{5-14}$$

由中误差定义

$$\frac{[\Delta_z^2]}{n}=m_z^2 \qquad \frac{[\Delta_x^2]}{n}=m_x^2$$

于是有

$$m_z^2=k^2m_x^2$$

或

$$m_z=km_x \tag{5-15}$$

【例 5-1】 在 1∶1000 地形图上，量得 A、B 两点间的距离 S_{ab}=69.6mm，其中误差为 $m_{S_{ab}}$=±0.2mm，求 A、B 间的实地距离 S_{AB} 及其中误差 $m_{S_{AB}}$。

解： 由题意可知，A、B 两点间的实地距离应为

$$S_{AB}=1000S_{ab}=1000\times69.6=69\ 600(\text{mm})=69.6(\text{m})$$

由式(5-15)可得

$$m_{S_{AB}}=km_{S_{ab}}=1000m_{S_{ab}}=\pm1000\times0.2=\pm200(\text{mm})=\pm0.2(\text{m})$$

于是 A、B 两点间的实际距离为 S_{AB}=69.6m±0.2m。

2. 和差函数

设有函数

$$z=x\pm y \tag{5-16}$$

式中　x、y——观测值；

z——观测值的函数。

设观测值 x、y 的中误差分别为 m_x、m_y，现求 z 的中误差 m_z。

若分别对 x、y 进行了 n 次等精度观测，且 z、x、y 的真误差分别为 Δ_{zi}、Δ_{xi}、Δ_{yi}，则有

$$\Delta_{zi} = \Delta_{xi} + \Delta_{yi} \quad (i = 1,2,\cdots,n) \tag{5-17}$$

将上述 n 个等式两端平方并求和，再除以 n，可得

$$\frac{[\Delta_z^2]}{n}=\frac{[\Delta_x^2]}{n}+\frac{[\Delta_y^2]}{n}\pm2\frac{[\Delta_x\Delta_y]}{n} \tag{5-18}$$

根据偶然误差的第四特性和中误差的定义，得

$$m_z^2=m_x^2+m_y^2 \tag{5-19}$$

上式表明，观测值和差函数的中误差的平方，等于观测值中误差的平方和。这一结论可推广至 t 个独立观测值函数的情况，当 $z=x_1\pm x_2\pm\cdots\pm x_t$ 时有

$$m_z^2=m_{x1}^2+m_{x2}^2+\cdots+m_{xt}^2 \tag{5-20}$$

当各观测值为等精度观测时，即

$$m_1=m_2=\cdots=m_t=m$$

则式(5-20)可变为

$$m_z=m\sqrt{t} \tag{5-21}$$

即在等精度观测时，观测值代数和的中误差，与观测值的个数 t 的平方根成正比。

【例 5-2】 在 A、B 两点之间用水准测量的方法观测了 5 个测段的高差，分别为 h_1、h_2、h_3、h_4、h_5，各高差的中误差分别为：$m_1=\pm 5\text{mm}$，$m_2=\pm 3\text{mm}$，$m_3=\pm 4\text{mm}$，$m_4=\pm 3\text{mm}$，$m_5=\pm 4\text{mm}$，试求 A、B 两点高差中误差。如各段高差中误差相等，均为 $m=\pm 4\text{mm}$，试求 A、B 两点高差中误差。

解： A、B 两点的高差为

$$h_{AB}=h_1+h_2+h_3+h_4+h_5$$

由式(5-20)可得 A、B 两点间的高差中误差

$$\begin{aligned}m_{AB}&=\pm\sqrt{m_1^2+m_2^2+m_3^2+m_4^2+m_5^2}\\&=\pm\sqrt{5^2+3^2+4^2+3^2+4^2}=\pm 8.7(\text{mm})\end{aligned}$$

3. 线性函数

设有线性函数

$$z=k_1x_1\pm k_2x_2\pm\cdots\pm k_nx_n \tag{5-22}$$

式中 x_i——独立观测值，$i=1,2,\cdots,n$，其中误差分别为 $m_1,m_2,\cdots,m_n$；

k_i——常数。

根据式(5-15)及式(5-20)可得

$$m_z^2=k_1^2m_1^2+k_2^2m_2^2+\cdots+k_n^2m_n^2 \tag{5-23}$$

即线性函数中误差的平方，等于各常数与相应的观测值中误差乘积的平方和。

【例 5-3】 在相同的观测条件下，对某一水平角观测了 6 个测回，观测值分别为 x_i($i=$1，2，3，4，5，6)，各观测值的中误差均为 $m=\pm 3.6''$，求该水平角算术平均值的中误差。

解： 该水平角的算术平均值为

$$X=\frac{x_1+x_2+x_3+x_4+x_5+x_6}{6}=\frac{1}{6}x_1+\frac{1}{6}x_2+\cdots+\frac{1}{6}x_6$$

根据式(5-23)该水平角算术平均值的中误差为

$$\begin{aligned}m_X^2&=\left(\frac{1}{6}\right)^2m_1^2+\left(\frac{1}{6}\right)^2m_2^2+\cdots+\left(\frac{1}{6}\right)^2m_6^2\\&=\frac{1}{6}m^2=\frac{1}{6}\times 3.6^2\end{aligned}$$

$$m_X=\pm\sqrt{\frac{1}{6}\times 3.6^2}=\pm 1.5('')$$

4. 一般函数

在实际工作中，不仅会建立线性函数关系，还会建立非线性函数关系，比如导线测量中求坐标增量，$\Delta X=D\cos\alpha$，$\Delta Y=D\sin\alpha$，这里的三角函数就是非线性函数关系，因此这

里也针对非线性函数的误差传播定律的应用进行简单介绍。

设有函数

$$z=f(x_1,x_2,\cdots,x_n)$$

式中 x_i——独立观测值，$i=1,2,\cdots,n$，其中误差分别为 $m_1,m_2,\cdots,m_n$。当观测值 x_i 含有真误差 Δ_{xi} 时，函数 z 相应地产生真误差 Δz。为求出观测值真误差与其函数真误差之间的关系，可对上式进行全微分，得

$$\Delta z=\frac{\partial f}{\partial x_1}\Delta x_1+\frac{\partial f}{\partial x_2}\Delta x_2+\cdots+\frac{\partial f}{\partial x_n}\Delta x_n \tag{5-24}$$

式中 $\frac{\partial f}{\partial x_i}(i=1,2,\cdots,n)$——函数对各变量所取的偏导数，以观测值代入计算，即确定的常数。因此上式是线性函数，按式(5-23)得

$$m_z^2=\left(\frac{\partial f}{\partial x_1}\right)^2 m_{x_1}^2+\left(\frac{\partial f}{\partial x_2}\right)^2 m_{x_2}^2+\cdots+\left(\frac{\partial f}{\partial x_n}\right)^2 m_{x_n}^2 \tag{5-25}$$

一般函数中误差的平方等于该函数对每个观测值取偏导数后与相应观测值中误差乘积的平方和。

思考题与习题

1. 产生测量误差的主要原因有哪些？测量误差是如何分类的？

2. 偶然误差与系统误差有何区别？偶然误差具有哪些特性？

3. 中误差、极限误差和相对误差是如何定义的？

4. 什么是观测条件？什么是等精度观测和非等精度观测？

5. 已知用某型号的经纬仪观测水平角时，一测回角值的中误差为±20″，若角值的精度要达到±10″，则至少应观测几测回取平均值，精度才能满足要求？

6. 用钢尺对某直线等精度丈量了 6 次，丈量结果为：121.535m、121.548m、121.520m、121.529m、121.530m、121.533m，试求其算术平均值、算术平均值的中误差及相对中误差。

7. 用经纬仪对某角度观测了 6 个测回，观测值列于表 5-3，试求观测值的中误差及观测值算术平均值的中误差。

表 5-3 角度观测值中误差和算术平均值中误差计算表

观测次数	观测值	V	VV	中误差计算
1	46°28′30″			
2	46°28′26″			
3	46°28′28″			
4	46°28′24″			
5	46°28′25″			
6	46°28′23″			
	$X=$	$[V]=$	$[VV]=$	

8. 丈量两段距离：$L_1=123.84\text{m}$，其中误差为 0.06m；$L_2=187.35\text{m}$，其中误差为 0.08m。试问哪一段距离丈量的精度高？两段距离之和的中误差及相对误差各是多少？

9. 如图 5-2 所示，在三角形 ABC 中，测得边长 a 及其中误差 $m_a=230.78\text{m}\pm0.07\text{m}$，$\angle A=52°47'36''\pm20''$，$\angle B=45°28'54''\pm30''$，求算三角形中边长 b 及其中误差 m_b。

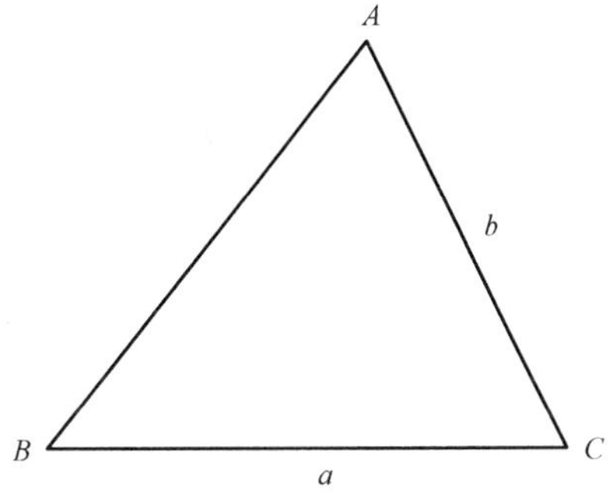

图 5-2　求边长及其中误差

项目6

小区域控制测量

项目描述

测量工作必须遵循“从整体到局部，先控制再碎部”的原则，先建立控制网，然后依据控制网点进行碎部测量或测设工作。控制测量按照面积的大小和精度等级的要求，可以分为国家控制网测量、城市控制网测量和小区域控制测量，在建筑工程测量中通常建立小区域的平面控制网。本项目主要介绍小区域控制测量内容，包括导线控制测量、交会测量、高程控制测量和全站仪的使用方法。

知识目标

- 理解控制测量的概念；
- 了解平面控制测量的方法；
- 掌握导线控制测量的操作方法；
- 熟悉导线测量内业数据处理方法；
- 了解交会测量的方法；
- 掌握高程控制测量的方法；
- 熟悉四等水准测量内业数据处理方法；
- 掌握全站仪常用测量功能。

能力目标

- 能够利用导线测量进行平面控制测量；
- 能够进行导线测量内业数据处理；
- 熟练掌握闭合导线的测量方法；
- 能够说出交会测量的种类和使用方法；
- 能够进行四等水准测量的内外业操作；
- 会正确使用全站仪进行测量工作。

任务6.1　认识控制测量

学习引导

为了限制误差的累加和影响，满足结果的精度要求，测量工作必须从控制测量开始，

也就是说控制测量是整个测量工作的首要工作。本任务主要是认识平面控制测量和高程控制测量。

在控制测量中，为了建立和实现某个区域、国家或全球的坐标系统、高程系统，应遵循从高级到低级，由整体到局部逐级控制、逐级加密的原则，在地面上固定一系列的点来约束，维持这些测量系统，这些点称为控制点。将一系列控制点按一定的结构连接成的一定的几何图形构成控制网。

获取控制点平面位置构建的控制网称为平面控制网，获取控制点高程而构建的控制网称为高程控制网。平面控制网和高程控制网可以单独布设，也可以布设成平面和高程同时具备的三维控制网。控制网的布设取决于测区的情况和要求的精度等。控制测量的目的在于提供统一的基础框架，以便在给定区域内协调各种测量工作。

6.1.1　平面控制测量

通过测量控制网中的水平角、水平距离推算控制点的平面坐标的测量工作称为平面控制测量。传统的平面控制测量的方法有导线测量、三角测量、三边测量和边角同测的方法。随着 GPS、GLONASS、伽利略、北斗等全球卫星定位系统的出现，GNSS 测量方式也成为控制测量的方法。

我国的国家平面控制网采用逐级控制、分级布设的原则，分为四等，即国家一、二、三、四等大地控制网，采用传统的三角测量建立的一等三角网，二、三、四等三角网及导线网。如图 6-1 所示，一等三角网由沿经线、纬线方向的三角网构成，并在网段交叉处测定起始边，三角形平均边长为 20～25km。二等三角网布设在一等三角网范围内，构成全面三角网，平均边长 13km，是扩展低等平面控制网的基础。另外，还有卫星大地测量，如 GPS 测量。

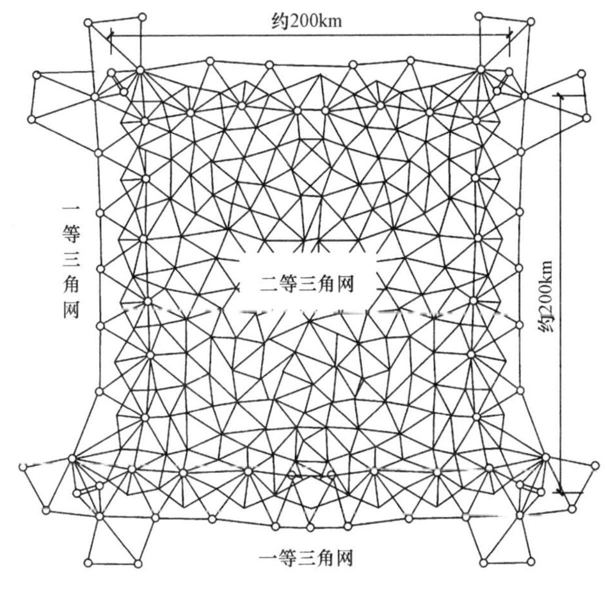

图 6-1　国家一、二等三角网示意图

直接服务于大比例尺测图和施工的平面控制测量有一、二级小三角测量，一、二、三级导线测量，由一级及 GPS 网建立的测图、施工控制网，还有采用三角测量、交会测量、导线测量等方法建立的图根平面控制网。

公路工程平面控制网测量的常规方法为三角测量或导线测量等，现在逐渐采用三边测量和 GPS 测量。

城市控制网是在城市地区为测绘大比例尺地形图，进行市政工程和建筑工程放样等，在国家控制网的控制下而建立的控制网。

小区域控制测量是在面积小于 15km^2 范围内建立的控制网。建立小区域控制网时，应尽量与国家已建立的高级控制网联测，将高级控制点的坐标和高程，作为小区域控制网的起算和校核数据。

6.1.2 高程控制测量

通过测量控制网中相邻控制点间的高差推算控制点的高程的测量工作称为高程控制测量，其主要方法包括水准测量和三角高程测量。

水准测量是建立国家工程控制网的主要方法，其优点是精度较高。国家水准网按逐级控制、分级布设的原则将水准测量分为一、二、三、四等，其中一、二等水准测量称为精密水准测量，三、四等水准直接为测制地形图和各项工程建设使用。三等环不超过 300km，四等水准一般布设为附合在高等级水准点上的附合路线，其长度不超过 80km。

三角高程测量观测方法简单，布设灵活，受地形条件限制小，是测定大地控制点高程的基本方法。该法通过测定地面上两点间的距离和垂直角，依据三角公式计算两点间高差。

三角高程测量必须在有足够数量的直接高程点作为起算点，才能大量应用，以满足测绘国家基本比例尺地形图对高程控制的精度要求。

在小区域范围内建立的高程控制网，应根据测区面积大小和工程要求，采用分级建立的方法。一般以国家或者城市等级水准点为基础，在测区建立三、四等水准网，用图根水准测量或者三角高程测量进行图根点高程测定。

任务 6.2 导线测量

学习引导

导线测量是建立小地区平面控制网常用的一种方法，特别是在地物分布复杂的建筑区、视线障碍较多的隐蔽区和带状地区，多采用导线测量的方法。本任务主要介绍导线测量的外业操作方法和内业数据计算处理的方法。

导线测量是依次测定各导线边的长度和各转折角值，再根据起算数据，推算出各边的坐标方位角，从而求出各导线点的坐标的方法。相邻控制点用直线连接所构成的连续折线称为导线，其中控制点称为导线点。相邻导线边之间的水平角称为转折角。用经纬仪测量转折角，用钢尺测定导线边长的导线，称为经纬仪导线。如果用光电测距仪测定导线边长，称为光电测距导线。导线的布设具有较强的机动性和灵活性，因此，导线测量是建立小地区平面控制网常用的方法之一。

6.2.1 导线测量的布设形式

根据测区的情况和工程建设的需要，简单的导线布设形式有闭合导线、附合导线、支导线。

(1) 闭合导线

闭合导线是从一点开始经过一系列的导线点，最后又回到原来的起始点形成多边形。如图 6-2 所示，导线从已知点 A 和已知方向 AB 出发，经过点 1、2、3、4 最后仍回到起点 A，形成一个闭合多边形，这样的导线称为闭合导线。闭合导线本身有严密的几何条件，具有检核作用。

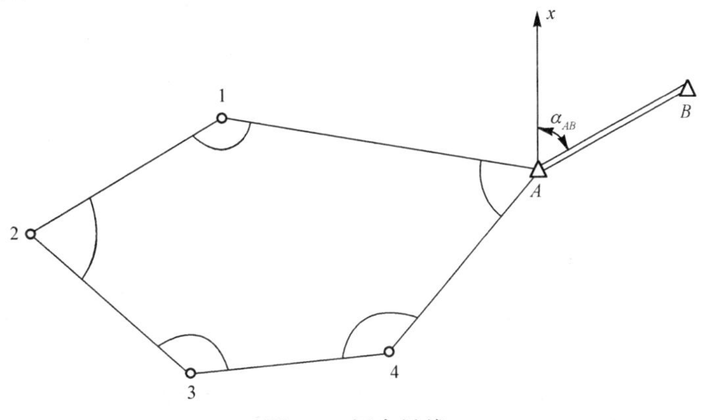

图 6-2　闭合导线

(2)附合导线

附合导线是导线起始一个高级控制点，最后附合到另一个高级控制点。如图 6-3 所示，导线从已知控制点 B 和已知方向 AB 出发，经过点 1、2、3，最后附合到另一已知点 C 和已知方向 CD 上。这种布设形式，具有检核观测成果的作用。

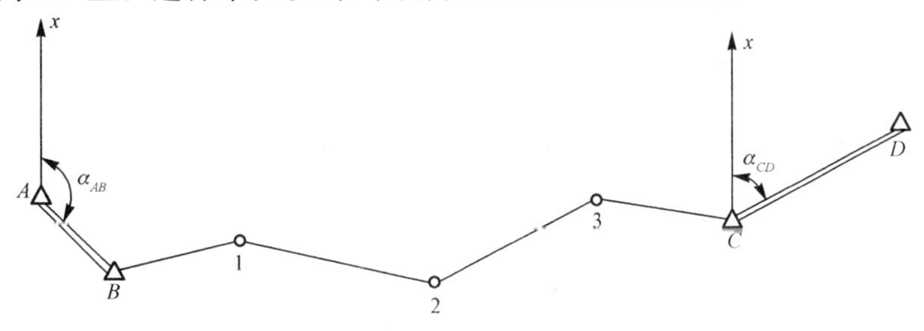

图 6-3　附合导线

(3)支导线

支导线由一个已知点和已知方向出发，既不附合到另一个已知点，又不回到起始点的导线。如图 6-4 所示，B 为已知控制点，α_{AB} 为已知方向，点 1、2 为支导线点。由于支导线缺乏检核条件，不易发现错误，因此其点数一般不超过两个，它仅用于图根导线测量。

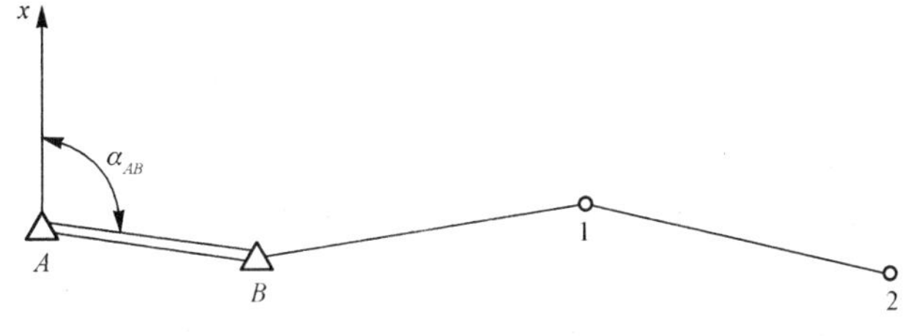

图 6-4　支导线

导线测量不受地形限制，用于建筑区(通视不好，拐弯多)、带状工程、地下工程、铁路建设和水利建设等。用导线测量的方法建立小区域平面控制网时，导线通常分为一级导线、二级导线、三级导线和图根导线几个等级。各级导线的主要技术要求参见表 6-1 和表 6-2。

表 6-1　经纬仪导线的主要技术要求

等级	测图比例尺	附合导线长度/m	平均边长/m	往返丈量差相对误差	测角中误差/(″)	导线全长相对闭合差	测回数		方位角闭合差/(″)
							DJ2	DJ6	
一级		2500	250	≤1/20 000	≤±5	≤1/10 000	2	4	$\leqslant\pm10\sqrt{n}$
二级		1800	180	≤1/15 000	≤±8	≤1/7000	1	3	$\leqslant\pm16\sqrt{n}$
三级		1200	120	≤1/10 000	≤±12	≤1/5000	1	2	$\leqslant\pm24\sqrt{n}$
图根	1∶500	500	75			≤1/2000		1	$\leqslant\pm60\sqrt{n}$
	1∶1000	1000	110						
	1∶2000	2000	180						

注：n 为测站数。

表 6-2　光电测距导线的主要技术要求

等级	测图比例尺	附合导线长度/m	平均边长/m	测距中误差/mm	测角中误差/(″)	导线全长相对闭合差	测回数		方位角闭合差/(″)
							DJ2	DJ6	
一级		3600	300	≤±15	≤±5	≤1/14 000	2	4	$\leqslant\pm10\sqrt{n}$
二级		2400	200	≤±15	≤±8	≤1/10 000	1	3	$\leqslant\pm16\sqrt{n}$
三级		1500	120	≤±15	≤±12	≤1/6000	1	2	$\leqslant\pm24\sqrt{n}$
图根	1∶500	900	80			≤1/4000		1	$\leqslant\pm40\sqrt{n}$
	1∶1000	1800	150						
	1∶2000	3000	250						

注：n 为测站数。

6.2.2　导线测量的外业测量

导线测量包括外业测量工作和内业计算工作两部分。

导线测量的外业测量主要包括踏勘选点、建立标志、导线边长测量、转折角测量等。

1. 踏勘选点

在选点前，应先收集测区已有地形图和已有高级控制点的成果资料，将控制点展绘在原有地形图上，然后在地形图上拟定导线布设方案，最后到野外踏勘、核对、修改、落实导线点的位置，并建立标志。

选点时我们应该注意以下几点。

1) 相邻点应相互通视良好，地势平坦，便于测角和量距。

2) 点位应选择在土质坚实处，便于安置仪器和保存标志点。

3) 导线边长应大致相等，平均边长应符合表 6-1 和表 6-2 的技术要求。

4) 导线点应有足够的密度，分布均匀并且视野开阔，便于控制整个测区。

5) 路线平面控制应沿路线布设，距离中线位置应大于 50m 且小于 300m。

6）在桥梁两岸、隧道进出口附近均应设置导线点。

2. 建立标志

导线点的标志应根据不同的需求和保存的时间不同，选择不同的材质建立临时性标志和永久性标志两种。

1）临时性标志。导线点位置选定后，要在每一点位上打一个木桩，在桩顶钉一小钉，作为点的标志，如图 6-5 所示；可在混凝土地面上用红漆画一圆，圆内点一小点，作为临时标志；在碎石或沥青路面上，可以用顶上凿有十字纹的大铁钉代替木桩；在混凝土场地或路面上，也可以用钢凿凿一个十字纹，再涂上红油漆使标志明显。

2）永久性标志。需要长期保存的导线点应埋设混凝土桩，如图 6-6 所示。桩顶嵌入带“+”字的金属标志，作为永久性标志。

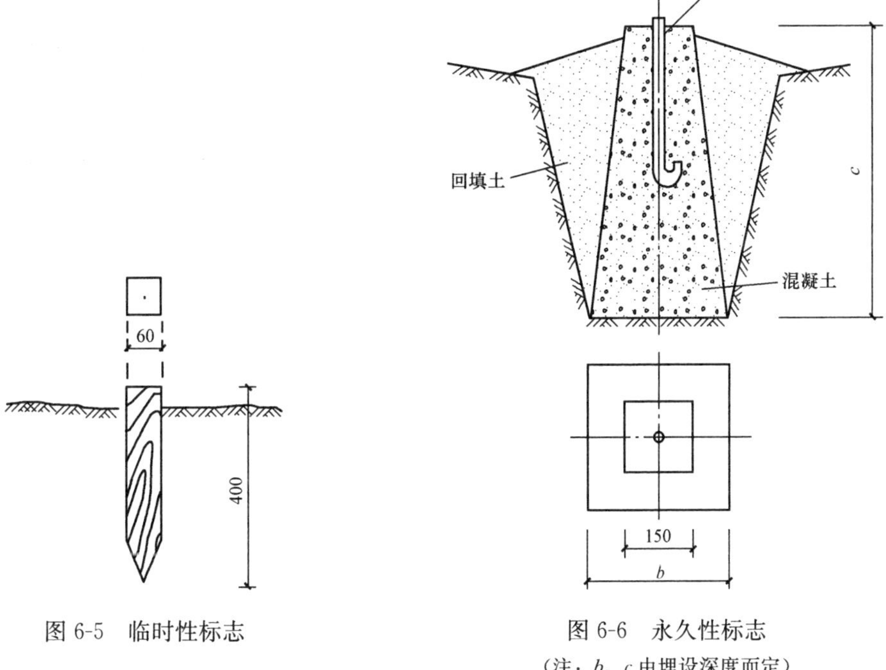

图 6-5　临时性标志

图 6-6　永久性标志
（注：b、c 由埋设深度而定）

导线点应统一编号。为了便于寻找，应量出导线点与附近明显地物的距离，绘出草图，注明尺寸，该图称为“点之记”，如图 6-7 所示。

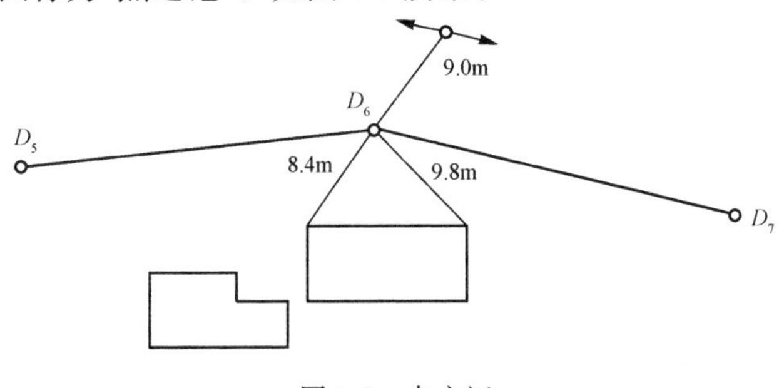

图 6-7　点之记

3. 导线边长测量

导线边长可用钢尺直接丈量，也可用光电测距仪直接测定。

用钢尺丈量时，选用检定过的 30m 或 50m 的钢尺，导线边长应往返丈量各一次，往返丈量差相对误差应满足表 6-1 的要求。

用光电测距仪测量时，要同时观测垂直角，供倾斜改正之用。

4. 转折角测量

导线转折角的测量一般采用测回法观测。在附合导线中一般测左角；在闭合导线中，一般测内角；对于支导线，应分别观测左、右角。不同等级导线的测角技术要求详见表 6-1。图根导线，一般用 DJ6 经纬仪测一测回，当盘左、盘右两半测回角值的较差不超过±40″时，取其平均值。

5. 连接测量

导线与高级控制点进行连接，以取得坐标和坐标方位角的起算数据，称为连接测量。连接测量为测定连接角和连接边，测量方法同导线测量方法。导线边和已知边的水平夹角叫作连接角。导线点和已知点的连线叫作连接边。

如图 6-8 所示，A、B 为已知点，1～5 为新布设的导线点，连接测量就是观测连接角 β_B、β_1 和连接边 D_{B1}。

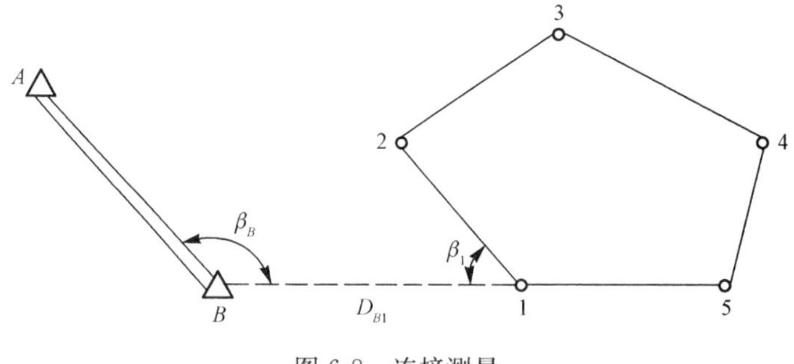

图 6-8　连接测量

6. 定向

在新布设的平面控制网中，至少需要已知一条边的坐标方位角才可以确定控制网的方向，简称定向；至少需要已知一个点的平面坐标才可以确定控制网的位置，简称定位。

如果附近无高级控制点，则应用罗盘仪测定导线起始边的磁方位角，并假定起始点的坐标作为起算数据。

为了减少对中误差对测角、量距的影响，各等级导线观测宜采用三联脚架法。三联脚架法能大大减少仪器对中误差和目标偏心误差对水平角的影响。

6.2.3　导线测量的内业计算

导线内业计算的目的是计算出各导线点的平面坐标 x、y。计算前应先全面检查导线外业测量记录，检查数据是否齐全，有无错误，成果是否符合精度要求。然后绘制计算略图，将各项数据注在图上的相应位置。

1. 坐标计算的基本公式

(1) 坐标正算

根据直线起点的坐标、直线长度及其坐标方位角计算直线终点的坐标，称为坐标正算。如图 6-9 所示，已知直线 AB 起点 A 的坐标为 (x_A, y_A)，AB 边的边长及坐标方位角分别为 D_{AB} 和 α_{AB}，需计算直线终点 B 的坐标。

直线两端点 A、B 的坐标值之差，称为坐标增量，用 Δx_{AB}、Δy_{AB} 表示。由图 6-9 可看出坐标增量的计算公式为

$$\begin{cases}\Delta x_{AB}=x_B-x_A=D_{AB}\cos\alpha_{AB}\\ \Delta y_{AB}=y_B-y_A=D_{AB}\sin\alpha_{AB}\end{cases} \tag{6-1}$$

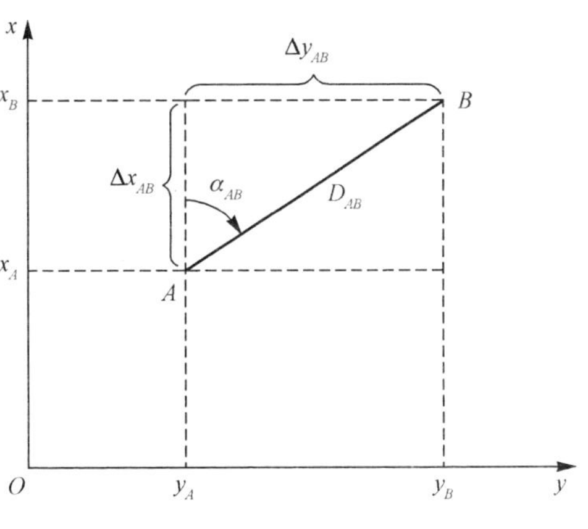

图 6-9　坐标增量计算

根据式(6-1)计算坐标增量时，正弦和余弦函数值随着 α 角所在象限而有正负之分，因此算得的坐标增量同样具有正、负号。坐标增量正、负号的规律见表 6-3。

表 6-3　坐标增量正、负号的规律

象限	坐标方位角 α	Δx	Δy
Ⅰ	0°～90°	+	+
Ⅱ	90°～180°	−	+
Ⅲ	180°～270°	−	−
Ⅳ	270°～360°	+	−

则 B 点坐标的计算公式为

$$\begin{cases}x_B=x_A+\Delta x_{AB}=x_A+D_{AB}\cos\alpha_{AB}\\ y_B=y_A+\Delta y_{AB}=y_A+D_{AB}\sin\alpha_{AB}\end{cases} \tag{6-2}$$

(2) 坐标反算

根据直线起点和终点的坐标，计算直线的边长和坐标方位角，称为坐标反算。如图 6-9 所示，已知直线 AB 两端点的坐标分别为 (x_A, y_A) 和 (x_B, y_B)，则直线边长 D_{AB} 和坐标方位角 α_{AB} 的计算公式为

$$D_{AB}=\sqrt{\Delta x_{AB}^2+\Delta y_{AB}^2} \tag{6-3}$$

$$\alpha_{AB}=\arctan\frac{\Delta y_{AB}}{\Delta x_{AB}} \tag{6-4}$$

应该注意的是坐标方位角的角值范围为 0°～360°，而反正切函数的角值范围为 −90°～+90°，两者是不一致的。按式(6-4)计算坐标方位角时，计算出的是象限角，因此，应根据坐标增量 Δx、Δy 的正、负号，按表 6-3 决定其所在象限，再把象限角换算成相应的坐标方位角。

【例 6-1】 已知 A、B 两点的坐标分别为 $x_A=342.99$m，$y_A=814.29$m，$x_B=304.50$m，$y_B=525.72$m，试计算 AB 的边长及坐标方位角。

解： 计算 A、B 两点的坐标增量，有

$$\Delta x_{AB}=x_B-x_A=304.50-342.99=-38.49(\text{m})$$

$$\Delta y_{AB}=y_B-y_A=525.72-814.29=-288.57(\text{m})$$

根据式(6-3)和式(6-4)得

$$\alpha_{AB}=\arctan\frac{\Delta y_{AB}}{\Delta x_{AB}}=\arctan\frac{-288.57}{-38.49}=262°24'09''$$

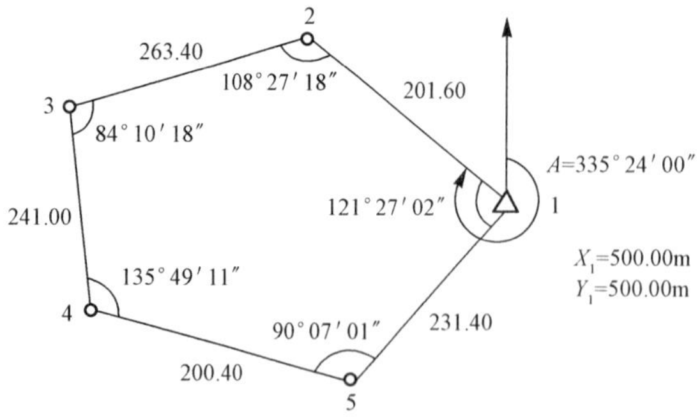

图 6-10 闭合导线略图

2. 闭合导线的坐标计算

(1) 准备工作

计算之前，全面检查外业测量记录，数据是否齐全，有无遗漏、记错或算错，成果是否符合规范的要求。检查无误后，就可以绘制导线略图，将已知数据和观测成果标注于图，以便计算，如图 6-10 所示。

(2) 闭合导线计算

计算导线坐标的步骤包括计算角度闭合差，推算其他导线边的坐标方位角，计算各导线边的坐标增量，计算各导线点坐标。

1) 角度闭合差的计算和角度的调整。

闭合导线内角和理论值为

$$\sum\beta_{理}=(n-2)\times180° \tag{6-5}$$

实测内角和为 $\sum\beta_{测}$，则角度闭合差为

$$f_\beta=\sum\beta_{测}-\sum\beta_{理} \tag{6-6}$$

容许角度闭合差不同等级参考表 6-1，三级导线容许角度闭合差为 $f_{\beta允}=\pm24\sqrt{n}$。

当 $|f_\beta|<|f_{\beta允}|$ 时，说明所测水平角符合要求，对所测水平角进行调整。

角度闭合差分配：

$$v_\beta=-\frac{f_\beta}{n} \tag{6-7}$$

分配值以秒为单位，剩余的分给短边夹角。

计算检核，得

$$\sum v_\beta=-f_\beta \tag{6-8}$$

计算改正后的水平角，得

$$\beta_i'=\beta_i+v_\beta \tag{6-9}$$

2) 坐标方位角计算。

根据起始边的已知坐标方位角及改正后的水平角，推算其他各导线边的坐标方位角。

当观测水平角为左角时有

$$\begin{aligned}\alpha_{BC}&=\alpha_{AB}+180°+\beta_{左}-360°\\&=\alpha_{AB}-180°+\beta_{左}\end{aligned} \tag{6-10}$$

当观测水平角为右角时有

$$\alpha_{BC}=\alpha_{AB}+180°-\beta_{右} \tag{6-11}$$

若计算出的方位角超过 360°则应减去 360°，若计算出的方位角小于 0°则应加上 360°。

计算检核：最后推算出的起始边的坐标方位角，它应与原有起始边已知坐标方位角相等，否则应重新计算。

3) 坐标增量计算和坐标增量的调整。

一条导线边两端点的纵坐标(或横坐标)之差，称为该导线边的坐标增量。坐标增量的计算方法为

$$\begin{cases}\Delta x_{AB}=x_B-x_A=D\cos\alpha_{AB}\\ \Delta y_{AB}=y_B-y_A=D\sin\alpha_{AB}\end{cases} \tag{6-12}$$

根据已知点的坐标、已知边长和坐标方位角计算出该边的坐标增量，并计算出另一点的坐标的方法称为坐标正算。

坐标增量闭合差：闭合导线横、纵坐标增量的代数和理论值应为零(图 6-11)。

$$\sum \Delta x_{理}=0 \tag{6-13}$$

$$\sum \Delta y_{理}=0 \tag{6-14}$$

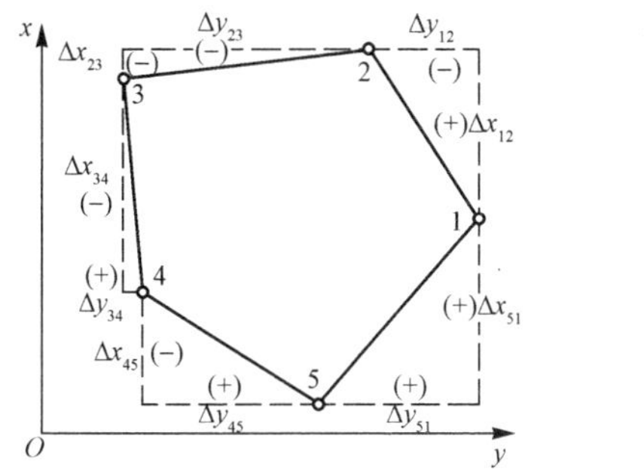

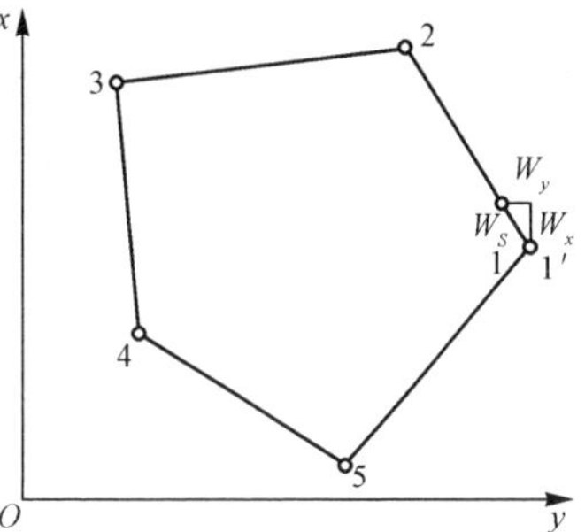

图 6-11 坐标增量闭合差

实际上由于导线边长测量误差和角度闭合差调整后的残余误差，使实际计算所得的 $\sum \Delta x_{测}$ 和 $\sum \Delta y_{测}$ 不等于零。产生纵坐标增量闭合差和横坐标增量闭合差。

$$W_x=\sum \Delta x_{测} \tag{6-15}$$

$$W_y=\sum \Delta y_{测} \tag{6-16}$$

导线全长闭合差为

$$W_S=\sqrt{W_x^2+W_y^2} \tag{6-17}$$

设导线全长为 $\sum S$，则导线全长相对闭合差为

$$K=\frac{W_S}{\sum S}=\frac{1}{T} \tag{6-18}$$

导线全长相对闭合差限差参考表 6-2 规范要求。

坐标增量调整原则：以相反符号按边长比例分配到各边长的坐标增量中去。其坐标增量改正数为

$$\begin{cases} v_{xi} = \dfrac{-W_x}{\sum S} S_i \\ v_{yi} = \dfrac{-W_y}{\sum S} S_i \end{cases} \tag{6-19}$$

检验改正结果，检验公式为

$$\begin{cases} \sum v_x = -W_x \\ \sum v_y = -W_y \end{cases} \tag{6-20}$$

4）坐标计算。计算式为

$$x_2 = x_1 + \Delta x_{12}，\ y_2 = y_1 + \Delta y_{12}$$
$$x_3 = x_2 + \Delta x_{23}，\ y_3 = y_2 + \Delta y_{23}$$
$$\vdots$$

闭合导线平差计算见表 6-4。

表 6-4　闭合导线平差计算表

点号	观测角（左）	改正数	改正后角值	坐标方位角	距离	纵坐标增量 Δx		横坐标增量 Δy		纵坐标	横坐标
	$\beta_{左}$/(° ′ ″)	v_β/(″)	β/(° ′ ″)	α/(° ′ ″)	S/m	计算值/m	改正值/m	计算值/m	改正值/m	x/m	y/m
										500.00	500.00
				335 24 00	201.60	+0.05 +183.30	+183.35	+0.02 −83.92	−83.90		
2	108 27 18	−10	108 27 08							683.35	416.10
				263 51 08	263.40	+0.07 −28.21	−28.14	+0.02 −261.89	−261.87		
3	84 10 18	−10	84 10 08							655.21	154.23
				168 01 16	241.00	+0.07 −235.75	−235.68	+0.02 +50.02	+50.04		
4	135 49 11	−10	135 49 01							419.53	204.27
				123 50 17	200.40	+0.05 −111.59	−111.54	+0.02 +166.46	+166.47		
5	90 07 01	−10	90 06 51							307.99	370.74
				33 57 08	231.40	+0.06 +191.95	+192.01	+0.02 +129.24	+129.26		
1	121 27 02	−10	121 26 52							500.00	500.00
				335 24 00							
$\sum\beta$	540 00 50	−50	540 00 00	$\sum S = 1137.80$		$\sum\Delta x = -0.30$	0	$\sum\Delta y = -0.09$	0		
辅助计算	$f_\beta = \sum\beta - (n-2)\times 180 = 540°00'50''$ $f_{\beta允} = \pm 60''\sqrt{n} = \pm 134''$ $f_\beta < f_{\beta允}$ $v_\beta = -\dfrac{f_\beta}{n} = -10$				$W_x = \sum\Delta x = -0.30$　$W_y = \sum\Delta y = -0.09$ $W_S = \sqrt{W_x^2 + W_y^2} = 0.31\text{m}$ $K = \dfrac{W_S}{\sum S} = \dfrac{1}{3600} < K_{允}$ $K_{允} = \dfrac{1}{2000}$						

3. 附合导线的坐标计算

附合导线(图 6-12)和闭合导线的内业计算基本一致，两者的主要差异在于角度闭合差和坐标增量闭合差的计算上。

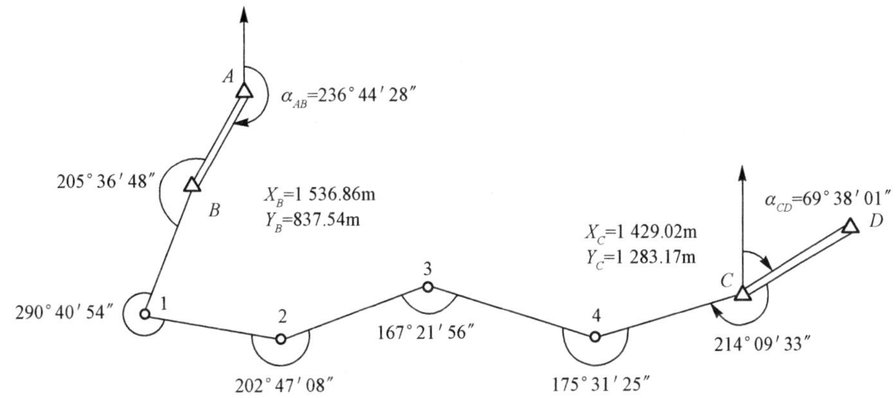

图 6-12　附合导线略图

附合导线与闭合导线最大的区别是起始点已知点和终点的已知点不重合。在平差计算过程中，角度闭合差和坐标增量闭合差的计算方法有所不同，其他元素的计算方法完全相同。

(1) 角度闭合差

理论上计算终边方位角应与已知终边方位角相等由于角度误差的存在，产生角度闭合差。

$$\alpha_{B1}=\alpha_{AB}+180^\circ-\beta_B$$

$$\alpha_{12}=\alpha_{B1}+180^\circ-\beta_1$$

$$\alpha_{23}=\alpha_{12}+180^\circ-\beta_2$$

$$\alpha_{34}=\alpha_{23}+180^\circ-\beta_3$$

$$\alpha_{4C}=\alpha_{34}+180^\circ-\beta_C$$

$$\alpha_{CD}-\alpha_{AB}+5\times180^\circ-\sum\beta_m$$

$$\alpha'_{fm}=\alpha_0+n\times180^\circ-\sum\beta_R$$

$$f_\beta=\alpha'_{终}-\alpha_{终} \tag{6-21}$$

式中　n——测站数或者附和导线点的个数(包括起、终两个点)；

α_0——已知方位角；

$\sum\beta_R$——观测角右角之和；

α'_{fm}——由观测角求的终边方位角；

$\alpha'_{终}$——从起始方位角推算的终边方位角；

$\alpha_{终}$——终边的坐标方位角。

角度闭合差分配原则：角度为左角时，以反符号平均分配角度为右角时以相同符号平均分配。

(2) 坐标增量闭合差

理论坐标增量计算式为

$$
\begin{cases}\sum \Delta x_{理} = \Delta x - \Delta x_{起} \\ \sum \Delta y_{理} = \Delta y - \Delta y_{起}\end{cases} \tag{6-22}
$$

闭合差为

$$
\begin{cases}f_x = \sum \Delta x - \sum \Delta x_{理} \\ f_y = \sum \Delta y - \sum \Delta y_{理}\end{cases} \tag{6-23}
$$

$$
\begin{cases}f_x = \sum_1^n \Delta x - (x_B - x_A) \\ f_y = \sum_1^n \Delta y - (y_B - y_A)\end{cases} \tag{6-24}
$$

附合导线坐标计算见表 6-5。

表 6-5 附合导线坐标计算表

点号	观测角（右）	改正数	改正后角值	坐标方位角	距离	纵坐标增量 Δx		横坐标增量 Δy		纵坐标	横坐标
	$\beta_{右}$/(° ′ ″)	v_β/(″)	β/(° ′ ″)	α/(° ′ ″)	D/m	计算值/m	改正值/m	计算值/m	改正值/m	x/m	y/m
A											
				236 44 28							
B	205 36 48	−13	205 36 35							1536.86	837.54
				211 07 53	125.36	+0.04 −107.31	−107.27	−0.02 −64.81	−64.83		
1	290 40 54	−12	290 40 42							1429.59	772.71
				100 27 11	98.76	+0.03 −17.92	−17.89	−0.02 +97.12	+97.10		
2	202 47 08	−13	202 46 55							1411.70	869.81
				77 40 16	144.63	+0.04 +30.88	+30.92	−0.02 +141.29	+141.27		
3	167 21 56	−13	167 21 43							1442.62	1011.08
				90 18 33	116.44	+0.03 −0.63	−0.60	−0.02 +116.44	+116.42		
4	175 31 25	−13	175 31 12							1442.02	1127.50
				94 47 21	156.25	+0.05 −13.05	−13.00	−0.03 +155.70	+155.67		
C	214 09 33	−13	214 09 20							1429.02	1283.17
				60 38 01							
D											
$\sum\beta$	1256 07 44	−77	1256 06 27	$\sum S = 641.44$		$\sum \Delta x =$ −108.03	−107.84	$\sum \Delta y =$ +445.74	+445.63		
辅助计算	$f_\beta = +1'17''$ $f_{\beta允} = \pm 60''\sqrt{n} = \pm 147''$ $f_\beta < f_{\beta允}$ $v_\beta = -\dfrac{f_\beta}{n} = -13$				$W_x = -0.19\text{m}$ $W_y = +0.11\text{m}$ $W_S = \sqrt{W_x^2 + W_y^2} = 0.22\text{m}$ $K = \dfrac{W_S}{\sum S} = \dfrac{1}{2900} < K_{允}$ $K_{允} = \dfrac{1}{2000}$						

任务 6.3　交会测量

学习引导

交会测量是根据多个已知点的平面坐标(或高程)，通过测定已知点到某待定点的方向或(和)距离(或测定其竖直角)，以推求待定点平面坐标(或高程)的测量技术和方法。在实际测量工作中常用的有前方交会、侧方交会、后方交会、距离交会等几种交会方法，本任务针对这四种方法进行详细讲解。

当测区内已有控制点的密度不能满足工程施工或测图要求，而且需要加密的控制点数量又不多时，可以采用交会法加密控制点。交会定点的方法有前方交会、侧方交会、后方交会和距离交会。

若仅在已知点设站进行观测称前方交会，仅在待定点设站进行观测称后方交会，既在待定点设站又在个别已知点设站进行观测称侧方交会。在平面和空间交会测量中，若经观测获得的仅有角度元素称测角交会，而经观测获得的仅有边长元素者称测边交会，经观测直接或间接获得的既有角度元素又有边长元素则称边角交会。以两个已知控制点为中心，分别以目标点与两已知控制点的距离为半径画圆，交会点获取目标点的方法称为距离交会。在平面测角交会中，若控制点的平面位置是用解析法求得平面坐标值称解析交会，用图解法确定且直接展绘到图板上则称图解交会。

6.3.1　前方交会

A、B 为坐标已知的控制点，P 为待定点。在 A、B 点上安置经纬仪，观测水平角 α、β，根据 A、B 两点的已知坐标和 α、β 角，通过计算可得出 P 点的坐标，这就是前方交会，如图 6-13 所示。

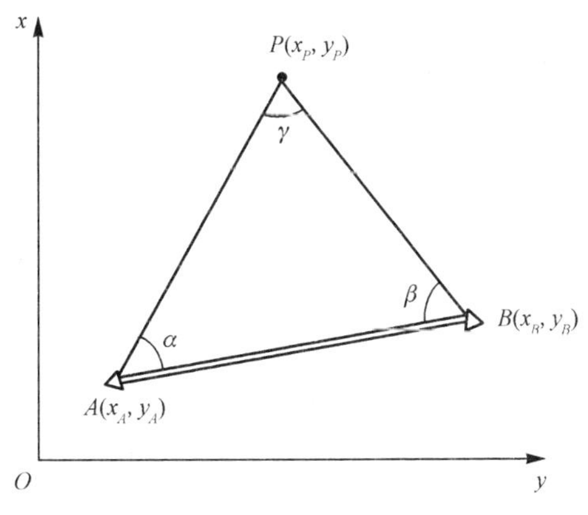

图 6-13　前方交会

1. 前方交会的计算方法

1）计算已知边 AB 的边长和方位角。根据 A、B 两点坐标（x_A, y_A）、（x_B, y_B），按坐标反算公式计算两点间边长 D_{AB} 和坐标方位角 α_{AB}。

2）计算待定边 AP、BP 的边长。按三角形正弦定律，得

$$\begin{cases} D_{AP}=\dfrac{D_{AB}\sin\beta}{\sin\gamma}=\dfrac{D_{AB}\sin\beta}{\sin(\alpha+\beta)} \\ D_{BP}=\dfrac{D_{AB}\sin\alpha}{\sin(\alpha+\beta)} \end{cases} \tag{6-25}$$

3）计算待定边 AP、BP 的坐标方位角。计算式为

$$\begin{cases} \alpha_{AP}=\alpha_{AB}-\alpha \\ \alpha_{BP}=\alpha_{BA}+\beta=\alpha_{AB}\pm 180^\circ+\beta \end{cases} \tag{6-26}$$

4）计算待定点 P 的坐标。计算式为

$$\begin{cases} x_P=x_A+\Delta x_{AP}=x_A+D_{AP}\cos\alpha \\ y_P=y_A+\Delta y_{AP}=y_A+D_{AP}\sin\alpha \end{cases} \tag{6-27}$$

$$\begin{cases} x_P=x_B+\Delta x_{BP}=x_B+D_{BP}\cos\alpha \\ y_P=y_B+\Delta y_{BP}=y_B+D_{BP}\sin\alpha \end{cases} \tag{6-28}$$

适用于计算器计算的公式为

$$\begin{cases} x_P=\dfrac{x_A\cot\beta+x_B\cot\alpha+(y_B-y_A)}{\cot\alpha+\cot\beta} \\ y_P=\dfrac{y_A\cot\beta+y_B\cot\alpha+(x_A-x_B)}{\cot\alpha+\cot\beta} \end{cases} \tag{6-29}$$

在应用式(6-29)时，要注意已知点和待定点必须按 A、B、P 逆时针方向编号，在 A 点观测角编号为 α，在 B 点观测角编号为 β。

2. 前方交会的观测检核

在实际工作中，为了保证定点的精度，避免测角错误的发生，一般要求从三个已知点 A、B、C 分别向 P 点观测水平角 α_1、β_1、α_2、β_2，作两组前方交会。如图 6-14 所示，按式(6-29)，分别在△ABP 和△BCP 中计算出 P 点的两组坐标 $P'(x'_P、y'_P)$和 $P''(x''_P、y''_P)$。当两组坐标较差符合规定要求时，取其平均值作为 P 点的最后坐标。

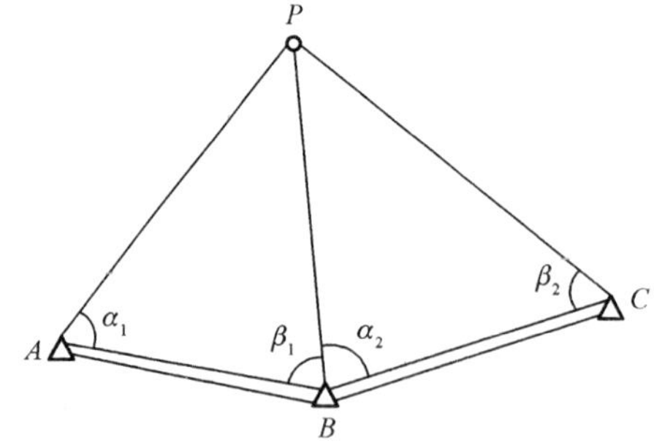

图 6-14　三点前方交会

规范规定，两组坐标较差 e 不大于 2 倍比例尺精度，用公式表示为

$$e=\sqrt{\delta_x^2+\delta_y^2}\leqslant e_P=2\times 0.1M \tag{6-30}$$

式中 M——测图比例尺分母。

$$\delta_x=x_P'-x_P'';\ \delta_y=y_P'-y_P''$$

3. 前方交会计算实例

前方交会坐标计算表见表 6-6。

表 6-6 前方交会坐标计算表

略图		点号	x/m	y/m
	已知数据	A	116.942	683.295
		B	522.909	794.647
		C	781.305	435.018
	观测数据	α_1	59°10′42″	
		β_1	56°32′54″	
		α_2	53°48′45″	
		β_2	57°33′33″	
计算结果	(1)由Ⅰ计算得：$x_P'=398.151$m，$y_P'=413.249$m (2)由Ⅱ计算得：$x_P''=398.127$m，$y_P''=413.215$m (3)两组坐标较差：$e=\sqrt{\delta_x^2+\delta_y^2}=0.042\text{m}\leqslant e_P=2\times 0.1\times 1000=0.2\text{m}$ (4)P 点最后坐标为：$x_P=398.139$m，$y_P=413.232$m			

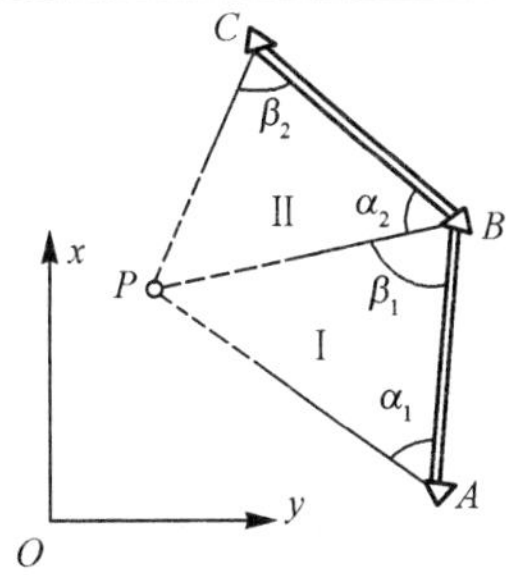

注：测图比例尺分母 $M=1000$。

6.3.2 侧方交会

1. 侧方交会的计算方法

侧方交会就是在一个已知点 B 上和待定点 P 上设站，分别观测 β 和 γ 角，如图 6-15 所示。计算时根据三角形三个内角和等于 180°的性质，计算出另一个已知点上的内角 α，再由已知点 A、B 的坐标和 β、α，应用余切公式计算出点 P 的坐标即可。

$$\begin{cases} x_P=\dfrac{x_A\cot\beta+x_B\cot\alpha+(y_B-y_A)}{\cot\alpha+\cot\beta} \\ y_P=\dfrac{y_A\cot\beta+y_B\cot\alpha+(x_A-x_B)}{\cot\alpha+\cot\beta} \end{cases} \tag{6-31}$$

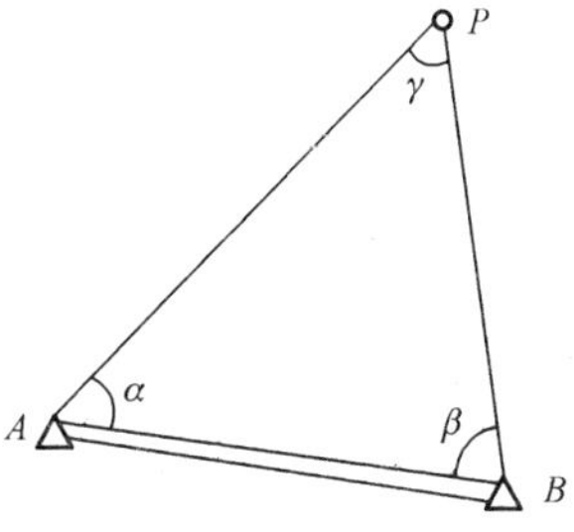

图 6-15 侧方交会

2. 角度侧方交会的检核方法

为了检查观测角和已知点 A、B 的坐标是否有误，通常在待定点 P 测角时除观测已知点 A、B 外，还应该观测另一个已知点 C，得观测角 $\varepsilon_{测}$。根据已知点 A、B 求得点 P 坐标后，即可得计算角 $\varepsilon_{计}=\alpha_{PB}-\alpha_{PC}$，与观测值 $\varepsilon_{测}$ 进行比较作为检核条件。

$$\alpha_{PB}=\arctan\frac{\Delta y_{PB}}{\Delta x_{PB}},\quad \alpha_{PC}=\arctan\frac{\Delta y_{PC}}{\Delta x_{PC}}$$

则

$$\varepsilon_{计}=\alpha_{PB}-\alpha_{PC}$$

检查角 $\varepsilon_{测}$ 与 $\varepsilon_{计}$ 较差为 $\Delta\varepsilon=\varepsilon_{计}-\varepsilon_{测}$，误差允许值为

$$\Delta\varepsilon_{允}=\frac{M}{5000\times S_{PC}}\rho \tag{6-32}$$

当 $\Delta\varepsilon\leqslant\Delta\varepsilon_{允}$ 时，计算成果认为是合格的，否则重测。

6.3.3 后方交会

所谓后方交会，就是仅在待定点 P 上设站，观测三个已知点 A、B、C，得到观测角 α、β。然后根据三个已知点的坐标和观测角 α、β 计算待定点 P 的坐标，这种方法称为后方交会，如图 6-16 所示。由于这种方法只架设一次仪器，故在大型工程放样、全站仪测图定点时经常用到，应掌握后方交会的观测方法和计算技巧。

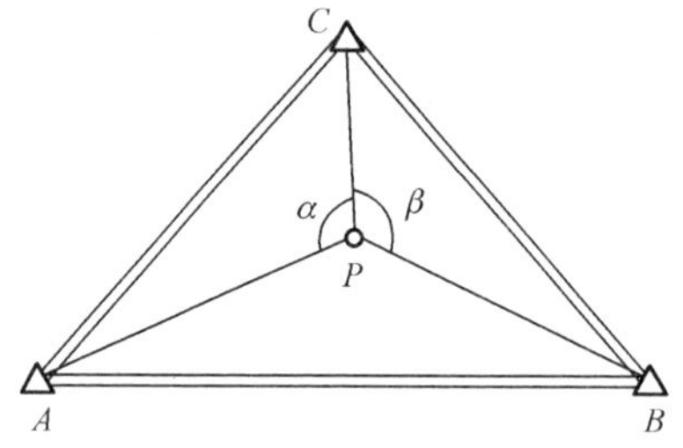

图 6-16　后方交会

如图 6-16 所示，已知点 $A(x_A, y_A)$、$B(x_B, y_B)$、$C(x_C, y_C)$ 和观测角 α、β，设

$$\begin{cases} \mathrm{I}=(y_C-y_B)\cot\beta-(y_A-y_C)\cot\alpha-(x_A-x_B) \\ \mathrm{II}=(y_C-y_B)\cot\beta-(y_A-y_C)\cot\alpha-(y_C-y_A) \\ \cot Q=\dfrac{\mathrm{I}}{\mathrm{II}} \end{cases} \tag{6-33}$$

由已知点坐标的 $\cot Q$ 求 N，则

$$\begin{cases} N=(y_C-y_B)(\cot\beta-\cot Q)-(x_C-x_B)(1+\cot\beta\cot Q) \\ N=(y_A-y_C)(\cot\alpha-\cot Q)-(x_A-x_C)(1-\cot\alpha\cot Q) \end{cases} \tag{6-34}$$

点 P 坐标为

$$\begin{cases} x_P=x_C+\dfrac{N}{1+\cot^2 Q} \\ y_P=y_C+\cot Q\cdot\dfrac{N}{1+\cot^2 Q} \end{cases} \tag{6-35}$$

使用上述公式，一定要注意点名和角度的编号，已知点 A、B、C 逆时针编号，PC 边的左边观测角为 α，对应的已知点为 A，PC 边右边的观测角为 β，对应的已知点为 B 点。

6.3.4　距离交会

如图 6-17 所示，A、B 为已知控制点，P 为待定点，测量了边长 D_{AP} 和 D_{BP}，根据 A、B 点的已知坐标及边长 D_{AP} 和 D_{BP}，通过计算求出 P 点坐标，这就是距离交会。随着电磁波测距仪的普及应用，距离交会也成为加密控制点的一种常用方法。

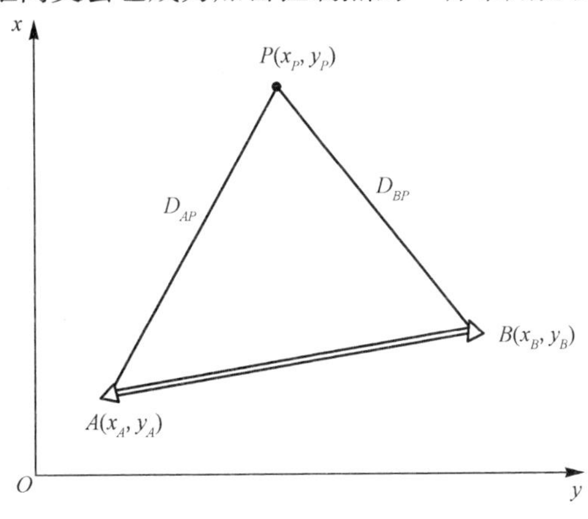

图 6-17　距离交会

1. 距离交会的计算方法

1）计算已知边 AB 的边长和坐标方位角。与角度前方交会相同，根据已知点 A、B 的坐标，按坐标反算公式计算边长 D_{AB} 和坐标方位角 α_{AB}。

2）计算∠BAP 和∠ABP 按三角形余弦定理，得

$$\begin{cases} \angle BAP = \arccos\dfrac{D_{AB}^2 + D_{AP}^2 - D_{BP}^2}{2D_{AB}D_{AP}} \\ \angle ABP = \arccos\dfrac{D_{AB}^2 + D_{BP}^2 - D_{AP}^2}{2D_{AB}D_{BP}} \end{cases} \tag{6-36}$$

3）计算待定边 AP、BP 的坐标方位角。计算式为

$$\begin{cases} \alpha_{AP} = \alpha_{AB} - \angle BAP \\ \alpha_{BP} = \alpha_{BA} - \angle ABP \end{cases} \tag{6-37}$$

4）计算待定点 P 的坐标。计算式为

$$\begin{cases} x_P = x_A + \Delta x_{AP} = x_A + D_{AP}\cos\alpha_{AP} \\ y_P = y_A + \Delta y_{AP} = y_A + D_{AP}\sin\alpha_{AP} \end{cases} \tag{6-38}$$

$$\begin{cases} x_P = x_B + \Delta x_{BP} = x_B + D_{BP}\cos\alpha_{BP} \\ y_P = y_B + \Delta y_{BP} = y_B + D_{BP}\sin\alpha_{BP} \end{cases} \tag{6-39}$$

以上两组坐标分别由 A、B 点推算，所得结果应相同，可作为计算的检核。

2. 距离交会的观测检核

在实际工作中，为了保证定点的精度，避免边长测量错误的发生，一般要求从三个已知

点 A、B、C 分别向 P 点测量三段水平距离 D_{AP}、D_{BP}、D_{CP}，作两组距离交会。计算出 P 点的两组坐标，当两组坐标较差满足式(6-30)要求时，取其平均值作为 P 点的最后坐标。

3. 距离交会计算实例

距离交会坐标计算表见表 6-7。

表 6-7　距离交会坐标计算表

<table>
<tr><td rowspan="5">略图</td><td rowspan="5" colspan="3">P　D_{AP}　D_{CP}　D_{BP}　A　C　B</td><td rowspan="3">已知数据/m</td><td>x_A</td><td>1807.041</td><td>y_A</td><td>719.853</td></tr>
<tr><td>x_B</td><td>1646.382</td><td>y_B</td><td>830.660</td></tr>
<tr><td>x_C</td><td>1765.500</td><td>y_C</td><td>998.650</td></tr>
<tr><td rowspan="2">观测值/m</td><td>D_{AP}</td><td>105.983</td><td>D_{BP}</td><td>159.648</td></tr>
<tr><td>D_{CP}</td><td>177.491</td><td></td><td></td></tr>
<tr><td colspan="4">D_{AP} 与 D_{BP} 交会</td><td colspan="5">D_{BP} 与 D_{CP} 交会</td></tr>
<tr><td colspan="2">D_{AB}/m</td><td colspan="2">195.165</td><td colspan="2">D_{BC}/m</td><td colspan="3">205.936</td></tr>
<tr><td colspan="2">α_{AB}</td><td colspan="2">145°24′21″</td><td colspan="2">α_{BC}</td><td colspan="3">54°39′37″</td></tr>
<tr><td colspan="2">$\angle BAP$</td><td colspan="2">54°49′11″</td><td colspan="2">$\angle CBP$</td><td colspan="3">56°23′37″</td></tr>
<tr><td colspan="2">α_{AP}</td><td colspan="2">90°35′10″</td><td colspan="2">α_{BP}</td><td colspan="3">358°16′00″</td></tr>
<tr><td>Δx_{AP}/m</td><td>−1.084</td><td>Δy_{AP}/m</td><td>105.977</td><td>Δx_{BP}/m</td><td>159.575</td><td colspan="2">Δy_{BP}/m</td><td>−4.829</td></tr>
<tr><td>x'_P/m</td><td>1805.957</td><td>y'_P/m</td><td>825.830</td><td>x''_P/m</td><td>1805.957</td><td colspan="2">y''_P/m</td><td>825.831</td></tr>
<tr><td colspan="2">x_P/m</td><td colspan="2">1805.957</td><td colspan="2">x_P/m</td><td colspan="3">825.830</td></tr>
<tr><td>辅助计算</td><td colspan="8">$\delta_x=0\text{mm}$，$\delta_y=-1\text{mm}$，$e=\sqrt{\delta_x^2+\delta_y^2}=1\text{mm}\leqslant e_P=2\times0.1M=200\text{mm}$</td></tr>
</table>

注：测图比例尺分母 $M=1000$。

任务 6.4　高程控制测量

学习引导

控制测量包括平面控制测量和高程控制测量，通过测量控制网中相邻控制点间的高差推算控制点高程的测量工作称为高程控制测量。本任务介绍高程控制测量的主要方法有水准测量和三角高程测量。

为了建立全国统一的高程控制网，必须确定一个统一的高程基准面，用它作为表示地面点高程的统一起算面，可以用平均海水面作为高程基准面，称为高程起算面。为了明确而稳固地表示高程起算面的位置，还要建立一个与平均海水面相联系的水准点，以此作为推算国家高程控制网高程的起算点，这个水准点叫作水准原点。我国的高程起算

基准面是“黄海平均海水面”，我国的水准原点设在青岛市观象山上。1956 年黄海高程系统推算的水准原点高程为 72.289m，1987 年国家测绘局发出通告，废止 1956 年高程基准，启用 1985 年国家高程基准，1985 年国家高程基准推算的水准原点高程值为 72.260m。

国家水准网分四个等级布设，一、二等水准测量路线是国家的精密高程控制网。一等水准测量路线构成的一等水准网是国家高程控制网的骨干，同时也是研究地壳和地面垂直运动以及有关科学问题的主要依据。我国一等水准网由 289 条路线组成，其中 284 条路线构成 100 个闭合环，共计埋设各类标石 2 万余座。在一等水准网闭合环内布设的二等水准网是国家高程控制的全面基础，其环线周长根据不同地形的地区为 500～750km。三、四等水准网是一、二等水准网的进一步加密，是直接服务于测图和工程建设的高程控制点。水准网布设略图如图 6-18 所示。

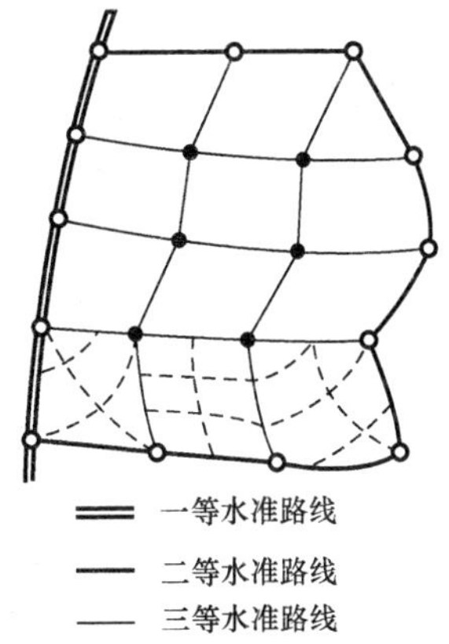

图 6-18 水准网布设略图

6.4.1 三、四等水准测量

三、四等水准测量用于国家高程控制网加密、小区域首级高程控制，直接提供地形测图和各种工程建设所必需的高程控制点。三等水准测量路线一般可根据需要在高级水准网内加密，布设附合路线，并尽可能互相交叉，构成闭合环。单独的附合路线长度应不超过 200km；环线周长应不超过 300km。四等水准测量路线一般以附合路线布设于高级水准点之间，附合路线的长度应不超过 80km。

水准测量视距和视线高度的要求见表 6-8。

表 6-8 水准测量视距和视线高度的要求

等级	仪器型号	视线长度 S/m	前后视距差/m	任一测站上前后视距差累积/m	黑红面读数之差/m	黑红面高差之差/m
三等	DS3	≤75	≤2.0	≤5.0	2.0	3.0
	DS1	≤100			1.0	1.5
四等	DS3	≤150	≤3.0	≤10.0	3.0	5.0

1. 三、四等水准测量方法

使用普通水准仪和黑红面区格式木质标尺进行三等水准观测时，用中丝读数法进行往返观测；使用有光学测微器的水准仪和线条式因瓦合金水准标尺进行观测时，也可采用光学测微法读数，以单程双转点法进行观测。以上两种观测方法的每站观测程序为“后一前一前一后”。

四等水准测量采用中丝读数法。当四等水准路线的两端为高程点或自身构成闭合环时，可只进行单程测量，每站观测程序为“后一后一前一前”或“后一前一前一后”。

2. 观测和记录方法

(1) 双面尺法读数

1) 后视黑面，读取下、上、中丝读数，记入表 6-9(1)、(2)、(3)栏中。

2) 前视黑面，读取下、上、中丝读数，记入表 6-9(4)、(5)、(6)栏中。

3) 前视红面，读取中丝读数，记入表 6-9(7)栏中。

4) 后视红面，读取中丝读数，记入表 6-9(8)栏中。

(2) 双面尺法计算和检核(表 6-9)

1) 视距计算。

前后视距差：前后视距差(11)＝(9)－(10)；三等水准测量，不得超过 3m，四等水准测量，不得超过 5m。

前后视距累积差：前后视距累积差(12)＝本站(11)＋前站(12)；三等水准测量，不得超过 6m，四等水准测量，不得超过 10m。

2) 同一水准尺红、黑面中丝读数的检核。

① 后视标尺红、黑面读数差(14)＝(3)＋K_1－(8)(K_1 为后尺红面起点刻划，值为 4.687 或 4.787)。

② 前视标尺红、黑面读数差(13)＝(6)＋K_2－(7)(K_2 为前尺红面起点刻划，值为 4.687 或 4.787)。

同一水准尺红、黑面中丝读数之差，应等于该尺红、黑面的常数差 K(4.687 或 4.787)，三等水准测量，不得超过 2mm，四等水准测量，不得超过 3mm。

3) 计算黑面、红面的高差。

黑面高差(15)＝(3)－(6)；

红面高差(16)＝(8)－(7)。

三等水准测量，不得超过 3mm，四等水准测量，不得超过 5mm。黑、红面高差相差 0.100，为单、双号两根水准尺红面零点注记之差，以米(m)为单位。

外业记录表格要每页校核。

4) 计算平均高差。

红、黑面高差之差(17)＝(15)－(16)±100＝(14)－(13)；

高差中数(18)＝[(15)－(16)±100]/2。

测站上的高差中数以 m 为单位，精确至小数点后 4 位，即取位至 0.1mm，测段累积高差精确至 mm。

使用单面尺法的时候，按变动仪器高法进行检核。观测顺序为“后—前—变动仪器高—前—后”，变高前按三丝读数，以后按中丝读数。测站计算和检核就是按照上述四等水准测量记录的要求实施。

5) 测段和路线的检核。

视距检核(12)＝ $\sum$ (9)－ $\sum$ (10)。

水准测量结果如果超出限差，均应该重测，测站超限要马上重测，测段、路线技术指标超限，测量人员对超限的原因做具体分析，并按下列规定进行重测和取舍。

① 测段往返测高差不符值超限，应先就可靠程度较小的往测或返测进行整测段重测。

若重测的高差与同方向原测高差的不符值超过往返测高差不符值的限差，但与另一单程的高差不符值未超限差，则取用重测的结果；若重测的高差与同方向原测高差的不符值不超过往返测高差不符值的限差，且其中数与另一单程原测高差的不符值也不超过限差，则取此中数作为该单程的高差。若超出上述限差，则须重测另一单程。

② 单程双转点观测中，测段的左右路线高差不符值超限时，可只重测一个单程单线，并与原测结果中符合限差的一个单线结果取中数采用；若重测结果与原测结果均符合限差，则取 3 个单线结果的中数。当重测结果与原测两个单线结果均超限时，应分析原因，再重测一个单程单线。

③ 环线闭合差超限时，应先重测路线中可靠程度较小的(往返测高差不符值较大或观测条件不佳的)测段。附合路线闭合差超限时，应分析原因，重测有关测段。在高差很大的地区，要注意标尺长度误差影响。

④ 由往返高差不符值和环线闭合差计算的每千米水准测量的偶然中误差 M 及全中误差 M_W，超限时应重测不符值较大的测段或路线。

四等水准记录表格见表 6-9。

表 6-9　四等水准记录表格　　单位：m

日期：××××年××月××日　天气：×××　仪器型号：DS3 31224　组号：××

观测者：×××　记录者：×××　司尺者：×××

测点编号	后尺 上丝/m	前尺 上丝/m	方向及尺号	中丝读数		K+黑减红/mm	高差中数/m	备注
	后尺 下丝/m	前尺 下丝/m		黑面/m	红面/m			
	后距/m	前距/m						
	视距差/m	累加差/m						
	(1)	(4)	后尺 1#	(3)	(8)	(14)	(18)	已知水准点的高程=35.867m
	(2)	(5)	前尺 2#	(6)	(7)	(13)		
	(9)	(10)	后—前	(15)	(16)	(17)		
	(11)	(12)						
TP_1—TP_2	2.837	0.381	后尺 2#	2.661	7.45	−2	2.4415	尺 1# 的 K=4.687
	2.489	0.058	前尺 1#	0.22	4.908	−1		
	34.8	32.3	后—前	2.441	2.542	−1		
	2.5	2.5						
TP_2—TP_3	2.548	1.284	后尺 1#	2.338	7.028	−3	1.263	尺 2# 的 K=4.787
	2.138	0.871	前尺 2#	1.076	5.864	−1		
	41	41.3	后—前	1.262	1.164	−2		
	−0.3	2.2						

6.4.2　三角高程测量

三角高程测量的基本思想是根据由测站向照准点所观测的垂直角(或天顶距)和它们之间的水平距离，计算测站点与照准点之间的高差。

三角高程测量原理如图 6-19 所示，其特点是按测距仪测定两点间距 D 来计算高差，求 A、B 两点间的高差 h_{AB}，可在 A 点安置全站仪，并量出仪器横轴到桩顶的高度，又称仪器高 i。在 B 点设置棱镜，棱镜高度为 v。用全站仪中丝瞄准棱镜中心，测定竖直角 α，则 A、B 两点间的高差计算式为

$$h_{AB}=D\tan\alpha+i_A-v_B \tag{6-40}$$

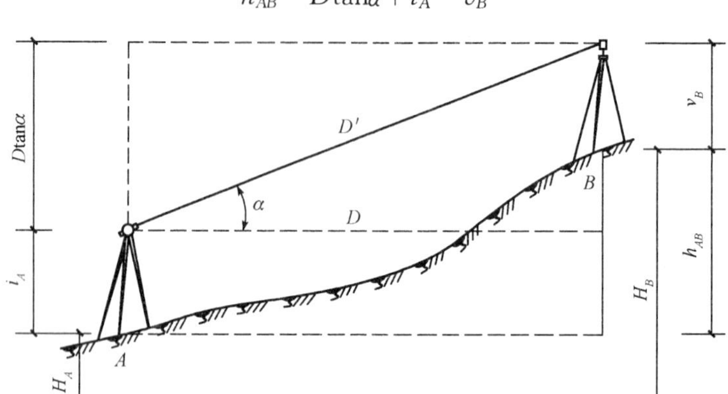

图 6-19　三角高程测量

如果经纬仪配合测距仪测定两点间的斜距 D'及竖直角 α，则 A、B 两点间的高差计算式为

$$h_{AB}=D'\sin\alpha+i_A-v_B \tag{6-41}$$

求得高差 h_{AB}以后，计算 B 点的高程得

$$H_B=H_A+h_{AB} \tag{6-42}$$

上述是在假定地球表面为水平面，认为观测视线是直线的条件下导出的。当地面上两点间的距离小于 300m 时是适用的。两点间距离大于 300m 时就要考虑地球曲率，加以曲率改正，称为球差改正。同时，观测视线受大气垂直折光的影响而成为一条向上凸起的弧线，必须加以大气垂直折光差改正，称为气差改正。

任务 6.5　全站仪及其应用

学习引导

全站仪已经应用在测量的各项工作中。本任务通过某一个型号的全站仪介绍它的结构和功能，让学生对全站仪的使用有更深入的了解，并与实际工作相结合，更加方便使用。

6.5.1　全站仪与棱镜

全站仪也称全站式电子速测仪，它是在电子经纬仪和电子测距技术基础上发展起来的一种智能化测量仪器，是由电子测角、电子测距、电子计算机和数据存储单元等组成的三

维坐标测量系统。角度、边长测量值及计算结果可以直接显示在屏幕上，也可以通过输出端口向电子手簿或计算机自动传送测量计算结果，测量员只需用望远镜照准目标点按功能键，仪器即可自动测量并进行数据记录，这大大降低了读错和记错的概率，同时也提高了测量作业的自动化程度。

1. 全站仪的结构

不同厂家生产的全站仪，其形状大同小异，使用上稍有差异，但基本操作与进行数据采集操作过程大致是相同的。下面以科力达 442(KTS-442)全站仪为例介绍全站仪结构，如图 6-20 所示。

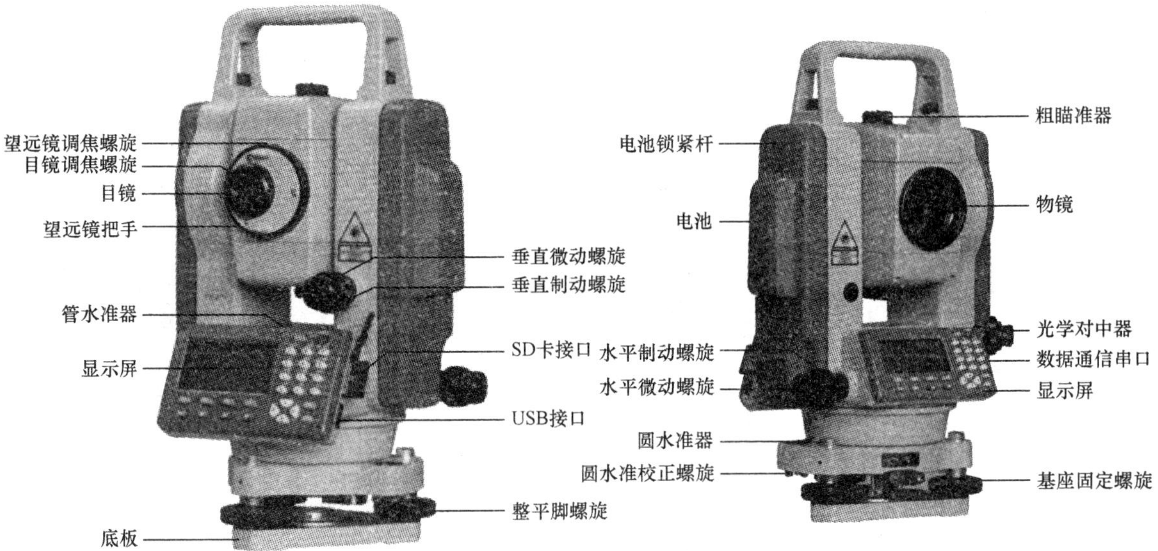

图 6-20　全站仪结构

2. 反光棱镜

与全站仪配套使用的反光棱镜如图 6-21 所示。由于全站仪的望远镜视准轴与测距发射接收光轴是同轴的，因此反光棱镜中心与觇牌中心一致。对中杆棱镜组的对中杆与两条铝脚架一起构成简便的三脚架系统如图 6-22 所示，其操作灵活方便，在低等级控制测量和施工测量中应用广泛。在精度要求不高时，还可拆去两条铝脚架，单独使用一根对中杆，携带和使用更方便。

3. 仪器使用的注意事项和养护

(1) 使用的注意事项

1) 新购置的仪器，如果首次使用，应结合仪器认真阅读仪器使用说明书。通过反复学习、使用和总结，力求做到“得心应手”，最大限度地发挥仪器的作用。

2) 测距仪的测距头不能直接照准太阳，以免损坏测距的发光二极管。

3) 在阳光下或阴雨天气进行作业时，应打伞遮阳、遮雨。

4) 在整个操作过程中，观测者不得离开仪器，以避免发生意外事故。

5) 仪器应保持干燥，遇雨后应将仪器擦干，放在通风处，完全晾干后才能装箱。

图 6-21　反光棱镜

图 6-22　棱镜与对中杆

6)全站仪在迁站时，即使很近，也应取下仪器装箱。

7) 全站仪运输过程中必须注意防震，长途运输最好将全站仪装在原包装箱内。

(2) 仪器的养护

1) 仪器应经常保持清洁，用完后使用毛刷、软布将仪器上的灰尘除去。如果仪器出现故障，应与厂家或厂家委派的维修部联系修理，决不可随意拆卸仪器，以免造成不应有的损害。仪器应放在清洁、干燥、安全的房间内，并由专人保管。

2) 棱镜应保持干净，不用时要放在安全的地方，如有箱子应装在箱内，以免碰坏。

3) 电池充电应按说明书的要求进行。

6.5.2　全站仪的基本测量功能

由于全站仪可以同时完成水平角、垂直角、距离的测量，另外，通过仪器测量应用程序，实现放样、偏心测量等功能，因而可以现场完成常见的测量工作，提高了野外测量速度和效率。下面首先要介绍全站仪测量过程中显示符号的含义，见表 6-10；然后介绍使用 KTS-442 全站仪进行测量的方法。

1. 角度测量

测量之前请再次检查确认：仪器已精确整平，电池已充足电，垂直度盘指标已设置好，仪器参数已按观测条件设置好。

1) 测定两点间的夹角，可将其中任一点的方向设置成零。观测步骤见表 6-11。

表 6-10　显示符号说明

符号	含义
PC	棱镜常数改正值
PPM	大气改正数
ZA	天顶距(天顶 0°)
VA	垂直角(水平 0°/水平 0°±90°)
%	坡度
S	斜距
H	平距
V	高差
HAR	右角
HAL	左角
HAh	水平角锁定
⊥	倾斜补偿有效

表 6-11　两点间夹角观测步骤

操作过程	操作键	显示
1)在测量模式第 1 页菜单下按[FNC]键进入第 2 页菜单(显示[P2]) 然后按[置零]键，此时[置零]键出现闪烁	[FNC] + [置零]	测量　PC　-30 ⊥　PPM　0 5 ZA　92°36′25″ HAR　120°30′10″　[P1] [斜距]　[切换]　[置角]　[参数]
2)再次按[置零]键，照准方向的水平方向值被设置成 0°00′00″	[置零]	测量　PC　-30 ⊥　PPM　0 5 ZA　92°36′25″ HAR　0°00′00″　[P2] [置零]　[坐标]　[放样]　[记录]

注意：输入规则：在输入度、分、秒之间按●键来设定角度符号。修改已输入的数据时，用 BS 键删除光标左侧的一个字符；用 ESC 键删除所输入的数据。停止输入操作：按 ESC 键。

2) 将水平方向设置成所需方向值。

可以将仪器照准方向设置成任何所需方向值。设置步骤见表 6-12。

表 6-12　将水平方向设置成所需方向值步骤

操作过程	操作键	显示
1)照准目标后，在测量模式第 1 页菜单下，按 [置角] 键，显示窗如右图所示，等待设置已知方向值。其中右角和左角分别用[HAR]和[HAL]表示	[置角]	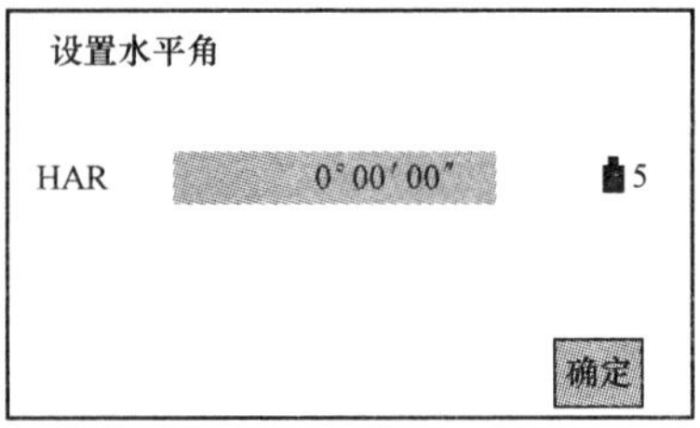 设置水平角 HAR　0°00′00″　5 确定
2)由键盘输入已知方向值后按 [确定] 键或 [ENT] 键，此时，显示的为输入的已知值	输入已知方向值 + [ENT]	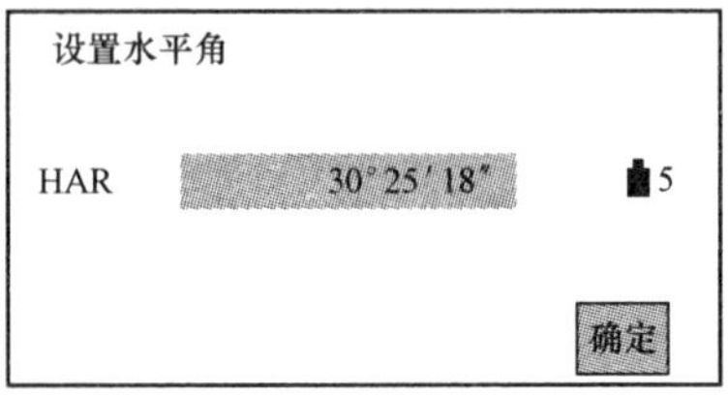 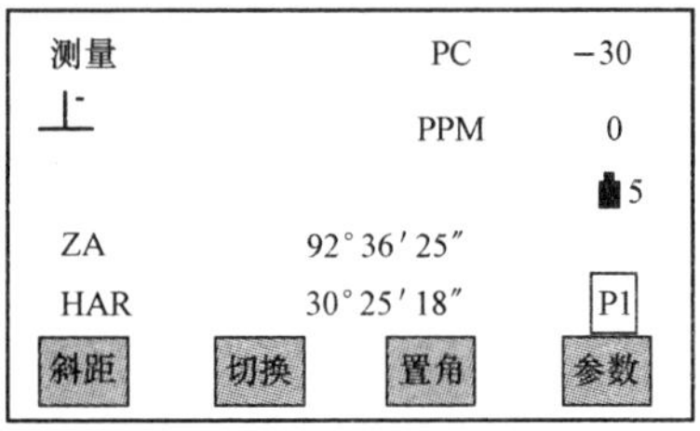 设置水平角 HAR　30°25′18″　5 确定 测量　PC　−30 PPM　0 5 ZA　92°36′25″ HAR　30°25′18″　P1 斜距　切换　置角　参数

3)利用锁角功能设置所需方向值。设置步骤见表 6-13。

表 6-13　锁角设置步骤

操作过程	操作键	显示
1)在测量模式下，使之显示出 [锁角] 功能	按"键功能分配"中介绍的方法将 [锁角] 定义到键上	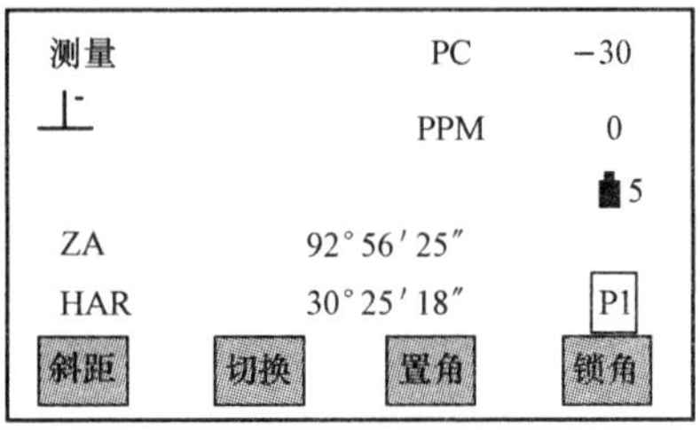 测量　PC　−30 PPM　0 5 ZA　92°56′25″ HAR　30°25′18″　P1 斜距　切换　置角　锁角
2)旋转水平制动螺旋和水平微动螺旋使显示窗内显示出所需方向值，按两次 [锁角] 键，显示的[HAR]处于锁定状态	[锁角] + [锁角]	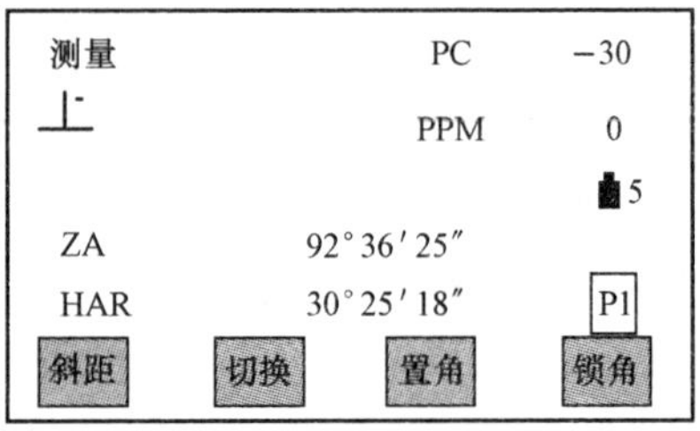 测量　PC　−30 PPM　0 5 ZA　92°36′25″ HAR　30°25′18″　P1 斜距　切换　置角　锁角

续表

操作过程	操作键	显示
3)照准目标后按[锁角]键解锁，将照准方向设为所需方向值	[锁角]	测量　PC　−30 PPM　0 5 ZA　92°56′25″ HAR　30°25′18″　P1 [斜距] [切换] [置角] [锁角]

4)水平角复测。水平角复测可以获得更高精度的角度测量结果，如图 6-23 所示。水平角复测步骤见表 6-14。

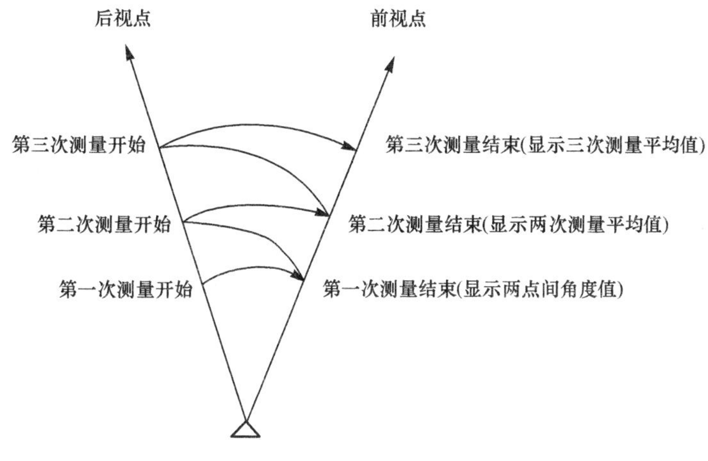

图 6-23　水平角复测示意图

表 6-14　水平角复测步骤

操作过程	操作键	显示
1)在测量模式下，按[复测]键进入水平角复测操作屏幕，显示如右图所示，此时水平角值为零。“后视读数”表示请照准后视点	[复测] + 照准后视	和值　0°00′00″ 次数　0 均值　0°00′00″　5 HAh　0°00′00″ 后视读数 [取消]　[确定]
2)照准后视点后按[确定]键，显示如右图所示。“前视读数”表示请照准前视点	[确定]	和值　0°00′00″ 次数　0 均值　0°00′00″　5 HAR　0°00′00″ 前视读数 [取消]　[确定]

续表

操作过程	操作键	显示
3)照准前视点后按[确定]键，显示如右图所示。 ·若取消观测结果重新进行测量按[取消]键	照准前视 + [确定]	和值 40°00′00″ 次数 1 均值 40°00′00″ 5 HAh 40°00′00″ 后视读数 取消 确定
4)第二次照准后视点后按[确定]键，显示如右图所示	照准后视 + [确定]	和值 40°00′00″ 次数 1 均值 40°00′00″ 5 HAR 0°00′00″ 前视读数 取消 确定
5)第二次照准前视点后按[确定]键，显示如右图所示。两次测量水平角的累计值和平均值分别显示在第二行“和值”和第四行“均值”上，第三行为复测次数。 ·若继续测量，请重复第4)和5)步。 ·测量完成后按[ESC]键结束	照准前视 + [确定]	和值 80°00′00″ 次数 2 均值 40°00′00″ 5 HAh 0°00′00″ 后视读数 取消 确定

在水平角的复测中，即使设置了倾斜自动补偿为有效，仪器也不会对水平角进行倾斜补偿改正。最大重复次数为10次。最大角度累计值为3599°59′59.5″。

2. 距离测量

(1) 距离测量设置

进行距离测量之前设置好以下参数：大气改正数、棱镜常数改正值、测距模式等。全站仪所发射的红外光的光速随着大气温度和压力的改变而改变，KTS-442仪器一旦设置了大气改正数，即可自动对测距结果实施大气改正。大气改正数公式为

$$PPM=273.8-\frac{0.2900\times 气压值(hPa)}{1+0.00366\times 温度值(℃)}$$

若使用的气压单位是mmHg时，按1hPa=0.75mmHg进行换算。

不考虑大气改正时，请将PPM值设为零。KTS-442系列全站仪标准气象条件即仪器大气改正数为0时的气象条件，气压为1013hPa，温度为20℃。

距离测量模式设置步骤见表6-15。

表 6-15　距离测量模式设置步骤

操作	显示
在距离测量第1页菜单下，按[参数]键进入距离测量参数设置屏幕，显示如右图所示。 设置下列各参数：1. 温度 2. 气压 3. 大气改正数 PPM 4. 棱镜常数改正值 PC 5. 测距模式 6. 反射体类型 设置完上述参数后按[ENT]键	温度：20 ℃ 气压：1013.0 hPa PPM：0 ppm　5 PC：−30 mm 模式：单次精测 反射体类型：无棱镜

注意： 温度输入范围为−40～+60℃（步长1℃）或−40～+140℉（步长1℉）。

气压输入范围为560～1066hPa（步长1hPa）或420～799.5mmHg（步长1mmHg）或16.5～31.4inHg（步长0.1inHg）。

大气改正数PPM输入范围为−999～+999PPM（步长1PPM）。

棱镜常数改正值PC输入范围为−99～+99mm（步长1mm）。

（2）距离测量步骤

距离测量步骤见表6-16。

表 6-16　距离测量步骤

操作过程	操作键	显示
1）在测量模式第1页菜单下按[切换]键，选择所需距离类型。 每按一次[切换]键显示屏改变一次距离类型： S：斜距 H：平距 V：高差	[切换]	测量　PC　−30 PPM　0 S　m　5 VA　92°36′25″ HAR　30°25′18″　P1 斜距　切换　置角　参数
2）按[斜距]键开始距离测量，此时有关测距信息（测距类型、棱镜常数改正值、大气改正数和测距模式）将闪烁显示在显示窗上		距离测量 距离　镜常数 = −30 PPM = 0 重复精测 停止

续表

操作过程	操作键	显示
3)距离测量完成时仪器发出一声短响，并将测得的距离“S”、垂直角“ZA”和水平角“HAR”值显示出来		重复测距时的结果显示： 距离测量 PC −30 PPM 0 S 2.648 m 5 ZA 92°36′25″ HAR 30°25′18″ 停止 距离测量 PC −30 PPM 0 S-1 2.645 m 5 ZA 92°36′25″ HAR 30°25′18″ 停止 在 *N* 次精测求取平均值测量时，所得距离值显示为 S-1，S-2……
4)进行重复测距时，按[停止]键停止测距和显示测距结果	[停止]	测量 PC −30 PPM 0 S 2.645 m 5 ZA 92°36′25″ HAR 30°25′18″ P1 斜距 切换 置角 参数 在 *N* 次精测模式下，仪器在完成指定测距次数后，显示出距离值的平均值

距离和角度的最新一次测量值将被存储在寄存器中，直到关闭电源才消失。这些存储于寄存器中的距离、垂直角、水平角、坐标值可以被调阅，显示在显示窗上，而且距离测量值可以通过按“切换”在斜距、平距、高差间进行转换。

如果测距模式设置为单次精测和 *N* 次精测，则完成指定的测距次数后将自动停止。

3. 坐标测量

在预先输入仪器高和目标高后，根据测站点的坐标，便可直接测定目标点的三维坐标。坐标测量示意图如图 6-24 所示。

后视方位角可通过输入测站点和后视点坐标后，照准后视点进行设置。坐标测量前需做好准备工作，包括输入测站坐标，设置好方位角等。

开始坐标测量之前，需要先输入测站坐标、仪器高和目标高。仪器高和目标高可使用

卷尺量取。坐标数据可预先输入仪器。坐标测量也可以在测量模式第 3 页菜单下，按菜单进入菜单模式后选“1. 坐标测量”来进行(表 6-17)。

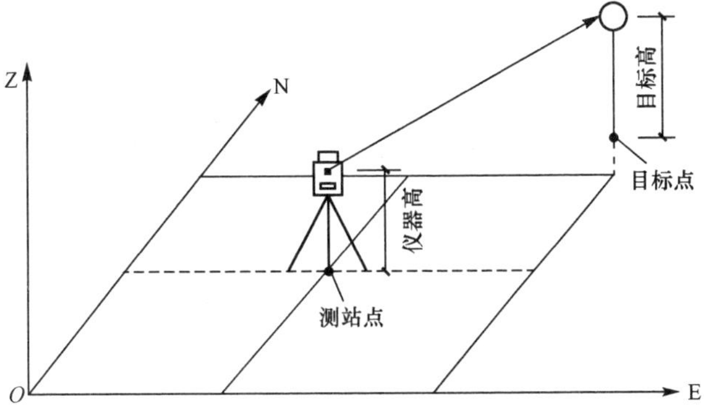

图 6-24　目标点坐标测量示意图

表 6-17　输入数据步骤

操作过程	操作键	显示
1)在测量模式的第 2 页菜单下，按[坐标]键，显示坐标测量菜单，如右图所示	[坐标]	坐标测量 1. 测量 2. 设置测站　5 3. 设置后视
2)选取“2. 设置测站”后按[ENT]键(或直接按数字键 2)，输入测站数据，显示如右图所示	“2. 设置测站” + [ENT]	N0: 1234.688 E0: 1748.234 Z0: 5121.579　5 仪器高: 0.000 m 目标高: 0.000 m 取值　记录　确定
3)输入下列各数据项:N0,E0,Z0(测站点坐标)、仪器高、目标高。每输入一数据项后按[ENT]键，若按[记录]键，则记录测站数据，有关操作方法请参阅“19.1 记录测站数据”，再按[存储]键将测站数据存入工作文件	输入测站数据 + [ENT]	N0: 1234.688 E0: 1748.234 Z0: 5121.579　5 仪器高: 1.600 m 目标高: 2.000 m 记录　确定

续表

操作过程	操作键	显示
4)按[确定]键结束测站数据输入操作，显示返回坐标测量菜单屏幕	[确定]	坐标测量 1. 测量 2. 设置测站 3. 设置后视

注意：坐标输入范围为－99999999.999～＋99999999.999m，仪器高输入范围为－9999.999～＋9999.999m，目标高输入范围为－9999.999～＋9999.999m，中断输入按 ESC 键(返回测站数据输入屏幕)。

后视方位角可通过输入后视坐标或后视方位角度来设置。在输入测站点和后视点的坐标后，可计算或设置到后视点方向的方位角。照准后视点，通过按键操作，仪器便根据测站点和后视点的坐标，自动完成后视方向方位角的设置。

角度定后视步骤见表 6-18。

表 6-18　角度定后视步骤

操作过程	操作键	显示
1)在坐标测量菜单屏幕下用▲▼选取“3. 设置后视”后按[ENT]键(或直接按数字键 3)，显示如右图所示，选择“1. 角度定后视”	“1. 角度定后视”	设置后视 1. 角度定后视 2. 坐标定后视
2)输入方位角，并按[确定]键	输入方位角 ＋ [确定]	设置方位角 HAR　120°00′00″　5 确定
3)照准后视点后按[是]键	[是]	设置方位角 请照准后视　5 HAR　120°00′00″ 否　是

续表

操作过程	操作键	显示
4)结束方位角设置返回坐标测量菜单屏幕		设置方位角 请照准后视　5 HAR　120°00′00″ 否　是

在完成了测站数据的输入和后视方位角的设置后，通过距离和角度测量便可确定目标点的坐标(表 6-19)。

表 6-19　坐标测量步骤

操作过程	操作键	显示
1)精确照准目标棱镜中心后，在坐标测量菜单屏幕下选择“1. 测量”后按 ENT 键(或直接按数字键 1)，显示如右图所示	选择“1. 测量” + ENT	坐标测量 坐标　镜常数 = 0 PPM　= 0　5 单次精测 停止
2)测量完成后，显示出目标点的坐标值以及到目标点的距离、垂直角和水平角，如右图所示。(右图仪器设置为重复测量模式，按 停止 键来停止测量并显示测量值)		N:　1534.688 E:　1048.234 Z:　1121.579　5 S　1382.450　m HAR　12°34′34″ 停止 N:　1534.688　m E:　1048.234　m Z:　1121.579　m　5 S　1382.450　m HAR　12°34′34″ 记录　测站　观测

续表

操作过程	操作键	显示
3)若需将坐标数据记录于工作文件，则按[记录]键，显示如右图所示。输入下列各数据项： ① 点名：目标点点号； ② 编码：编码或备注信息等每输入完一数据项后按▼键。 ・当光标位于编码行时，显示[编码]功能键，按此功能，显示编码列表，按▲键或者▼键使光标位于待选取的编码上，选择预先输入内存的一个编码，按[ENT]键返回。 或输入编码对应的序列号直接调用，比如输入数字1，就可调用编码文件中相对应的编码。按[存储]键记录数据	[记录] + [存储]	*N: 1534.688 m *E: 1048.234 m *Z: 1121.579 m 点名: KOLIDA 编码: 存储 标高 编码 001：1VS 002：123 查阅 查找 删除 添加 *N: 1534.688 m *E: 1048.234 m *Z: 1121.579 m 点名: KOLIDA 编码: 1VS 存储 标高 编码 记录坐标数据
4)照准下一目标点按[观测]键开始下一目标点的坐标测量。按[测站]键可进入测站数据输入屏幕，重新输入测站数据。 ・重新输入的测站数据将对下一观测起作用。因此当目标高发生变化时，应在测量前输入变化后的值	[观测]	N: 1534.688 m E: 1848.234 m Z: 1821.579 m 5 S 482.450 m HAR 92°34′34″ 测站 观测
5)按[ESC]键结束坐标测量并返回坐标测量菜单屏幕	[ESC]	坐标测量 1. 观测 2. 设置测站 5 3. 设置后视

在记录坐标数据时，应注意：输入的最大点号长度是 14 字符，最大代码长度是 16 字符。

6.5.3 全站仪的程序测量

1. 坐标放样测量

坐标放样测量用于在实地上测定出其坐值为已知的点，在输入放样点的坐标后，仪器自动计算出所需水平角和平距值并存储于内部存储器中，借助于角度放样和距离放样功能便可设定待放样点的位置。

坐标放样测量步骤见表 6-20。

表 6-20 坐标放样测量步骤

操作过程	操作键	显示
1)在测量模式的第 2 页菜单下选择“2. 放样”后按 [ENT] 键，进入放样测量菜单屏幕	[放样]	放样 1. 观测 2. 放样 3. 设置测站 4. 设置后视 5. 测距参数
2)选择“3. 设置测站”后按 [ENT] 键(或直接按数字键 3)。 输入测站数据(详见全站仪使用说明书“10.1 输入测站数据”)。 输入棱镜高，量取由棱镜中心至测杆底部的距离	“3. 设置测站” + [ENT]	N0: 123.789 E0: 100.346 Z0: 320.679 5 仪器高: 1.650 m 目标高: 2.100 m [取值] [记录] [确定]
3)测站数据输入完毕后按 [确定] 键进入放样测量菜单。选择“4. 设置后视”后按 [ENT] 键(或直接按数字键 4)，进入角度配置屏幕。 (按全站仪使用说明书“10.2 方位角设置”中介绍的方法设置好方位角。随之显示出放样测量菜单屏幕)	“4. 设置后视” +[ENT]	放样 1. 观测 2. 放样 3. 设置测站 4. 设置后视 5. 测距参数
4)选择“2. 放样”后按 [ENT] 键，在 Np、Ep、Zp 中分别输入待放样点的三个坐标值，每输入完一个数据项后按 [ENT] 键。 中断输入：[ESC] 读取数据：[取值] 记录数据：[记录]	“2. 放样” + [ENT]	放样值(1) Np: 1223.455 Ep: 2445.670 Zp: 1209.747 目标高: 1.620 m ↓ [记录] [取值] [确定]

续表

操作过程	操作键	显示
5)在上述数据输入完毕后，仪器自动计算出放样所需距离和水平角，并显示在屏幕上。按确定键进入放样观测屏幕	确定	S0.H −2.193 m H 0.043 m ZA 89°45′23″ HAR 150°16′54″ dHA −0°00′06″ 记录 切换 <−> 平距
6)按全站仪使用说明书“12.1 距离放样测量”中介绍的第5～10步操作定出待放样点的平面位置。为了确定出待放样点的高程，按切换键使之显示坐标。按坐标键开始高程放样测量，屏幕显示如右图所示	切换 + 坐标	S0. N 0.001 m E −0.006 m Z 5.321 m HAR 150°16′54″ dHA 0°00′02″ 记录 切换 <−> 坐标
7)测量停止后显示出放样观测屏幕。按<—>键后按坐标键使之显示放样引导屏幕。其中第4行位置上所显示的值为至待放样点的高差，而由两个三角形组成的箭头指示棱镜应移动的方向。(若欲使至待放样的差值似坐标形式显示，在测量停止后再按一次<—>键)	<—> +坐标	← 0°00′00″ ↓ −0.006 m ↓ 0.300 m ZA 89°45′20″ HAR 150°16′54″ 记录 切换 <−> 坐标
8)按坐标键，向上或者向下移动棱镜至使所显示的高差值为0m(该值接近于0m时，屏幕显示出两个箭头)。当第1、2、3行的显示值均为0时，测杆底部所对应的位置即待放样点的位置。箭头含义： ↑：向上移动棱镜 ↓：向下移动棱镜 注：按FUN键可改目标高	坐标	↔ 0°00′00″ ↔ 0.000 m ↔ 0.003 m ZA 89°45′20″ HAR 150°16′54″ 记录 切换 <−> 坐标
9)按ESC键返回放样测量菜单屏幕。从第4步开始放样下一个点	ESC	放样 1. 观测 2. 放样 3. 设置测站 4. 设置后视 5. 测距参数

2. 后方交会测量

后方交会通过对多个已知点的测量定出测站点的坐标。KTS-442全站仪通过观测2～4个已知点便可计算出测站点的坐标。可测距时，最少观测2个已知点。无法测距时，最少观测3个已知点。

后方交会测量步骤见表 6-21。

表 6-21　后方交会测量步骤

操作过程	操作键	显示
1)在测量模式的第 3 页菜单下按[后交]键，显示如图所示。 输入第 1 已知点的坐标数据后按[ENT]键。 • 中断输入：[ESC] • 读取坐标数据：[取值] • 记录坐标数据：[记录]	[后交]	后方交会 点号：1 N: 4456.343 m 5 E: 4321.890 m Z: 215.557 m 取值 记录 确定
2)完成第 1 已知点坐标的输入后按[确定]键，显示如右图所示。 • 重复第一步输入全部已知点各点的坐标	输入坐标数据	后方交会 点号：2 N: 4456.343 m 5 E: 4321.890 m Z: 215.557 m 测量 取值 记录 确定
3)全部已知点坐标输入完毕后按[测量]键，屏幕显示如右图	[测量]	后方交会 请照准第1点 4456.343 5 4321.890 215.557 测角 测距
4)照准第 1 已知点，按[测角]键只进行角度测量，或者按[测距]键进行角度距离测量。当按[测距]键时显示如右图所示	[测距]	后方交会 距离 镜常数 = 0 PPM = 0 5 单次精测 停止
5)当测量完成(若在重复测量模式下需按[停止]键)后，显示如右图所示。 • 若是按[测角]键只进行角度测量则将不显示距离值。 • 若采用该测量结果，输入第 1 已知点的目标高后按[是]键。随之屏幕提示进入下一已知点的观测。 • 放弃该结果按[否]键	[是] (或[否])	后方交会 点号：1 S 353.324 m ZA 21°34′50″ 5 HAR 78°43′12″ 目标高 1.560 m 否 是

续表

操作过程	操作键	显示
6)重复第4)、5)步进行对第2个点及其他已知点的测量。当计算测站点坐标所需的最少观测值数量得到满足后，屏幕上将显示出[计算]，如右图所示。完成对全部已知点的测量后，按[是]键后仪器自动开始坐标计算。 ·重新观测同一点：[否] ·观测下点：[是] ·计算测站点坐标：[计算]	[计算] (或[是] 或[否])	后方交会　点号：3 S　153.324　m ZA　61°14′50″　5 HAR　98°40′12″ 目标高　1.560　m 计算　否　是
7)进行测站点坐标计算，计算完成后显示计算结果如右图所示。 ·当测距交会(见右上图)时，其中： dHD(两个已知点之间的平距)=测量值-计算值 dZ=(由已知点A算出的新点Z坐标)-(由已知点B算出的新点Z坐标)。 ·当测角交会(见右下图)时，@N，@E是1、2、3点交会时所得的坐标与1、2、4点所得的坐标之差，Z0坐标为零		N　56.343 E　21.890 Z　15.557 dHD　0015　mm dZ　0012　mm 重测　加点　记录　确定 N　56.343 E　21.890 Z　0.000 @N　0015　mm @E　0012　mm 重测　加点　记录　确定
8)按[确定]键采用所计算结果，该结果被作为测站坐标进行记录。显示恢复方位角设置屏幕	[确定]	请照准第3点 设置方位角 HAR　98°40′12″ 否　是
9)按[是]键设置方位角定向，返回测量屏幕	[是]	测量　PC　-30 PPM　0 S　1234.456 m　5 ZA　89°59′54″ HAR　117°31′50″　P1 斜距　切换　置角　参数

3. 悬高测量

悬高测量用于对不能安置棱镜的目标，比如高压输电线、桥梁等高度的测量。

悬高测量步骤见表 6-22。

表 6-22　悬高测量步骤

操作过程	操作键	显示
1)将棱镜设于被测目标的正上方或者正下方，用卷尺量取棱镜高(测点至棱镜中心的距离)。在测量模式第 3 页菜单下按[高度]键进入仪器高、目标高设置屏幕	[悬高]	输入仪器高和目标高 仪器高: 1.650 m 目标高: 2.000 m [确定]
2)输入棱镜高后按[确定]键，照准棱镜。在测量模式菜单下按[斜距]键开始距离测量(距离类型可以是斜距、平距或高差)	[确定] + [斜距]	距离测量 距离　镜常数 = 0 PPM = 0　5 单次精测 [停止]
3)测量停止后显示出测量结果		测量　PC　-30 PPM　0 S　18.678 m　5 ZA　89°59′54″ HAR　90°01′00″　P1 [斜距] [切换] [置角] [参数]
4)照准目标，在测量模式下使之显示[悬高]功能，按[悬高]键开始悬高测量。0.7s 后在“Ht.”一栏中显示出目标至测点的高度，此后，每隔 0.5s 显示一次测量值	[悬高]	悬高测量 Ht.　0.052 S　13.123 m　5 ZA　89°23′54″ HAR　117°12′17″ [停止]
5)按[停止]键结束悬高测量操作。 • [观测]：重新观测棱镜(测距)(从第 2 步开始)。 • [悬高]：开始悬高测量	[停止]	悬高测量 S　13.123 m　5 ZA　89°23′54″ HAR　117°12′17″ [悬高] [观测]

续表

操作过程	操作键	显示
6)按[ESC]键返回测量模式屏幕。 最大观测角度：±89° 最大测量高度：±9999.999m	[ESC]	测量　PC　-30 PPM　0 S　18.678 m　5 ZA　89°59′54″ HAR　90°01′00″　P1 斜距　切换　置角　参数

思考题与习题

1. 什么是平面控制测量和高程控制测量？

2. 控制测量的目的是什么？

3. 导线测量测量外业工作包括什么？

4. 已知 A 点坐标 X_A=300.00m，Y_A=500.00m，方位角 α_{AB}=15°，在测站 A 点以 B 为起始方向测得与 P 点的夹角为 15°(P 为未知点)，已知 AP 的水平距离 D=173.21m，试求 P 点坐标。

5. 若已知直线 AB 的坐标方位角为 124°39′42″、距离为 58.12m 和 A 点的坐标为 A(200.00，200.00)，试计算 B 点的坐标。

6. 若已知直线 CD 两端点的坐标分别为 C(205.35，528.46)、D(273.41，476.33)，求直线 CD 的坐标方位角和水平距离。

7. 已知一支水准路线的起始点为水准点 A，H_A=423.658m，由 A 点的往测高差为－3.256m，返测高差为＋3.278m，支线单程长度为 1.7km。求终点 B 的高程。

8. 交会测量包括哪些方法，每种方法的使用特点是什么？

9. 后方交会的操作步骤是什么？

10. 三角高程测量中，已知 A 点的高程为 H_A=37.136m，测站仪器高 i=1.518m，目标高 v=1.578m，竖直角 α=30°，斜距 S=8.24m。现不考虑球气差改正，求 B 点的高程？

11. 四等水准测量的外业操作过程是什么？

12. 全站仪使用的注意事项有哪些？

项目7

大比例尺地形图测绘及应用

■ 项目描述

地形图不同于出版的普通地图，它包括地物和地貌的具体坐标，主要有数字测图、经纬仪测图等测绘方法。地形图具有丰富的信息，根据需要可以从地形图上获取地貌、地物、交通、居民点、水系、管线、农林等多种自然地理和社会政治经济信息。地形图是工程规划、设计的基本资料和信息，工程竣工后还要完成竣工图测绘工作。在地形图上可以确定点位、点与点间的距离、直线的方向、点的高程和两点间的高差，确定某范围的汇水面积，在图上计算土石方量等；可在地形图上绘出道路经过处的纵、横断面图，选择、确定满足坡度要求的最短路线等。

■ 知识目标

- 了解地形图分幅和编号的方法；
- 熟悉地形图的图式；
- 掌握经纬仪测图方法；
- 理解等高线的特性；
- 熟悉几种典型地貌等高线的形态；
- 熟悉利用纸质地形图求点的平面坐标、两点间距离、坐标方位角点的高程的方法；
- 掌握依据地形图绘制指定的纵断面图的方法；
- 了解按限制坡度选择最短路线的方法；
- 熟悉量算几何图形的面积的方法；
- 掌握场地平整中土石方量的估算；
- 了解竣工总平面图的编绘方法。

■ 能力目标

- 能够正确运用地物符号表示地物；
- 能够进行地形图碎部测量；
- 能够正确运用等高线表示地貌；
- 会利用 CASS 软件绘制地形图；
- 会用纸质地形图求点的平面坐标、两点间距离、坐标方位角点的高程；
- 能够依据地形图绘制指定的纵断面图；
- 会按限制坡度选择最短路线；

• 能够量算几何图形的面积；
• 会进行场地平整中土石方量的估算；
• 能够描述竣工总平面图编绘的目的。

任务7.1 地形图的基本知识

学习引导

地形图是将一定范围内的地物和地貌按规定的图式符号和比例尺测绘到图纸上，形成的正射投影图。本任务主要内容包括地形图的比例尺、地形图的图式和地形图的分幅与编号这三部分地形图的基本知识。

地球表面有明显轮廓的、自然形成的物体或人工建(构)筑物(如江河、湖泊、房屋、道路)，统称为地物；地球表面高低起伏的自然形态(如高山、丘陵、平原、洼地等)，统称为地貌。地物和地貌合称为地形。

地形图是按一定比例尺，用规定的符号表示地物、地貌平面位置和高程的正射投影图，如图7-1所示。

7.1.1 地形图的比例尺

地形图上某一线段长度与实地相应线段的水平长度之比，称为地形图的比例尺。比例尺分为数字比例尺、直线比例尺等。

1. 数字比例尺

数字比例尺一般用分子为1的分数形式表示。设图上某一直线的长度为d，地面上相应直线的水平长度为D，则图的比例尺为

$$\frac{d}{D}=\frac{1}{\frac{D}{d}}=\frac{1}{M} \tag{7-1}$$

式中 M——比例尺分母，当图上10mm代表地面上水平长度为10m时，该图的比例尺就是1∶1000。

比例尺分母M越小，比例尺的值越大，图上所表示的地物、地貌越详尽。建筑工程中多使用大比例尺地形图。大比例尺地形图是指比例尺为1∶500、1∶1000、1∶2000和1∶5000的地形图。而1∶10 000、1∶25 000、1∶50 000、1∶100 000的地形图称为中比例尺地形图，1∶250 000、1∶500 000、1∶1 000 000称为小比例尺地形图。地形图数字比例尺书写在南面图廓下方正中，如图7-1所示。

2. 直线比例尺

为了能用分规直接度量图上直线的实际水平距离以及减小因图纸伸缩而引起的误差，常在图廓的下方绘一直线比例尺。直线比例尺又称图示比例尺。图7-2所示的比例尺分别为1∶500、1∶1000和1∶2000。

茶园	白杨湾	新站
砖厂		水泥厂
金水桥	陈家村	草坪

柑园村

21.0—10.0

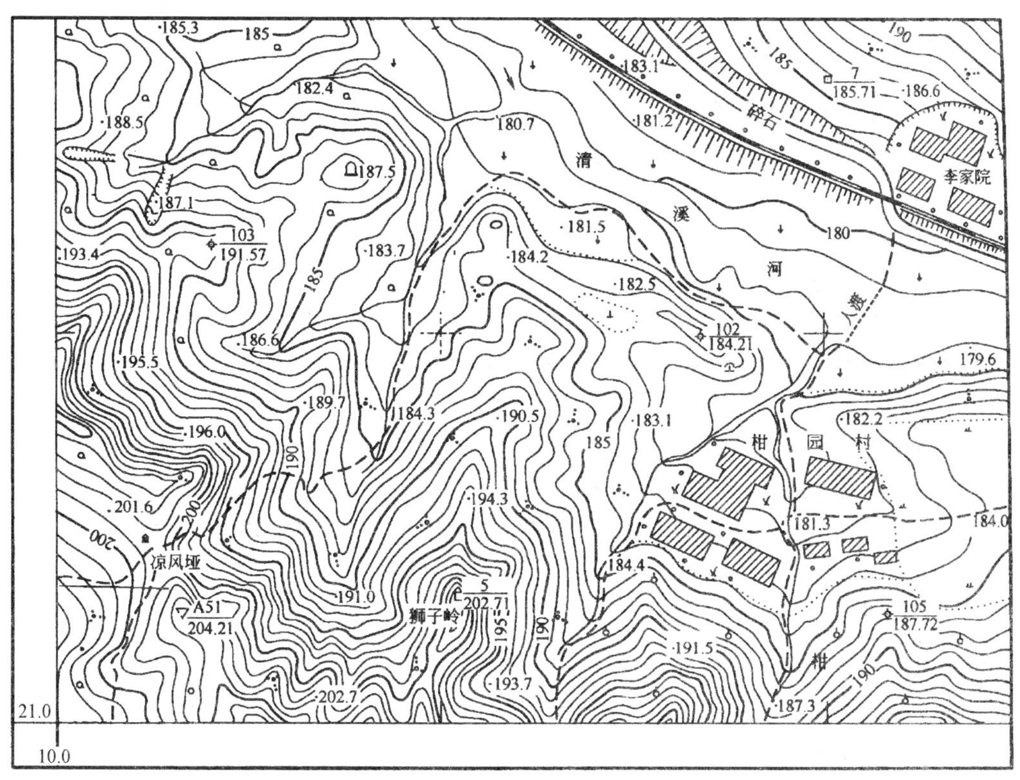

1990年10月经纬仪测绘法测图　　　1∶2000　　　测量员：

独立直角坐标系　　　绘图员：

1985年国家高程基准，等高距为1m　　　检查员：

1977年版图式

图 7-1　地形图

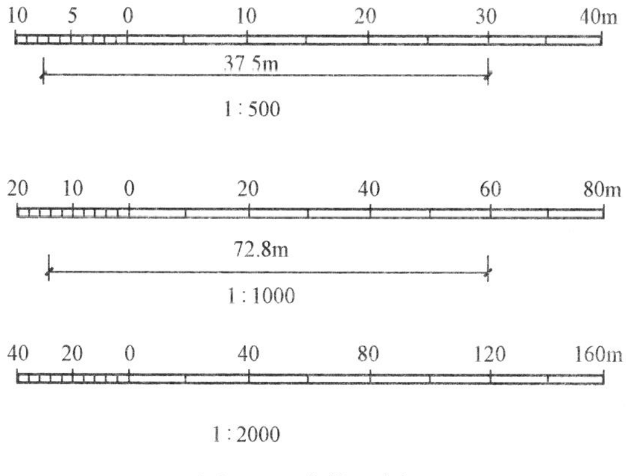

图 7-2　直线比例尺

3. 比例尺精度

通常认为，人们用肉眼分辨的图上最小距离是0.1mm。所以，实地长度小于0.1mm×M的线段，已不能绘到图上。因此，地形图上0.1mm所代表的实地水平长度，称为比例尺精度，即

$$\varepsilon = 0.1\text{mm} \times M \tag{7-2}$$

式中 ε——比例尺精度；

M——地形图比例尺分母。

表7-1为几种常用比例尺地形图的比例尺精度。

表7-1 地形图比例尺精度

比例尺	1∶500	1∶1000	1∶2000	1∶5000
比例尺精度/m	0.05	0.1	0.2	0.5

根据比例尺精度的概念，一方面可根据比例尺精度来确定测绘地形图时的距离测量精度；另一方面，当规定需要在图上表示出实地最短长度时，可以根据比例尺的精度，反算出测图最小比例尺。例如，测绘1∶1000比例尺地形图时，比例尺精度为0.1m，因此，实地测量距离只需精确到0.1m，因为小于0.1m的长度在图上已表示不出。又如，若要求在图上能表示出0.5m的实际长度，则所选用的测图比例尺不应小于1∶5000。

7.1.2 地形图的图式

地形包括地物和地貌。地物、地貌在地形图上是用一定的符号来表示的。地形图图式则是地物、地貌符号的集合，它是测绘、出版地形图的基本依据之一，是识读和使用地形图的重要工具。表7-2是《国家基本比例尺地图图式　第1部分：1∶500 1∶1000 1∶2000地形图图式》(GB/T 20257.1—2017)中所规定的部分地物、地貌符号。

表7-2 部分地物、地貌符号

序号	符号名称	符号式样			符号细部图	多色图色值
		1∶500	1∶1000	1∶2000		
1	棚房 a. 四边有墙的 b. 一边有墙的 c. 无墙的	a 1.0 b 1.0 c 1.0 1.0 0.5				K100
2	破坏房屋	破 2.0 1.0				K100

续表

序号	符号名称	符号式样			符号细部图	多色图色值
		1∶500	1∶1000	1∶2000		
3	架空房、吊脚楼 4——楼层 3——架空楼层 /1、/2——空层层数	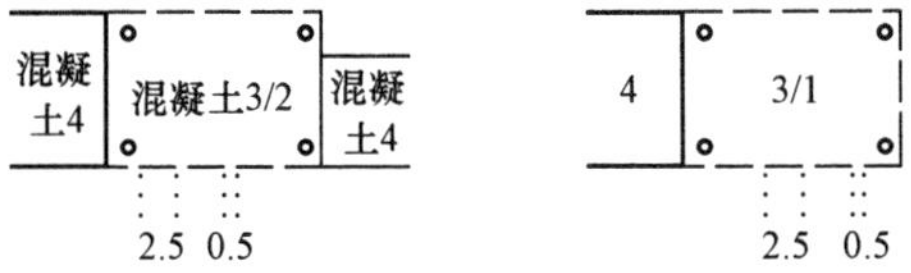 混凝土4 混凝土3/2 混凝土4 2.5 0.5		4 3/1 2.5 0.5		
4	廊房(骑楼)、飘楼 a. 廊房 b. 飘楼	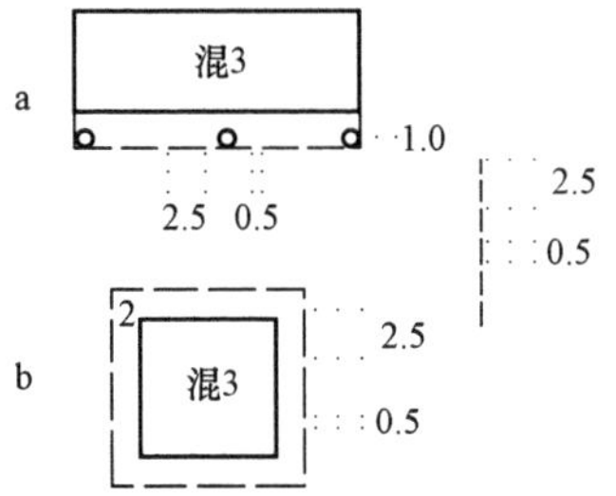 a 混3 1.0 2.5 0.5 2.5 0.5 b 2 混3 2.5 0.5				K100
5	窑洞 a. 地面上的 a1. 依比例尺的 a2. 不依比例尺的 a3. 房屋式的窑洞 b. 地面下的 b1. 依比例尺的 b2. 不依比例尺的	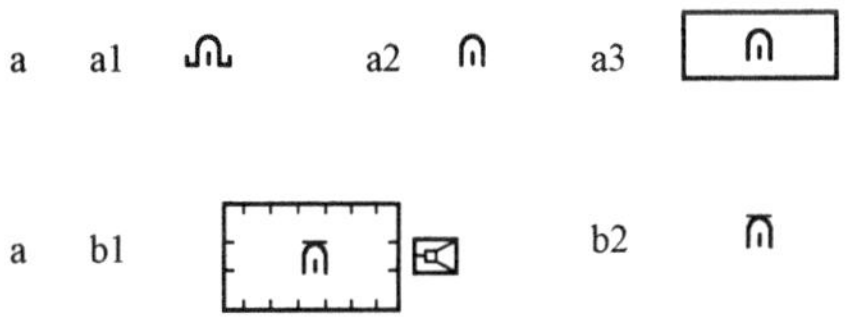 a a1 a2 a3 a b1 b2			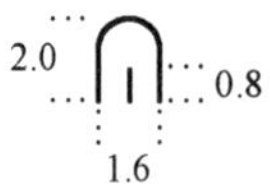 2.0 0.8 1.6	K100
6	蒙古包、放牧点 a. 依比例尺的 b. 不依比例尺的 (3—6)——居住月份	a (3—6) b 1.6 3.2 (3—6)			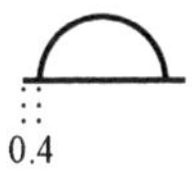 0.4	K100
7	矿井井口 a. 开采的 a1. 竖井井口 a2. 斜井井口 a3. 平峒洞口 a4. 小矿井 b. 废弃的 b1. 竖井井口 b2. 斜井井口 b3. 平峒洞口 b4. 小矿井 硫、铜、磷、煤、铁——矿物品种	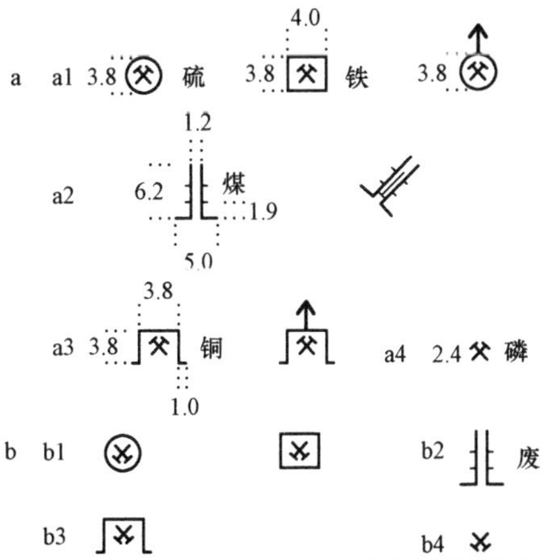 a a1 3.8 硫 4.0 3.8 铁 3.8 1.2 a2 6.2 煤 1.9 5.0 3.8 a3 3.8 铜 1.0 a4 2.4 磷 b b1 b2 废 b3 b4			 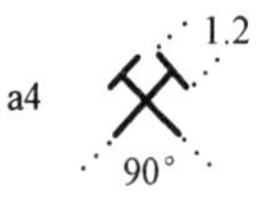 0.6 1.5 30° a4 1.2 90°	K100

1. 地物符号

在地形图上表示地物的形状、大小和它们的位置的符号称为地物符号，如测量控制点、各类建筑物、道路、水系、植被等。地物符号分为以下四种。

(1) 比例符号

把地物的轮廓按测图比例尺缩绘到图上的相似图形，称为比例符号。比例符号准确地表示地物的位置、形状和大小。

(2) 非比例符号

当地物轮廓较小，若按比例尺无法在地形图上表示出来时，需采用统一规定的符号将其表示在图上，这类符号称为非比例符号。非比例符号只能准确地表示地物的几何中心或其他定位中心的位置，它能表明地物的类别、属性，但不能反映地物的大小。

(3) 半比例符号

对于延伸性地物，如小路、通信线路、管道等，其长度可按比例尺缩绘，而宽度不能按比例尺缩绘，这种符号称为半比例符号。半比例符号的中心线，就是实际地物的中心位置。

(4) 注记符号

地物注记就是用文字、数字或特定符号对地物的性质、名称、高程等做补充说明，称为注记符号，如图上注明的地名、控制点名称、高程、房屋的层数、机关名称、河流的深度和流向等。

2. 地貌符号

在大比例尺地形图中，通常用等高线和规定的符号表示地貌。用等高线表示地貌不仅能表示地貌的起伏形态，而且能科学地表示出地面的坡度和高程。

(1) 等高线

等高线是地面上高程相等的相邻点连成的闭合曲线。如图 7-3 所示，设有一山地被等间距的水平面 P_0(50m)、P_1(51m)、P_2(52m)和 P_3(53m)所截，则各水平面与高地的相应截线，即等高线。将各水平面上的等高线沿铅垂线方向投影到一个水平面 H 上，并按规定的比例尺缩绘到图纸上，就得到用等高线表示的该高地的地形图。很显然，这些等高线的形状是由山地表面形状决定的。

(2) 等高距和等高线平距

地形图上相邻等高线的高差，称为等高距，用 h 表示。在同一幅地形图内，只能采用同一种基本等高距。等高距大小是根据地形图的比例尺、地面起伏情况及用图的要求而选定的。

相邻等高线间的水平距离，称为等高线平距，常以 d 表示。因为同一幅地形图中等高距是相同的，所以等高线平距 d 的大小是由地面坡度陡缓决定的。如图 7-4 所示，地面坡度越陡，等高线平距越小；相反，坡度越缓，等高线平距越大；若地面坡度均匀，则等高线平距相等。因此，可依据等高线的疏密判断地面坡度的缓陡。

(3) 等高线的分类

1) 首曲线。在同一幅地形图上，按规定的基本等高距描绘的等高线，称为首曲线，也称基本等高线，如图 7-5 中的 20m、40m、60m、80m 等的等高线。

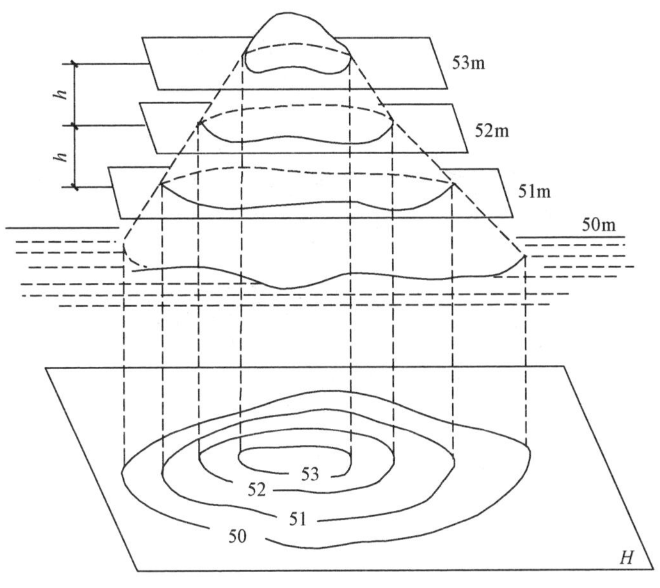

图 7-3　等高线原理

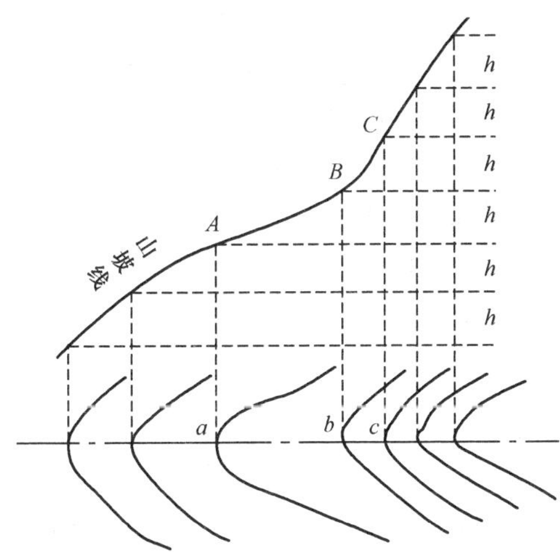

图 7-4　等高距、等高线平距与地面坡度关系

2)计曲线。为了方便用图和计算高程，从高程起算面开始，每隔四条首曲线(高程能被 5 倍基本等高距整除)加粗描绘的等高线，称为计曲线，如图 7-5 中 100m 等高线。

3) 间曲线。当首曲线不足以显示局部地貌特征时，按二分之一基本等高距描绘的等高线，称为间曲线，也称半距等高线。间曲线常以长虚线表示，描绘时可不闭合，如图 7-5 中的 70m 等高线(虚线)。

4) 助曲线。当间曲线仍不足以显示局部地貌特征时，按四分之一基本等高距描绘的等高线，称为助曲线，又称辅助等高线。辅助等高线一般用短虚线表示，描绘时也可不闭合。

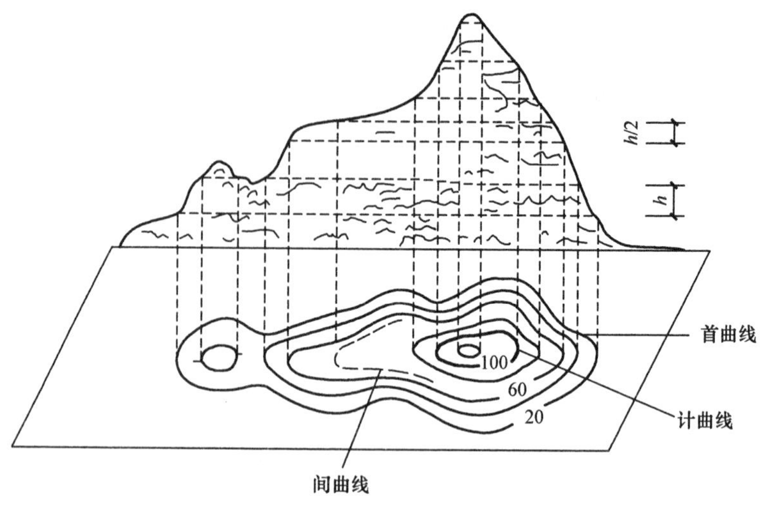

图 7-5 等高线分类

(4)几种典型地貌的等高线

自然地貌的形态虽是多种多样的，但可归结为几种典型地貌的综合，了解和熟悉这些典型地貌等高线的特征，有助于识读、应用和测绘地形图。

1) 山头和洼地的等高线。山头和洼地的等高线都是由一组闭合曲线组成的，形状比较相似，可根据等高线上所注的高程来区分是山头还是洼地。内圈等高线较外圈等高线的高程高时，表示山头，如图 7-6 所示。相反，内圈等高线较外圈等高线的高程低时，表示洼地，如图 7-7 所示。如果等高线上没有高程注记，为了便于区分这两种地形，就在某些等高线的斜坡下降方向绘一短线，来表示坡度方向，这些短线称为示坡线。

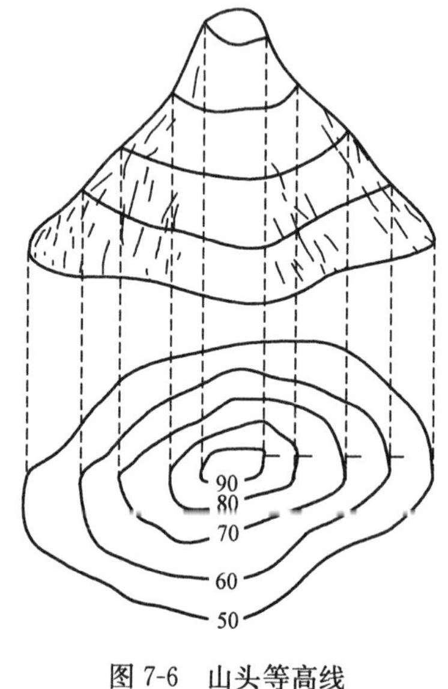

图 7-6 山头等高线

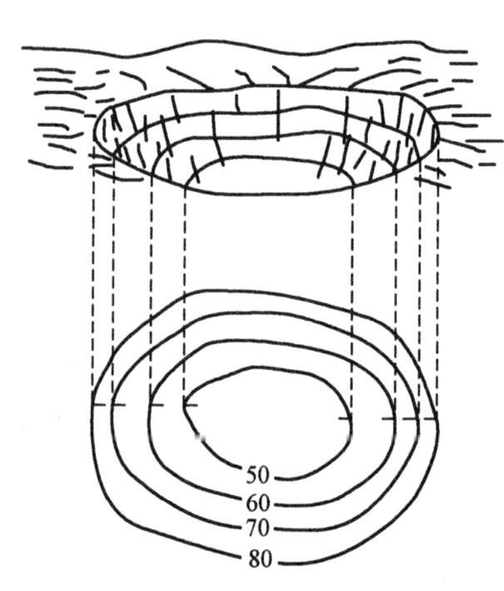

图 7-7 洼地等高线

2)山脊与山谷的等高线。山顶向山脚延伸的凸起部分，称为山脊，山脊的等高线是一

组凸向低处的曲线，如图 7-8 所示。山脊上最高点的连线是雨水分水的界线，称为山脊线或分水线。

两山脊之间向一个方向延伸的低凹部分叫山谷。山谷的等高线是一组凸向高处的曲线，如图 7-9 所示。山谷中最低点的连线是雨水汇集流动的地方，称为山谷线或集水线。

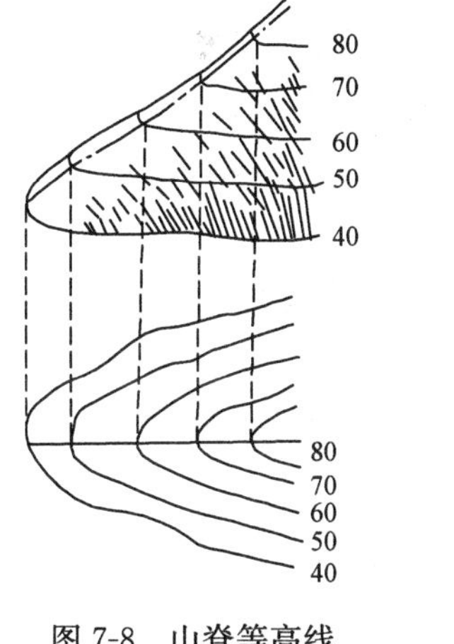

图 7-8　山脊等高线

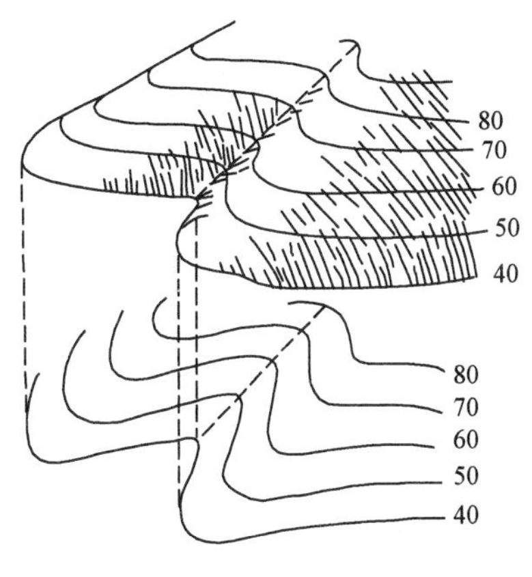

图 7-9　山谷等高线

山脊线与山谷线是表示地貌特征的线，所以又称为地性线。山地地貌显示是否真实、形象、逼真，主要看山脊线与山谷线表达是否正确。

3）鞍部的等高线。相邻两个山头之间的低凹部分，形似马鞍，称为鞍部。鞍部的等高线是两组相对的山脊与山谷等高线的组合，如图 7-10 所示。

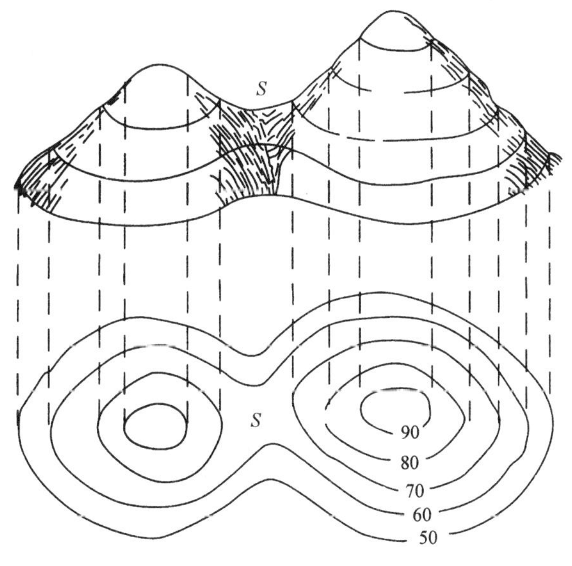

图 7-10　鞍部等高线

4）峭壁、断崖、悬崖等的表示方法。近于垂直的陡坡叫峭壁，如果用等高线表示将非常密集，因此采用峭壁符号来代表这一部分等高线。垂直的陡坡叫断崖，这部分等高线几乎重合在一起，故在地形图上通常用锯齿型符号来表示断崖。上部向外突出、中间凹进的陡坡称为悬崖，它上部的等高线投影在水平面上与下部等高线相交，下部凹进的等高线用虚线表示。如图 7-11 所示是峭壁、断崖、悬崖地貌形态的表示方法。

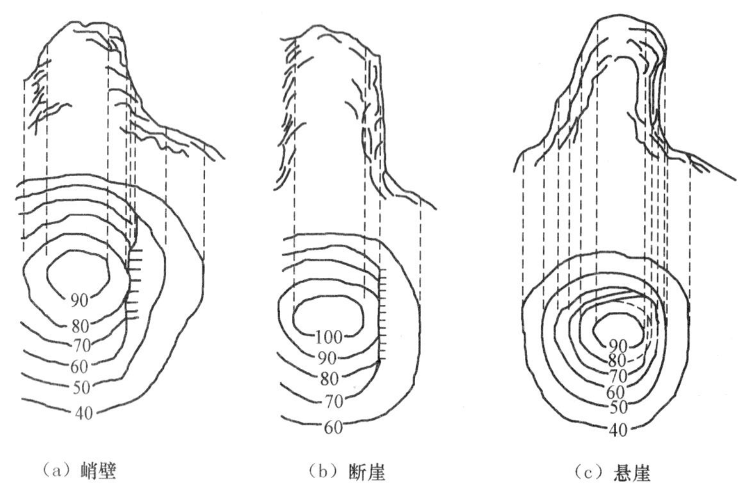

图 7-11　峭壁、断崖、悬崖形态的表示方法

还有一些特殊地貌，如梯田、冲沟、雨裂、阶地等，表示方法参见《国家基本比例尺地图图式》(GB/T 20257—2017)。图 7-12 是一幅综合性地貌透视图及相应的等高线图。

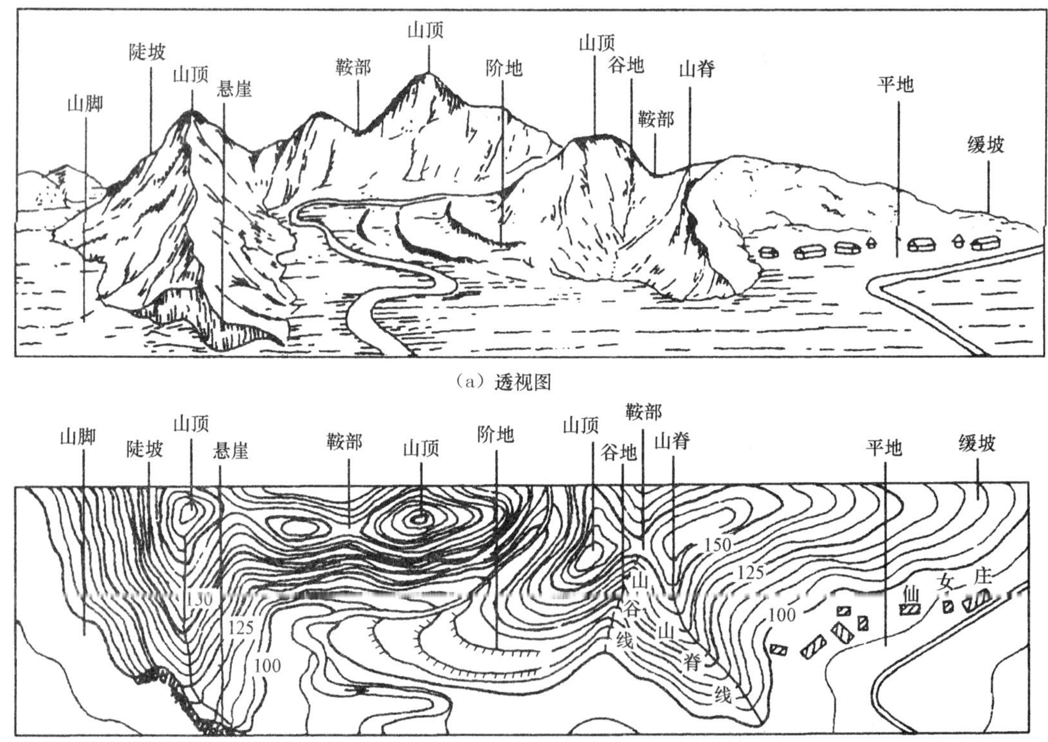

图 7-12　综合性地貌透视图及其等高线

(5)等高线的特性

1) 同一条等高线上的各点高程都相等。

2) 等高线为一闭合曲线，如不在本图幅内闭合，则必在图幅外闭合，等高线不能在图幅内中断。

3) 除悬崖、峭壁外，不同高程的等高线不能相交。

4) 山脊和山谷的等高线与山脊线和山谷线成正交。

5) 等高线的平距小表示坡度陡，平距大表示坡度缓，平距相等，则坡度相等。

7.1.3 地形图的分幅与编号

1. 地形图分幅

由于图幅尺寸有限，不可能将测区的所有地形都绘制在一幅图内，因此，需要分幅测绘地形图。为便于使用和管理地形图，还需对地形图进行统一的编号。地形图分幅的方法有梯形分幅法(按经、纬线)和正方形分幅法(按坐标网格)两种。大比例尺地形图多采用正方形分幅法，图幅大小见表 7-3。

表 7-3　正方形分幅的图幅规格

比例尺	图幅大小/cm	每幅实地面积/km^2	1km^2 幅数
1∶5000	40×40	4	1/4
1∶2000	50×50	1	1
1∶1000	50×50	0.25	4
1∶500	50×50	0.0625	16

正方形的分幅与编号是以 1∶5000 比例尺地形图为基础的分幅，编号采用“坐标编号”方法。1∶5000 比例尺地形图用图幅西南角坐标值的千米数，并以 X 值在前，Y 值在后，其间用“—”连接的形式作为该图幅的编号。将 1∶5000 比例尺地形图作四等分，得四幅 1∶2000 比例尺的地形图，在 1∶5000 比例尺地形图的基本图号之后，附加一个子号数字(用罗马字Ⅰ、Ⅱ、Ⅲ、Ⅳ)，就构成了1∶2000 比例尺地形图的图号。同样，将每幅 1∶2000 比例尺的地形图等分为四幅 1∶1000 比例尺地形图，一幅 1∶1000 比例尺地形图又等分成四幅 1∶500 比例尺的地形图。编号方法均为在前一图号之后附加一个子号数字(罗马字)。具体分幅的编号方法如图 7-13 所示。大比例地形图的编号，也可采用“顺序编号”法。

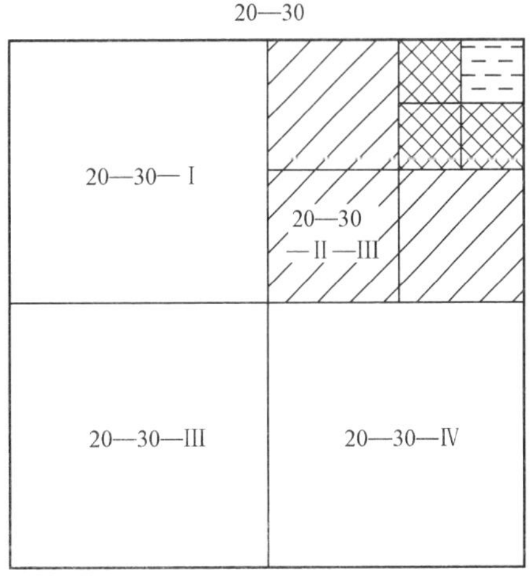

图 7-13　正方形分幅与编号

2. 地形图编号

为了便于地形图的拼接、保管与使用，每幅地形图都要进行统一编号。地形图编号可采用图幅西南角坐标千米数编号法或者数字顺序编号法。

(1) 图幅西南角坐标千米数编号法

例如，图幅西南角坐标 x=10.00km，21.00km，则该图幅的编号为 10.00－21.00，如图 7-14 所示。编号时，1∶2000、1∶1000 比例尺地形图取至 0.1km，而 1∶500 比例尺地形图取至 0.01km。

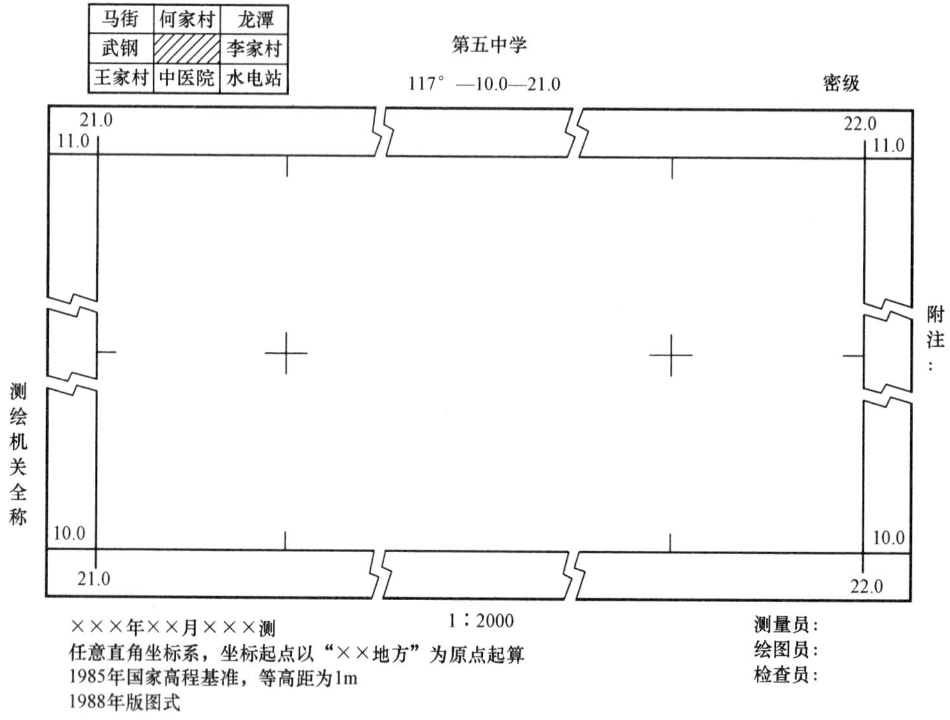

图 7-14　图幅西南角坐标千米数编号法

(2) 数字顺序编号法

对于采用独立坐标系的测区，如果图幅数量少，也可以采用数字顺序编号，如图 7-15 所示。

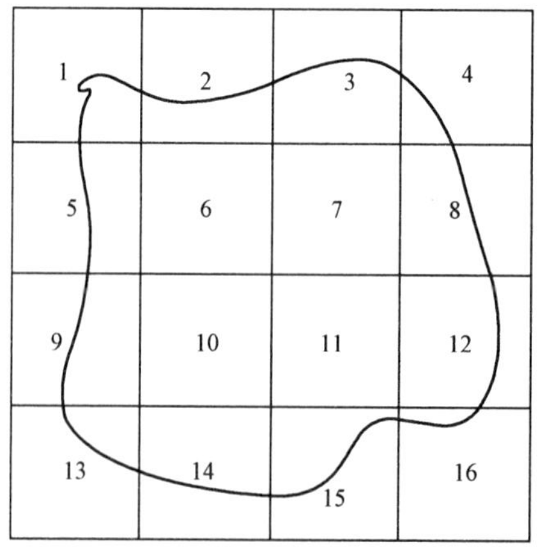

图 7-15　数字顺序编号法

任务 7.2　经纬仪测绘法测图

学习引导

地形图测绘分为外业碎部测量和内业地形图绘制，以及地形图拼接、检查、整饰工作。本任务针对经纬仪的碎部测量方法展开介绍，因为经纬仪测量方法简便快捷，是地形图测绘比较基础和实用的方法。

7.2.1　测图前的准备工作

1. 文件资料的准备

在测图开始前，应编写技术设计书，拟订作业计划，以保证测量工作在技术上合理、可靠，在经济上节省人力、物力，有计划、有步骤地开展工作。作业计划的主要内容有任务概述，测区情况，已有资料及其分析，技术方案的设计，组织与劳动计划，仪器配备及供应计划、财务预算，检查验收计划以及安全措施等。在编制技术计划之前，应预先搜集并研究测区内及测区附近已有测量成果资料，扼要说明其施测单位、施测时间、等级、精度、比例尺、规范依据、范围、平面和高程坐标系统、投影带号、标石保存情况及可以利用的程度等。

测量任务书应明确工程项目或编号、设计阶段及测量目的、测区范围(附图)及工作量、对测量工作的主要技术要求和特殊要求，以及上交资料的种类和日期等内容。

2. 技术资料的准备

技术资料主要有《工程测量规范》(GB 50026—2007)、《城市测量规范》(CJJ/T 8—2011)、《1∶500 1∶1000 1∶2000 外业数字测图规程》(GB/T 14912—2017)、《国家基本比例尺地图图式　第 1 部分：1∶500 1∶1000 1∶2000 地形图图式》(GB/T 20257.1—2017)、《国家基本比例尺地图图式　第 2 部分：1∶5000 1∶10 000 地形图图式》(GB/T 20257.2—2017)、《基础地理信息要素分类与代码》(GB/T 13923—2006)等作业规范和图式以及控制测量成果资料。

7.2.2　碎部测量

1. 碎部点的选择

碎部点又称地形点，是指地物、地貌的特征点。对于地物，碎部点应选在地物轮廓线的方向变化处，如房角点、道路转折点、交叉点、河岸线转弯点以及独立地物的中心点等。连接这些特征点，便得到与实地相似的地物形状。由于地物形状极不规则，一般规定主要地物凹凸部分在图上大于 0.4mm 时均应表示出来，小于 0.4mm 时可用直线连接。对于地貌来说，碎部点应选在最能反映地貌特征的山脊线、山谷线等地性线上，如山顶、鞍部、山脊、山谷、山坡、山脚等坡度变化及方向变化处。根据这些特征点的高程绘制等高线，即可将地貌在图上表示出来(图 7-16)。为了能真实地表示实地情况，在地面平坦或坡

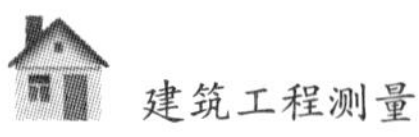

度无明显变化的地区，碎部点的间距和碎部点的最大视距应符合表 7-4 的规定，城市建筑区的最大视距参见表 7-5。

图 7-16　碎部点的选择

表 7-4　碎部点的间距和碎部点的最大视距

测图比例尺	地形点最大间距/m	最大视距/m	
		主要地物点	次要地物点和地形点
1∶500	15	60	100
1∶1000	30	100	150
1∶2000	50	180	250
1∶5000	100	300	350

表 7-5　城市建筑区的最大视距

测图比例尺	最大视距/m	
	主要地物点	次要地物点和地形点
1∶500	50	70
1∶1000	80	120
1∶2000	120	200

2. 经纬仪测绘方法

经纬仪测绘法的实质是按极坐标定点进行测图，如图 7-17 所示，观测时先将经纬仪安置在测站上，绘图板安置于测站旁，用经纬仪测定碎部点的方向与已知方向之间的夹角、测站点至碎部点的距离和碎部点的高程。然后根据测定数据用量角器和比例尺把碎部点的位置展绘在图纸上，并在点的右侧注明其高程，再对照实地描绘地形。此法操作简单、灵活，适用于各类地区的地形图测绘。

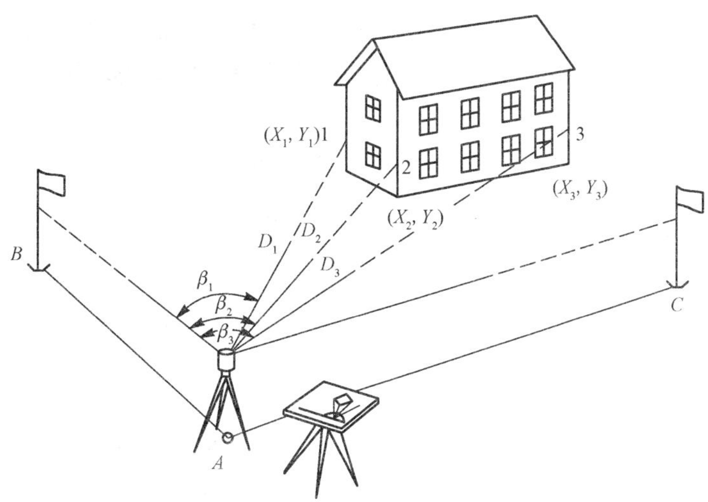

图 7-17　经纬仪测图

(1)施测方法

经纬仪测图的具体操作步骤如下。

1) 安置仪器。安置仪器于测站点 A，也就是控制点上，量取仪器高 i 并填入手簿。

2) 定向。置水平度盘读数为 $0°00'00''$，后视定向另一控制点 B。

3) 立尺。立尺员依次将尺立在地物和地貌特征点上。立尺员应弄清实测范围和实地情况，选定立尺点，并与观测员、绘图员共同商定跑尺路线。

4) 观测。转动照准部，瞄准标尺，读视距间隔、中丝读数、竖盘读数及水平角数据。

5) 记录。将测得的视距间隔、中丝读数、竖盘读数及水平角依次填入手簿。对于有特殊作用的碎部点，如房角、山头、鞍部等，应在备注中加以说明。

6) 计算。根据视距间隔、竖盘读数或竖直角度，用计算器计算出碎部点的水平距离和高程。

7) 展绘碎部点。用细针将量角器的圆心插在图上测站点 A 处，转动量角器，将量角器上等于水平角值的刻划线对准起始方向线，此时量角器的零方向便是碎部点方向，然后用测图比例尺按测得的水平距离在该方向上定出点的位置，并在点的右侧注明其高程。

8) 同法，测出其余各个碎部点的平面位置和高程，绘制在图上，并随测随绘等高线和地物。

为了检查测图质量，仪器搬到下一测站时，先观测前站所测的某些明显碎部点，以检查由两个测站测得的该点平面位置和高程是否相同，如相差较大，则应查明原因，纠正错误，再继续进行测绘。若测区面积较大，可分成若干图幅分别测绘，最后拼接成全区地形图。为了相邻图幅的拼接，每幅图应测出图廓外 5mm。

(2) 地物、地貌的描绘

测图时，碎部点的展绘应做到随展点、随连线、随描绘成图。

1) 地物的描绘。地物要按地形图图式规定的符号表示。一些能按比例表示的地物，如房屋、道路、河岸线等，按形状用直线或光滑曲线描绘出来；有些不能按比例描绘的地物，则按地形图图式所规定的非比例符号表示。

2) 地貌的描绘。能用等高线表示的地段，应先轻轻地描绘出山脊线、山谷线等地性线，然后按测点的高程勾绘出等高线。不能用等高线表示的地段，如悬崖、峭壁、土坎、冲沟、雨裂等地貌，则按图式规定的符号画出。

大比例尺地形图的基本等高距，参照表 7-6 的规定描绘。

表 7-6　大比例尺地形图的基本等高距　　单位：m

地形类型	比例尺			
	1∶500	1∶1000	1∶2000	1∶5000
平坦地区	0.5	0.5	1	2
丘陵地区	0.5	1	2	5
山地	—	1	2	5
高山地区	1	2	2	5

等高线是根据所测碎部点的高程勾绘出来的。等高线的高程是等高距的整倍数，而测得的碎部点高程则往往不是等高距的整倍数，因此必须在相邻碎部点之间，用内插法定出等高线通过的位置。由于碎部点是选在地面坡度变化处，因此相邻点构成的坡度可视为均匀坡度。这样可在两相邻碎部点的连线上，按平距与高差成比例的关系内插出两点间各条等高线，如图 7-18 所示，定出其他相邻两碎部点间等高线应通过的位置。将高程相等的相邻点连成光滑的曲线，即等高线。勾绘等高线时，要对照实地情况，先画计曲线，后画首曲线，并注意等高线通过山脊线、山谷线的走向。地形图等高距的选择与测图比例尺和地面坡度有关。把相同高程的相邻点用光滑曲线依照地面起伏趋势连接起来，就是所要描绘的等高线，如图 7-19 所示。上面所述是描绘等高线的基本原理。在实际测绘工作中，可根据上述原理用目估法勾绘等高线。目估法可归纳为“取头定尾中间等分”，即判定两地形点间通过的等高线根数后，目估确定两端等高线的通过点，然后将这两条等高线之间的长度等分，从而确定其他等高线。

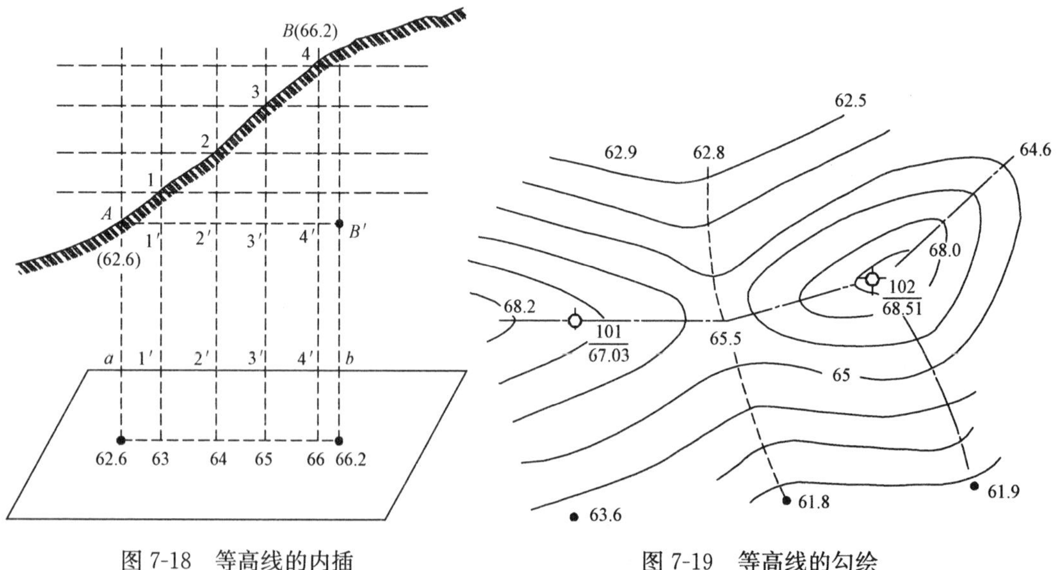

图 7-18　等高线的内插

图 7-19　等高线的勾绘

7.2.3 地形图的拼接、检查与整饰

1. 地形图的拼接

测区面积较大时，整个测区必须划分为若干幅图同时展开测绘。在相邻图幅拼接时，由于测量误差和绘图误差的影响，无论是地物轮廓线，还是等高线在相邻左右两图幅相邻边往往不能完全吻合，房屋、河流和等高线都可能会有偏差，如图 7-20 所示。拼接时把宽 5～6cm 的透明纸蒙在左图幅的接图边上，用铅笔把坐标格网线、地物、地貌描绘在透明纸上，然后把透明纸按坐标格网线位置蒙在右图幅衔接边线上，同样用铅笔描绘地物和地貌；当用聚酯薄膜进行测图时，不必描绘图边，利用其自身的透明性，可将相邻两幅图的坐标格网线重叠；若相邻处的地物、地貌偏差不超过规定的要求时，则可取其平均位置，并据此改正相邻图幅的地物、地貌位置(表 7-7)。

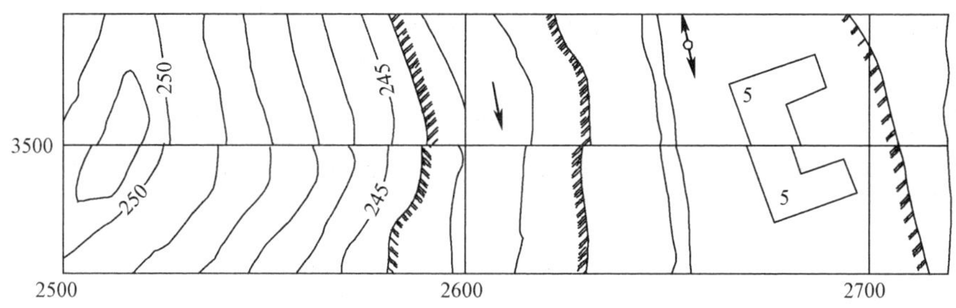

图 7-20　地形图的拼接

表 7-7　拼接地形图地物轮廓线允许偏差　　单位：mm

地区类型	地物轮廓线允许偏差(图上)	
	主要地物	次要地物
般地区	±1.7	±2.3
城市建筑区	±1.1	±1.7

2. 地形图的检查

为确保地形图质量，除施测过程中加强检查外，在地形图测完后，必须对成图质量做一次全面检查。

(1) 室内检查

室内检查的内容有图上地物、地貌是否清晰易读；各种符号注记是否正确；等高线与地形点的高程是否相符，有无可疑、矛盾之处；图边拼接有无问题等。若发现错误或疑点，应到野外进行实地检查并修改。

(2) 外业检查

1) 巡视检查。巡视检查是根据室内检查的情况，有计划地确定巡视路线，进行实地对照查看。主要检查地物、地貌有无遗漏；等高线是否逼真、合理；符号、注记是否正确等。

2) 仪器设站检查。仪器设站检查是根据室内检查和巡视检查发现的问题，到野外设站检查，除了对发现的问题进行修正和补测外，还应对本测站所测的地形进行检查，看原测地形图能否符合要求。一般仪器检查量为每幅图的10%左右。

3. 地形图的整饰

地形图经过拼接和检查后，还应清绘和整饰，使图面更加合理、清晰、美观。整饰的顺序是先图内后图外，先地物后地貌，先注记后符号。图上的注记、地物以及等高线均按规定的图式进行注记和绘制，但应注意等高线不能通过注记和地物。最后，应按图式要求写出图名、图号、比例尺、坐标系统及高程系统、施测单位、测绘者及测绘日期等，如果是独立坐标系统，还需画出指北方向。

(1) 图名和图号

一幅地形图的图名是用图幅内的最著名的地名，企事业单位或突出的地物、地貌的名称来命名的。图号则是按统一的分幅进行编号的。图名和图号注记在图廓外上方的中央，图号在图名之下，如图7-21所示。其图名是“第五中学”，图号为“117°—10.0—21.0”。

(2) 接合图表

如图7-21所示，图的左上方绘有九个宫格的接图表，中间画有斜线的一格代表本幅图，四周八格分别注明了相邻图幅的图名，利用接图表可迅速地进行地形图的拼接。

(3) 图廓

图廓是地形图的边界，有内图廓和外图廓之分，内图廓就是坐标格网线，也是图幅的边界线，外图廓位于图幅的最外面，用粗线表示，内、外廓间距为12mm。在内图廓外四角处注有以千米为单位的坐标值，外图廓左下角注明测图方法、坐标系统、高程系统、测图时间、地形图图式版别等，如图7-21所示。

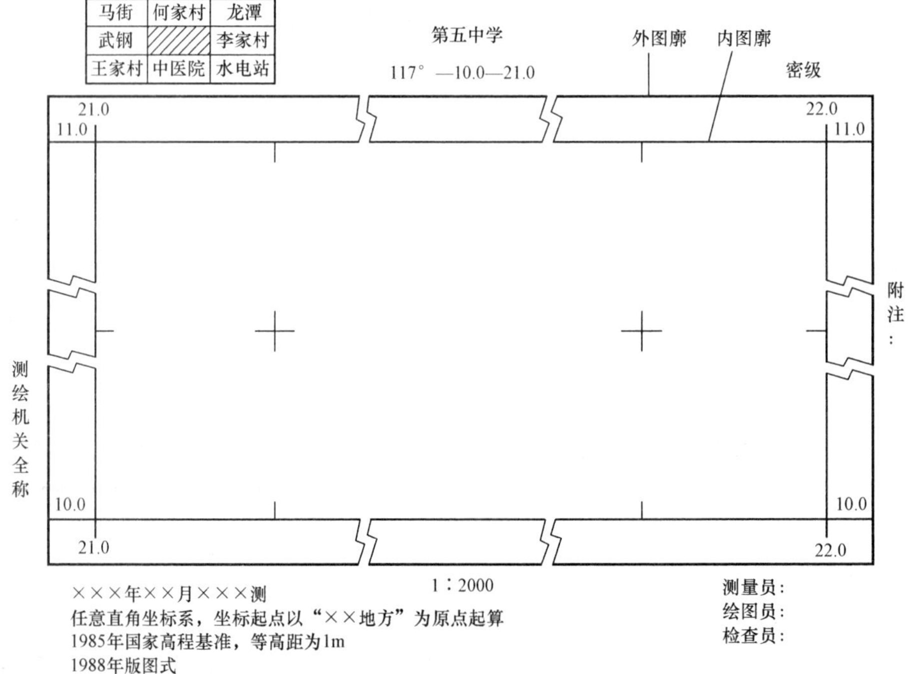

图7-21 地形图图外注记

任务 7.3 大比例尺数字化测图

学习引导

随着测量仪器的不断更新，以及计算机软件在测绘行业的普遍应用，大比例尺地形图测绘也向数字化测图方向发展。本任务主要介绍用全站仪野外采集碎部点数据，用CASS10.1 软件进行平面图绘制和等高线绘制的方法以及输出数字地形图的方法。

7.3.1 大比例尺数字化测图概述

全站仪测图是小区域大比例尺数字地形图测绘最常用的方法，现以拓普康全站仪为例介绍全站仪测图方法。

将控制点坐标导入全站仪，测图前需将图根控制点三维坐标以文件的形式导入全站仪，以便测图时使用这些控制点进行测站设置和定向之用。坐标文件可在计算机上用文本编辑软件编辑纯文本文件(*.txt 文件)，坐标文件中坐标的格式为“点号，*E* 坐标(*Y*)，*N* 坐标(*X*)，高程(*H*)”。数据间分隔“,”为半角字符，高程数据后不得有任何符号，用 ENT 键换行，在下一行输入另一点信息。坐标文件编辑完成后，用全站仪通信软件将文件导入全站仪。如不导入控制点文件，则可以在测图时手工输入测站点或后视定向点坐标。

7.3.2 野外数据采集与编码

1. 仪器安置

在控制点或测站点上，经对中、整平安置好全站仪，在后视点安置好定向镜站。

2. 建立或选择数据文件

外业数据采集所获得的数据是以文件的形式存储在全站仪内的。在数据采集之前，为保存这些数据，需建立数据文件。若文件已建立，则需选择所需文件为当前文件。建立文件或被选择的文件在重新选择前会一直保持为“当前”的文件状态，直至改变选择。

在角度测量模式下，按 MENU 键，显示主菜单，按 F1(数据采集)键，进入建立数据文件界面。根据菜单项选择建立新文件或是调用已有文件(图 7-22)。

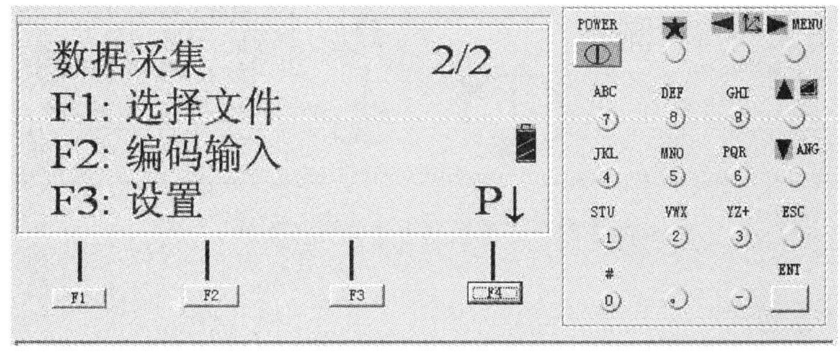

图 7-22 选择文件菜单

3. 测站点设置与后视定向

测站设置是将测站点点号(名)、三维坐标、仪器高、目标高输入全站仪。测站点坐标数据是数据采集时计算碎部点坐标的起始坐标。可采用手工输入或调用坐标文件输入(图 7-23)。

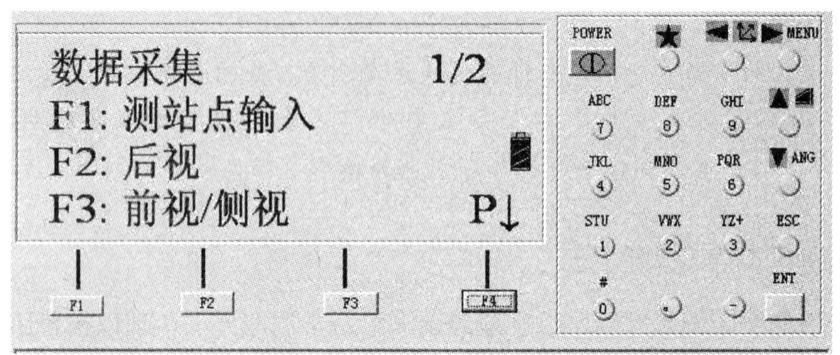

图 7-23 测站、后视输入菜单

后视定向是将后视点坐标输入全站仪,仪器将自动计算出后视方位角值,瞄准后视点后按测角或测距键完成设置并测出后视点值作为检核。仪器定向的目的是瞄准后视点后,将仪器水平度盘示数设置为后视方位角值,此后,仪器照准目标时的水平度盘示数便是目标方向的方位角。仪器将依据目标方向的方位角、测站到目标的距离、测站点坐标自动计算出目标点的坐标并存储于全站仪坐标文件。

4. 碎部点数据采集

在选择好的地形特征点立镜,仪器瞄准目标,在数据采集菜单下按 F3 键,根据提示输入相关信息后,便开展数据采集工作。采完一个特征点后,按“继续”键可进行下一点采集,直至本测站所有特征点全部采完。采集的观测数据(方位角度、距离等)和特征点坐标数据分别以测量数据文件形式和坐标数据文件形式存储于全站仪内。对这此文件可通过“存储管理”功能进行操作(图 7-24)。

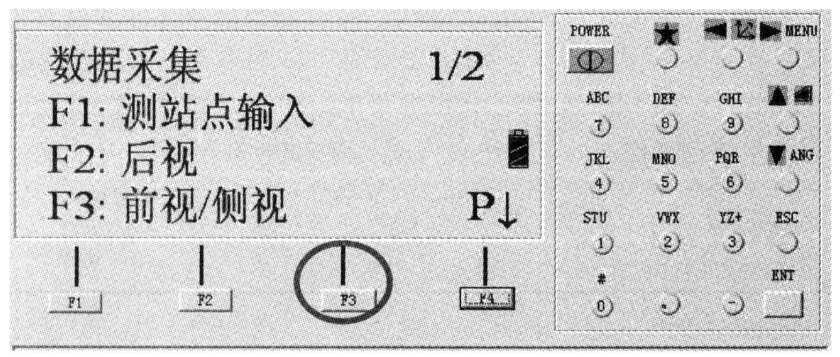

图 7-24 碎部数据采集(前视)菜单

5. 绘制工作草图

在数字测图野外数据采集中,绘制工作草图是保证数字测图质量的一项措施。工作草

图是图形信息编码碎部点间接坐标计算和人机交互编辑修改的依据。工作草图应绘制地物的相关位置、地貌的地性线、点号、丈量距离记录、地理名称和说明注记等。草图可按地物相互关系一块块地绘制，也可按测站绘制，地物密集处可绘制局部放大图。草图上点号标注应清楚正确，并与数据采集点号一一对应，如图 7-25 所示。

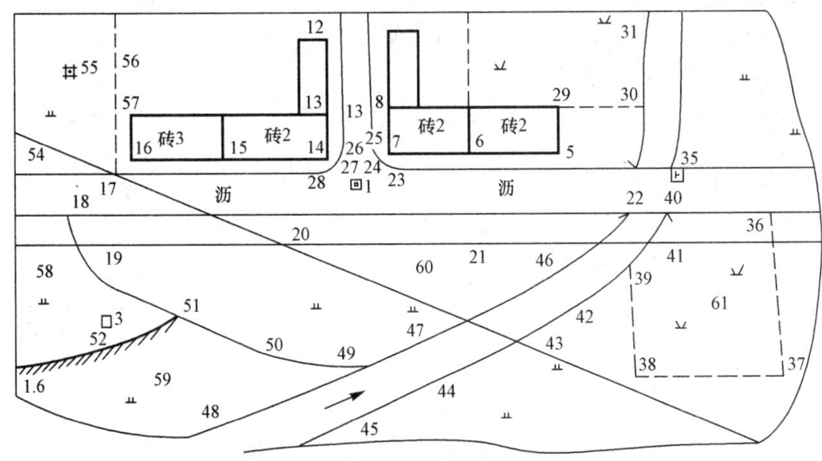

图 7-25　碎部测量工作草图

6. 增设测站点

测图时应充分利用各级控制点作为测站点，但由于地物、地貌复杂性，仅仅依靠各级控制点来测绘所有的碎部点是做不到的，要根据实际地物分布、地貌复杂程度及控制点分布情况，在各级控制点基础上增设一些测站点。

增设测站点是在各级控制点上，采用极坐标法、交会法和支导线测定测站点的坐标和高程。然后以此作为已知点采集其他碎部点坐标。

7.3.3　平面图的绘制

1. 将观测数据导入计算机

作为数字地形图编辑成图工作的第一步，首先要将观测数据导入计算机。

1）将全站仪通过串口通信电缆与微机连接好。

2）单击 CASS10.1 软件“数据”菜单下的“读取全站仪数据”选项。

3）单击图 7-26 中“仪器”选项右侧下拉箭头，选择使用的仪器型号，并设置好通信参数及要保存的数据文件名。

4）单击“转换”按钮后，按提示操作即可。

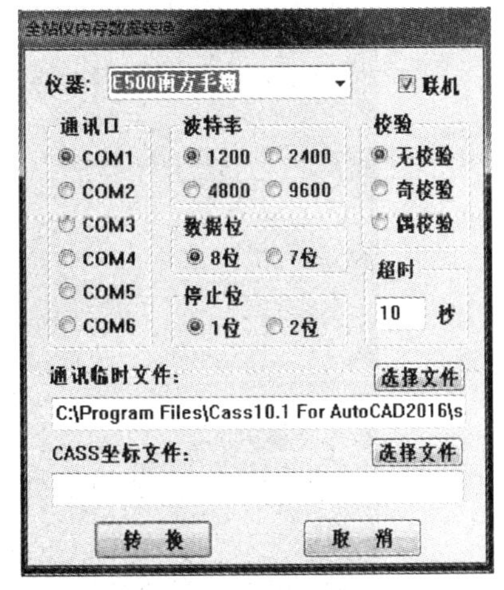

图 7-26　观测数据导入时的信息设定界面

2. 地物及地貌符号的绘制

1）展绘野外测点点号。单击 CASS10.1 中“绘图处理”下的“展野外测点点号”，按提示操作完成展点。

2）绘制居民地。单击 CASS10.1 中右侧屏幕菜单中“居民地”选项，弹出居民地界面，选择房屋类型后，依命令行提示进行操作，图 7-27 所示为普通房屋图式界面。

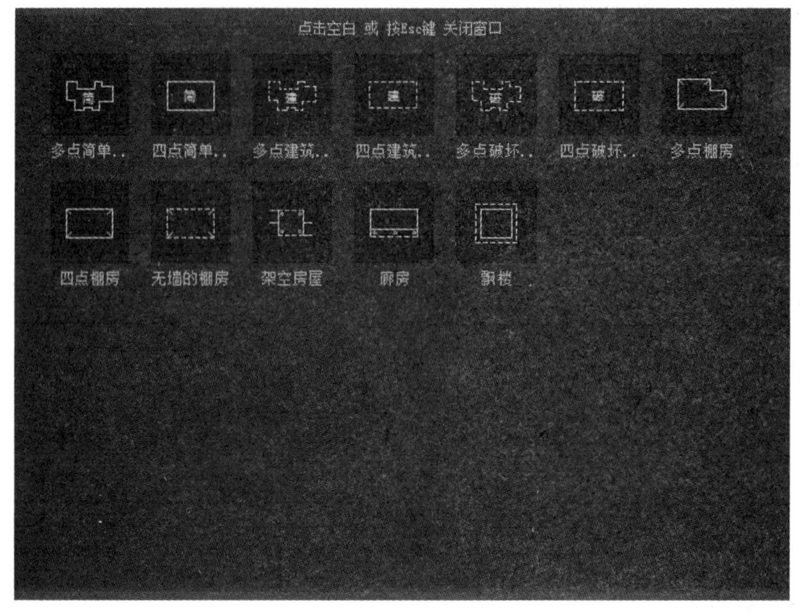

图 7-27　普通房屋图式界面

3）绘制交通设施。单击 CASS10.1 右侧屏幕菜单中“交通设施”选项，弹出显示交通设施图标界面，选择交通类型后，依命令行提示进行操作。图 7-28 所示为城市道路图式界面。

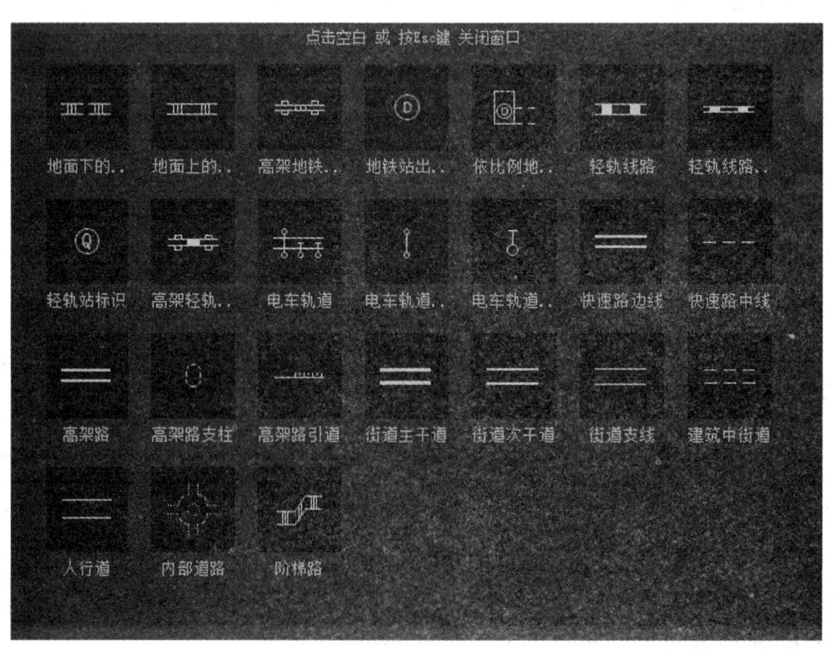

图 7-28　城市道路图式界面

4) 采用同样的操作方法可完成独立地物、水系设施、管线设施、植被土质、地貌土质等地物的绘制。

7.3.4　等高线的绘制

(1) 展高程点

单击“绘图处理”菜单下“展高程点”，进行高程点展绘。

(2) 建立数字地面模型(构建三角网)

单击“等高线”菜单下的“建立三角网”，按提示完成 DTM 的构建，如图 7-29 所示。

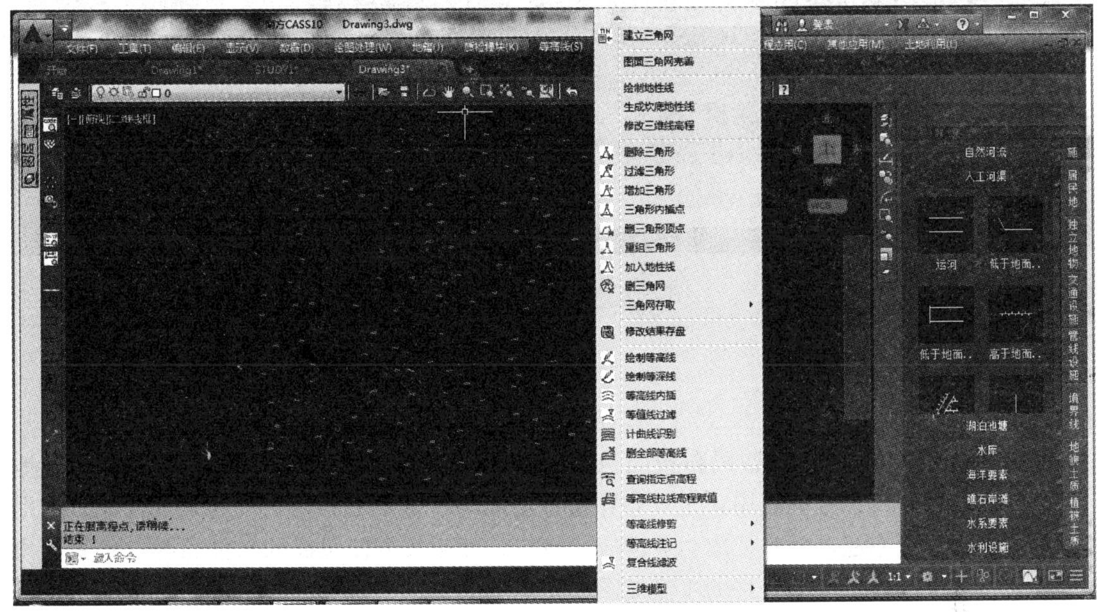

图 7-29　建立三角网示意图

(3)修改数字地面模型(修改三角网)

删除没有等高线通过的局部范围内的三角形。可删除单个三角形，也可通过“删三角形顶点”命令删除所有与该点相连的三角形。过滤掉形状不佳的三角形，通过交换四边形的对角线重组三角形。

(4) 绘制、修饰等高线

单击“等高线”菜单下的“绘制等高线”，按提示完成等高线的绘制，并修饰，如图 7-30 所示。

7.3.5　地形图的处理与输出

在连接好打印机或绘图仪后，单击“文件”菜单下的“绘图输出”，进行绘图。

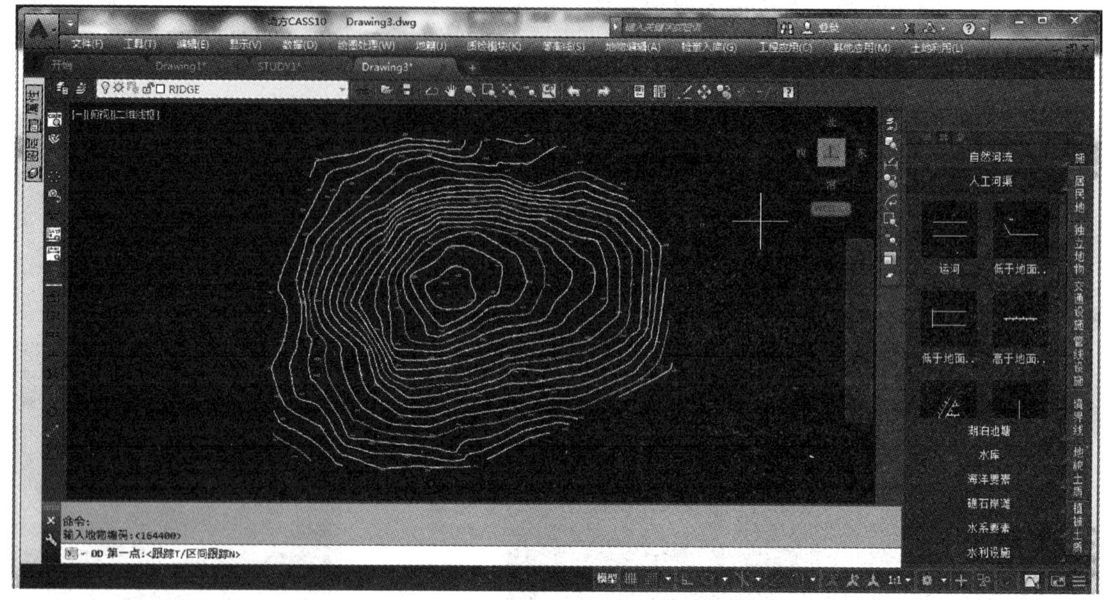

图 7-30　绘制和修饰等高线

7.3.6　数字测图软件介绍

CASS 软件是广东南方数码科技股份有限公司基于 CAD 平台开发的一套集地形、地籍、空间数据建库、工程应用、土石方算量等功能为一体的软件系统。CASS 软件自推出以来，市场占有率遥遥领先，成为业内应用较广、使用较方便快捷的软件品牌，也是用户量较大、升级较快、服务较好的主流成图和土石方计算软件系统。CASS10.1 版本相较以前各版本除了在平台、基本绘图功能上做了进一步升级之外，还优化了内部代码，最大限度地支持用户自定义成果样式；突破 AutoCAD 的平台限制，解决大影像数据加载和病毒等问题。作为功能强大、覆盖行业范围广泛的成图软件品牌，CASS 服务用户超过 20 年，深入行业内各领域的应用。CASS 对特定的行业领域，推出多行业版本，如勘测定界版、矿山版、工程版、管线版、水上版、竣工测量版、农村地籍版等。

CASS 采用全球公认的优秀图形与设计平台 AutoCAD，继承和应用 AutoCAD 的最新技术成果并积累了丰富的开发经验。CASS 结合在成图和入库数据整理领域的丰富经验，真正实现了数据成图建库一体化，同时满足地形地籍专业制图和 GIS 建库的需要，减少重复劳动。数据生产、图形处理、数据建库一步到位。

CASS 软件的使用有以下几个优势：

1. 操作简单、功能丰富

CASS 软件操作界面简单方便、整饰功能强大，绘制时具备自动保存功能。软件操作界面基本按操作流程划分，简单方便。既可使用传统的下拉式菜单，也可使用最新的面板式菜单。所有常用功能提供快捷按钮。任何操作过程在命令行内均有提示；功能丰富，主要功能有地形图绘制、地籍图绘制、工程应用、入库检查、城市部件、土地详查等。

2. 特殊地物批量处理

对有规律分布的地物、地貌能实现自动化功能，批量处理，如路灯、井盖、等高线等。有规律分布的独立地物(如路灯、井盖等)，可沿直线或者曲线等分内插，也可按指定距离在线上分布；填充类符号(如稻田、菜地)，均可在新绘制区域、已有封闭区域，或者单线上进行填充；等高线可通过建立 DTM，批量或者单根绘制，也提供手工绘制的方法。

3. 图形实体检查

能够实现图面自动查错功能，自动检测一些逻辑错误，并提示用户修改。软件提供图形实体检查工具，可检查的内容包括编码正确性、属性完整性、图层正确性、符号线型线宽、高程注记、建筑物注记、复合线重复点、高线检查、复合线检查等。检查完毕，会输出检查列表，用户通过双击可定位到错误的图上位置。列表中，详细描述了错误类型，用户可根据提示进行修改。检查条件用户可自定义，检查结果信息能进行输出、导入。

4. 图形实体分类统计

能按范围对地形图中的地物、地貌进行分类统计，如草地、耕地、建筑房屋的总面积，6 层、8 层、20 层建筑物各自的数量等。软件提供专有分类统计工具，对统计内容进行设置，就可以在指定封闭的统计范围内，得到分类统计的结果，结果以报表和提示框两种形式输出。

5. 支持多种格式参考文件

软件支持 dwg、dgn、mif、xls、word、jpeg、jpg、航片等参考文件，同时能快速参考、快速参考关闭、快速合并。dgn 和 mif 格式文件，提供转入接口。xls、word、jpeg、jpg 等参考文件，可直接通过参考文件接口插入软件绘图环境，放入专有图层，能快速参考、合并或关闭。

6. 丰富的数据输入输出接口

(1) 数据输入

主流型号的全站仪采集的数据，均有输入接口。型号较特别的全站仪，采集的数据也提供转换接口；主流型号 GPS 采集的数据，配备转换接口，南方 GPS 采集的数据可直接导入；手工输入观测数据，无论是否带有控制点，均可进行转换生成标准数据文件。

(2) 数据输出

经过编辑和检查的数据，可以通过图幅整饰打印输出；可以输出常见的 GIS 数据格式(如 shp 和 mif/mid 等)；也可输出明码交换文件格式(如 cas 等)。

7. 支持多种测量外业数据的处理

常见的集中外业测量模式(草图法、编码法、电子平板、掌上平板等)，均提供对应的内业成图模式。

8. 方便实用的属性面板

为用户提供方便而实用的属性面板，可以快速查询当前图形上有多少图形实体，其编码、图层、颜色、位置、属性字段等信息能一目了然。

9. 兼容多种软件生成的数据

对于由山维、开思、瑞得、威远图、Microstation、MapGIS 等常见软件生成的数据，均提供导入接口。由其他软件生成的 dwg 格式数据文件，提供一个丰富的转换接口，可自定义将图层、字体、颜色、线型、图块等信息，与 CASS 进行转换导入。

任务 7.4　地形图的应用

学习引导

在各项工程建设的规划、设计阶段，需要了解工程建设地区的地形和环境条件等资料，以便使规划、设计符合实际情况。一般来说，是以地形图的形式提供这些资料的。本任务分别介绍纸质地形图的应用原理和数字地形图的应用案例。地形图应用的内容包括确定图上某点的坐标，确定图上两点间的距离和直线坐标方位角，确定图上某点的高程，确定图上某直线的坡度，量算图形面积，按指定线路绘制纵断面图，按限制坡度选择最短路线，确定汇水面积，场地平整中的土石方估算。数字地图相关方法的原理和纸质地图的一样，因此只在案例部分以 CASS 软件为例介绍数字地形图的应用。

7.4.1　地形图应用的基本内容

传统地形图通常是绘制在纸上的，它具有直观性强、使用方便等优点，但也存在易损、不便保存、难以更新等缺点。数字地形图是以数字形式存储在计算机存储介质上的地形图。与传统的纸质地形图相比，数字地形图具有明显的优越性和广阔的发展前景。随着计算机技术和数字化测绘技术的迅速发展，数字地形图已广泛地应用于国民经济建设、国防建设和科学研究的各个方面，如城市规划、工程建设的设计、交通工具的导航、环境监测和土地利用调查等。

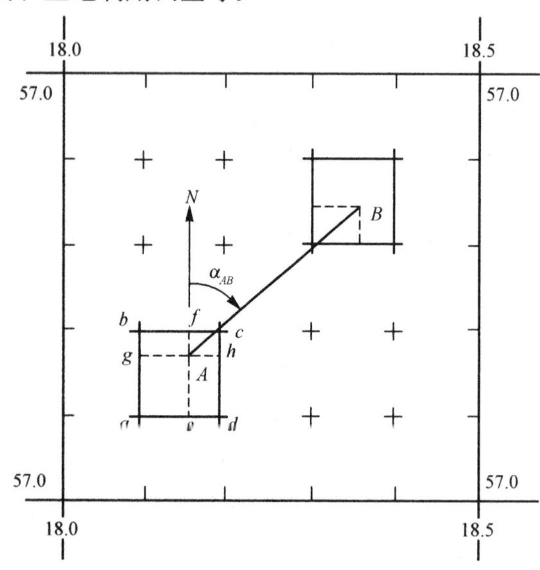

图 7-31　求图上某点的坐标

在计算机软件的支持下，利用数字地形图可以很容易地获取各种地形信息，如量测各个点的坐标，量测闭合多边形的面积，量测点与点之间的距离，量测直线的方位角、点的高程、两点间的坡度和在图上设计坡度线等。

1. 确定图上某点的坐标

点的坐标是根据地形图上标注的坐标格网的坐标值确定的。

如图 7-31 所示，欲求 A 点坐标，先将 A 点所在方格网 $abcd$ 用直线连接，过 A 点作格网线的平行线，交格网边于 g、h、f、e 点。再按测图比例尺量出 ag＝84.3m，ae＝72.6m，则 A 点坐标（图格坐标以千米为单位）为

$$x_A = x_a + ag = 57100 + 84.3 = 57\ 184.3(\mathrm{m})$$
$$y_A = y_a + ae = 18100 + 72.6 = 18\ 172.6(\mathrm{m})$$

如考虑图纸变形，则 A 点坐标计算式为

$$\begin{cases} x_A = x_a + \dfrac{10}{ab} \cdot ag \cdot M \\ y_A = y_a + \dfrac{10}{ad} \cdot ae \cdot M \end{cases} \tag{7-3}$$

式中　ab、ad、ae、ag——图上量取的长度，cm；

M——比例尺分母；

x_a、y_a——a 点坐标。

2. 确定图上两点间的距离和直线坐标方位角

如图 7-31 所示，欲求 A、B 两点间的距离、坐标方位角，必须先用式(7-3)求出 A、B 两点的坐标，则 A、B 两点水平距离为

$$D_{AB} = \sqrt{(x_B - x_A)^2 + (y_B - y_A)^2} \tag{7-4}$$

AB 直线的坐标方位角为

$$\alpha_{AB} = \arctan \frac{y_B - y_A}{x_B - x_A} \tag{7-5}$$

式中　D——A、B 两点间实地水平距离；

α_{AB}——A、B 两点坐标方位角。

当 A、B 两点在同一幅图中时，可用比例尺或量角器，直接在图上量取距离或坐标方位角，但量得的结果比计算结果精度低。

3. 确定图上某点的高程

图上点的高程可通过等高线求得。若所求点恰好位于某等高线上，则该点高程就等于该等高线的高程。

如图 7-32 所示，A 点高程为 50m。若所求点在两等高线之间(B 点)，可过 B 作一条大致垂直两相邻等高线的线段 mn，在图上量出 mn 和 mB 的长度，则 B 点高程为

$$H_B = H_m + \frac{mB}{mn} h \tag{7-6}$$

式中　H_m——m 点的高程；

h——等高距。

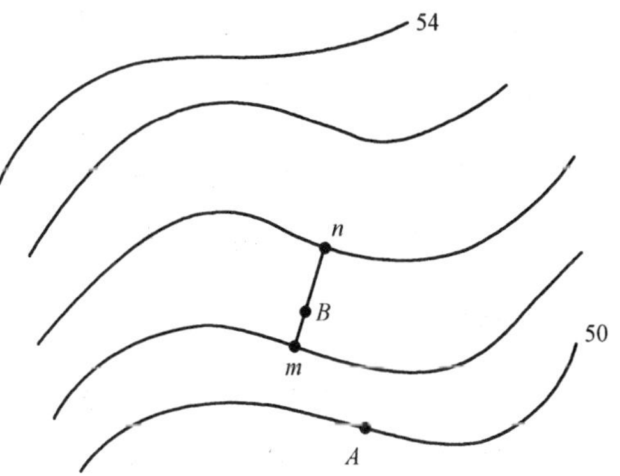

图 7-32　求图上点的高程

实际求图上的某点高程时，一般都是目估 mB 与 mn 的比例来确定 B 点的高程。

4. 确定图上某直线的坡度

地面上的坡度是该直线两端点的高差与其水平距离之比。确定某直线的坡度时可先在地形图上求出两端点的高差 h，再用上述求距离的方法求出该直线的水平距离 D，则该直线坡度 i 为

$$i = \frac{h}{D} = \frac{h}{dM} \times 100\% \tag{7-7}$$

式中 i——坡度；

h——两点间高差，m；

D——地面两点间水平距离，m；

d——两点间图上长度，mm；

M——测图比例尺分母。

5. 量算图形的面积

在地形图上量算面积的方法较多，应根据具体情况选择不同的方法。

(1) 多边形面积量算

1) 几何图形法。如图 7-33 所示，将所求多边形 12345 的面积分解为Ⅰ、Ⅱ、Ⅲ3 个三角形，分别量出各三角形的底边和高，求出各三角形面积，其面积总和即整个多边形的面积。这种将多边形划分为若干个几何图形来计算面积的方法称为几何图形法。

2) 坐标计算法。如图 7-34 所示，将任意四边形各顶点按顺时针编号，计为 1、2、3、4，各点坐标分别为 (x_1,y_1)、(x_2,y_2)、(x_3,y_3)、(x_4,y_4)。由图可知，四边形 1234 的面积等于梯形 3′344′加梯形 4′411′的面积再减去梯形 3′322′与梯形 2′211′的面积，即

$$A=\frac{1}{2}[(y_1+y_4)(x_4-x_1)+(y_3+y_4)(x_3-x_4)-(y_1+y_2)(x_2-x_1)-(y_2+y_3)(x_3-x_2)]$$

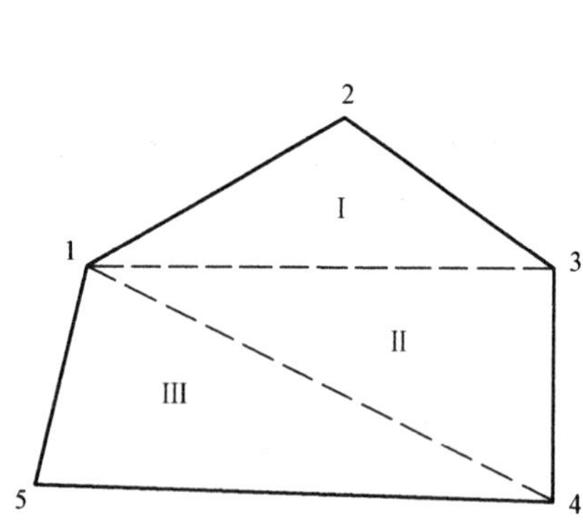

图 7-33 几何图形法求面积

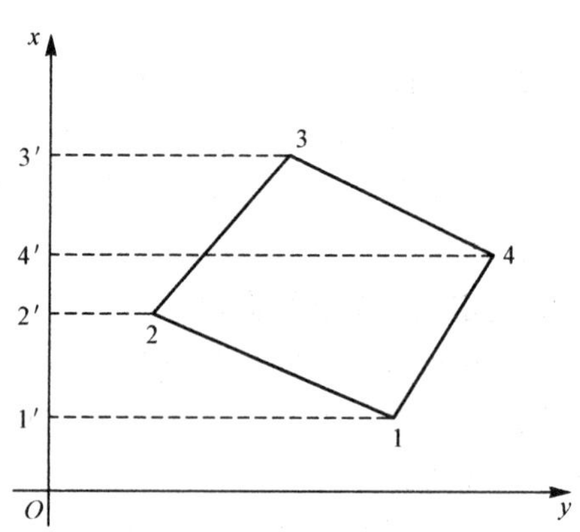

图 7-34 坐标计算法求面积

整理后得

$$A=\frac{1}{2}[y_1(x_4-x_2)+y_2(x_1-x_3)+y_3(x_2-x_4)+y_4(x_3-x_1)]$$

若图形为 n 边形，则一般形式为

$$A=\frac{1}{2}\sum_{i=1}^{n}y_i(x_{i-1}-x_{i+1}) \tag{7-8}$$

若四边形各顶点投影于 y 轴，则为

$$A=\frac{1}{2}[x_1(y_4-y_2)+x_2(y_1-y_3)+x_3(y_2-y_4)+x_4(y_3-y_1)]$$

其一般形式为

$$A=\frac{1}{2}\sum_{i=1}^{n}x_i(y_{i-1}-y_{i+1}) \tag{7-9}$$

式中　n——多边形边数。

当 $i=1$ 时，y_{i-1} 和 x_{i-1} 分别用 y_n 和 x_n 代入。

当 $i=n$ 时，y_{i+1} 和 x_{i+1} 分别用 y_{n+1} 和 x_{n+1} 代入。

此两公式算出的结果可用于计算检核。上述在地形图上求出各顶点的坐标，直接用坐标计算面积的方法称为坐标计算法。

(2) 曲线面积量算

1) 透明方格纸法。如图 7-35 所示，要计算曲线内的面积，将一张透明方格纸覆盖在图形上，数出曲线内的整方格数 n_1 和不足一整格的方格数 n_2。设每个方格的面积为 α（当为毫米方格时，$\alpha=1\text{mm}^2$），则曲线围成的图形实地面积为

$$A=\left(n_1+\frac{1}{2}n_2\right)\alpha M^2 \tag{7-10}$$

式中　M——比例尺分母。计算时应注意 α 的单位。

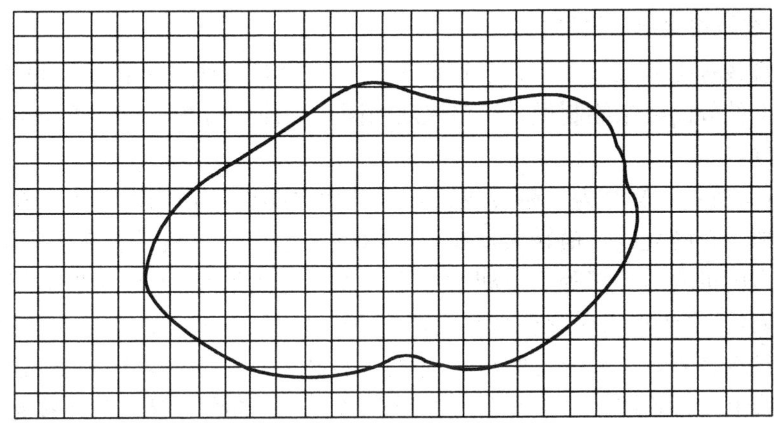

图 7-35　方格纸法求面积

2) 平行线法。如图 7-36 所示，在曲线围成的图形上绘出间隔相等的一组平行线，并使两条平行线与曲线图形边缘相切。将这两条平行线间隔等分，得相邻平行线间距为 h。每相邻平行线之间的图形近似为梯形。用比例尺量出各平行线在曲线内的长度为 $l_1, l_2, \cdots, l_n$，则各梯形面积为

$$A_1=\frac{1}{2}h(0+l_1)$$

$$A_2=\frac{1}{2}h(l_1+l_2)$$

$$\vdots$$

$$A_n=\frac{1}{2}h(l_{n-1}+l_n)$$

$$A_{n+1}=\frac{1}{2}h(l_n+0)$$

图形总面积为

$$A=A_1+A_2+\cdots+A_{n+1}=h(l_1+l_2+\cdots+l_n) \tag{7-11}$$

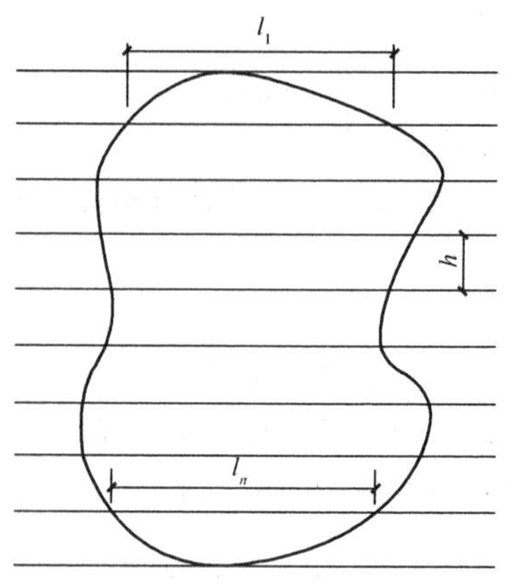

图 7-36　平行线法求面积

6. 按指定线路绘制纵断面图

在道路、管线等工程设计中，为了较详细地了解设计沿线方向的地面坡度变化情况，常利用地形图上的等高线来绘制设计线路纵断面图，以便进行挖、填土方量的概算和合理地选定线路坡度。

如图 7-37(a)所示，MN 为一越岭线路，需沿此方向绘纵断面图。首先在图纸下方或方格纸上绘出两垂直的直线，横轴表示距离，纵轴表示高程。然后在地形图上，从 M 点开始，沿线路方向量取两相邻等高线间的平距，按一定比例尺(可以是地形图比例尺，也可另定一个比例尺)将各点依次绘在横轴上，得 M、1、2、…、c、9、N 点的位置。再从地形图上求出各点高程，按一定比例尺(一般比距离比例尺大 10 倍或 20 倍)绘在横轴相应各点向上的垂线上，最后将相邻垂线上的高程点用平滑的曲线(或折线)连接起来，即得路线 MN 方向的纵断面图，如图 7-37(b)所示。

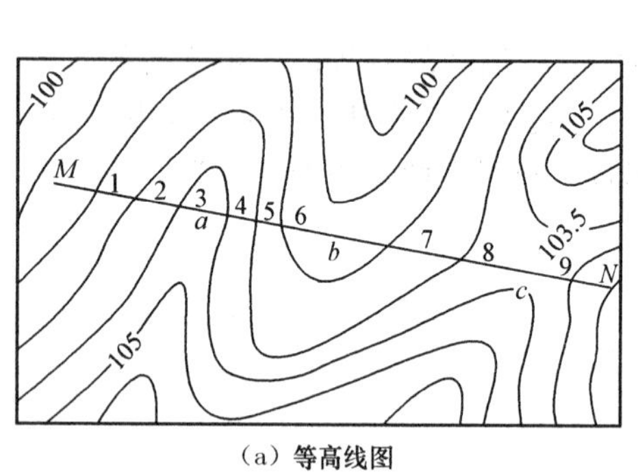

(a) 等高线图

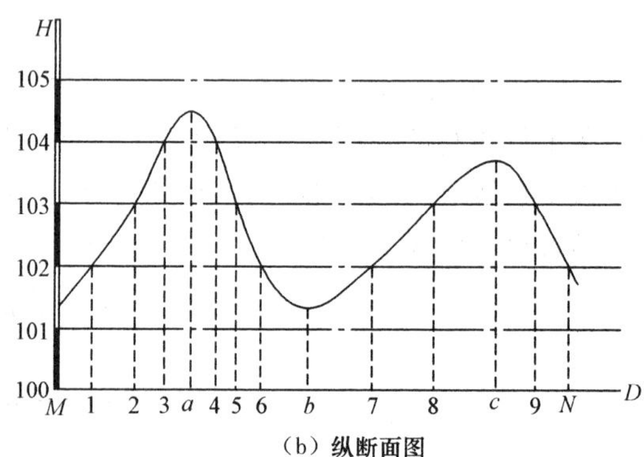

(b) 纵断面图

图 7-37　绘制纵断面图

7. 按限制坡度选择最短路线

在路线方案设计时，往往要根据地形图选择某一限制坡度的路线，以确定最佳方案。

如图 7-38 所示，地形图比例尺为 1∶1000，等高距为 1m，欲在山下 A 点与山上 D 点之间设计一条公路，指定坡度不大于 5%，要求选择最短路线。先按指定坡度计算相邻两

等高线在图上的最短距离为

$$d=\frac{h}{iM}=\frac{1}{0.05\times 2000}=0.010(\mathrm{m})$$

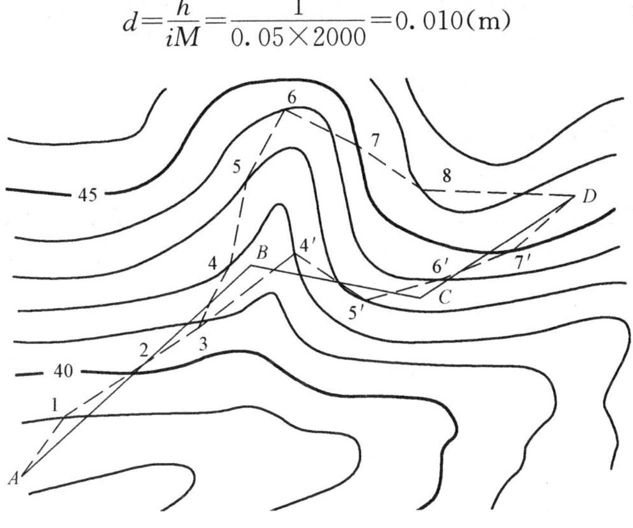

图 7-38　确定限制坡度线路

然后以 A 为圆心，以 1cm 为半径画弧，与 39m 等高线交于 1 点；再以 1 为圆心，以 1cm 为半径画弧，与 40m 等高线交于 2 点；依此作法，到 D 点为止，将各点连接即得 $A-1-2-3-4-5-6-7-8-D$ 限制坡度的最短路线。还有另一条路线，即在交出点 3 之后，将 23 直线延长，与 42m 等高线交于 4′点，3、4′两点距离大于 1cm，故其坡度不会大于指定坡度 5%，再从 4′点开始按上述方法选出 $A-1-2-3-4'-5'-6'-7'-D$ 的路线。

最终路线的确定要根据地形图综合考虑各种因素对工程的影响，如少占耕地，避开滑坡地带，土石方工程量小等，以获得最佳方案。图 7-38 中，设最后选择 $A-1-2-3-4'-5'-6'-7'-D$ 为设计路线。按路线设计要求，将其去弯取直后，设计出图上路线导线 $ABCD$。根据地形图求出各导线点 A、B、C、D 坐标后，可用全站仪在实地将路线上标定出来。

8. 确定汇水面积

在修筑桥梁、涵洞或修建水坝等工程建设中，需要知道有多大面积的雨水往这个河流或谷地汇集。地面上某区域内雨水注入同一山谷或河流，并通过某一断面(如道路的桥涵)，这一区域的面积称为汇水面积。显然汇水面积的分界线为山脊线。

如图 7-39 所示，公路 AB 通过山谷，在 M 处要建一涵洞，为了设计孔径的大小，要确定该处汇水面积。由图 7-39 看出，流往 AB 断面的汇水面积，即 AB 断面和与该山谷相邻的山脊线的连线所围成的面积(图中虚线部分)。可用上述任一方法测定该面积的大小。

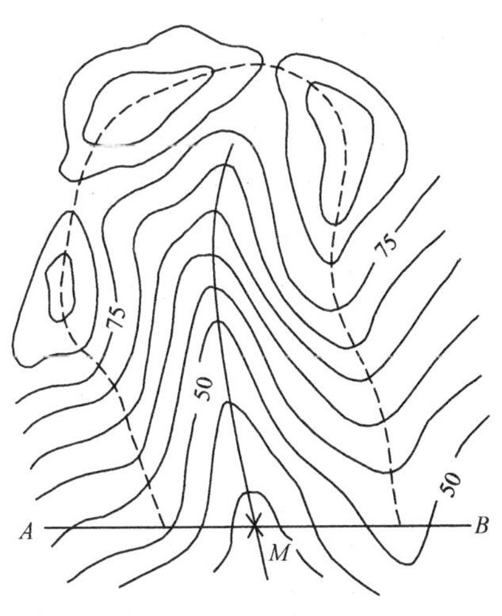

图 7-39　确定汇水面积

9. 场地平整中的土石方估算

土木工程建设中，常要把地面整理成水平面。利用地形图可进行平整场地的土石方估算，实际就是体积的计算问题。

大面积的土石方估算常用方格网法。图 7-40 为 1∶1000 地形图，要求将原有一定起伏的地形平整成一水平场地，步骤如下。

(1) 绘方格网并求格网点高程

在地形图上拟平整场地范围内绘方格网，方格网边长主要取决于地形的复杂程度、地形图比例尺的大小和土石方估算的精度要求，一般为 10m 或 20m。然后根据等高线目估内插各格点地面高程，并注记在格点右上方。

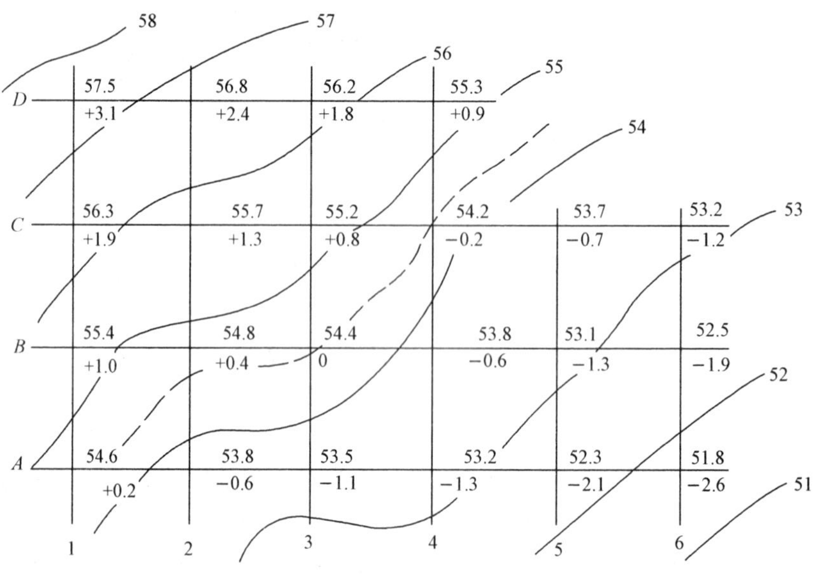

图 7-40　方格网法估算土石方

(2) 确定场地平整的设计高程

应根据工程的具体要求确定设计高程。大多数工程要求挖方量和填方量大致平衡，这时设计高程的计算方法是：先将每一方格的 4 个格点高程相加后除以 4，得各方格的平均高程；再将每个方格的平均高程相加后除以方格总数，即得设计高程。从计算设计高程的过程和图 7-40 可以看出，角点 $A1$、$D1$、$D4$、$C6$、$A6$ 的高程只参加一次计算，边点 $B1$、$C1$、$D2$、$D3$、$C5$……的高程参加两次计算，拐点 $C4$ 的高程参加三次计算，中点 $B2$、$C2$、$C3$……的高程参加四次计算，因此，设计高程的计算公式为

$$H=\frac{\sum H_{角}+2\sum H_{边}+3\sum H_{拐}+4\sum H_{中}}{4n} \tag{7-12}$$

式中　n——方格总数。

将图 7-40 中各格点高程代入式(7-12)，求出设计高程为 54.4m。在地形图中内插绘出 54.4m 等高线(图中虚线)，此即不填不挖的边界线，也称为零线。

(3) 计算挖、填方高度

用格点实际高程减去设计高程即得每一格点的挖方或填方的高度，即

$$挖(填)方高度=地面高程-设计高程 \tag{7-13}$$

将挖、填方高度注记在相应格点右下方(可改用红色笔注记)。正号为挖方，负号为填方。

(4) 计算挖、填方量

挖、填方量是将角点、边点、拐点、中点的挖、填方高度，分别代表 1/4、2/4、3/4、1 方格面积的平均挖、填方高度，故挖、填方量的计算式为

$$\begin{cases} 角点 \quad 挖(填)方高度\times\dfrac{1}{4}方格面积 \\ 边点 \quad 挖(填)方高度\times\dfrac{2}{4}方格面积 \\ 拐点 \quad 挖(填)方高度\times\dfrac{3}{4}方格面积 \\ 中点 \quad 挖(填)方高度\times方格面积 \end{cases} \tag{7-14}$$

实际计算时，可按方格线依次计算挖、填方量，然后计算挖方量总和及填方量总和。图 7-40 中土石方量计算式为(方格边长为 15m×15m)

$A \quad V_W=\dfrac{1}{4}\times225\times0.2=+11.25(m^3)$

$V_T=\dfrac{1}{4}\times225\times(-2.6)+\dfrac{2}{4}\times225\times(-0.6-1.1-1.3-2.1)=-720(m^3)$

$B \quad V_W=\dfrac{2}{4}\times225\times1.0+225\times0.4=+202.5(m^3)$

$V_T=225\times(0-0.6-1.3)+\dfrac{2}{4}\times225\times(-1.9)=-641.25(m^3)$

$C \quad V_W=\dfrac{2}{4}\times225\times1.9+225\times(1.3+0.8)=+686.25(m^3)$

$V_T=\dfrac{3}{4}\times225\times(-0.2)+\dfrac{2}{4}\times225\times(-0.7)+\dfrac{1}{4}\times225\times(-1.2)=-180(m^3)$

$D \quad V_W=\dfrac{1}{4}\times225\times(3.1+0.9)+\dfrac{2}{4}\times225\times(2.4+1.8)=+697.5(m^3)$

总挖方量为

$$\sum V_W\approx+1598(m^3)$$

总填方量为

$$\sum V_T\approx-1541(m^3)$$

7.4.2 地形图应用的案例

1. 基本几何要素的查询

基本几何要素的查询主要介绍如何查询指定点坐标、查询两点距离及方位、查询线长、查询实体面积。

(1) 查询指定点的坐标

如图 7-41 所示，要查询 1 号点的坐标，可单击“工程应用”菜单中的“查询指定点坐标”选项，用鼠标点取所要查询的点，则该点坐标显示在命令窗口中，“测量坐标：X=31195.000 米，Y=53197.000 米，H=0.000 米”。

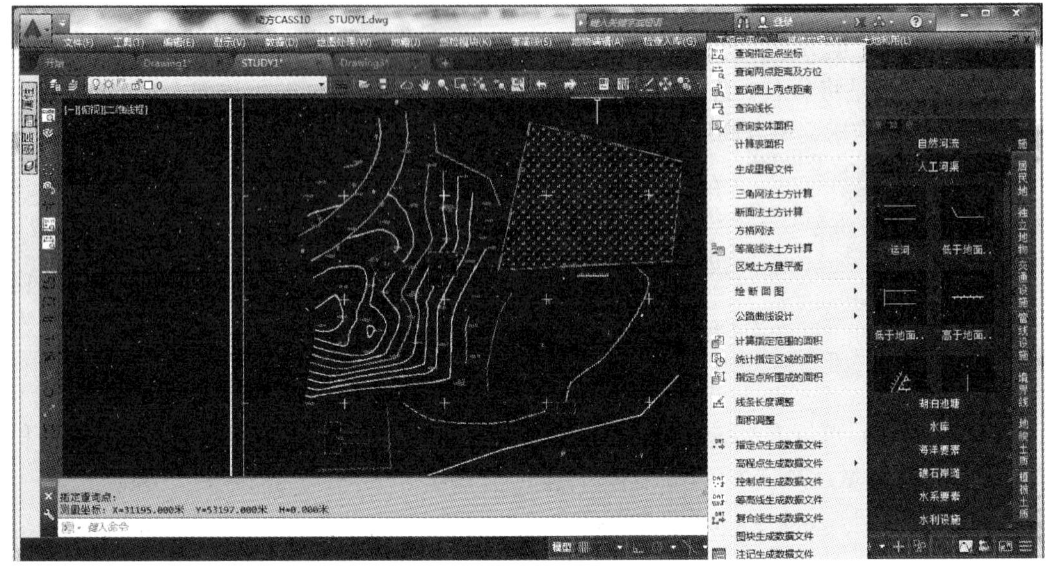

图 7-41　工程应用菜单

“查询指定点坐标”也可通过在命令栏中输入快捷命令“ID”或“CXIB”回车，然后用鼠标点取所要查询的点即可，如图 7-42 所示。

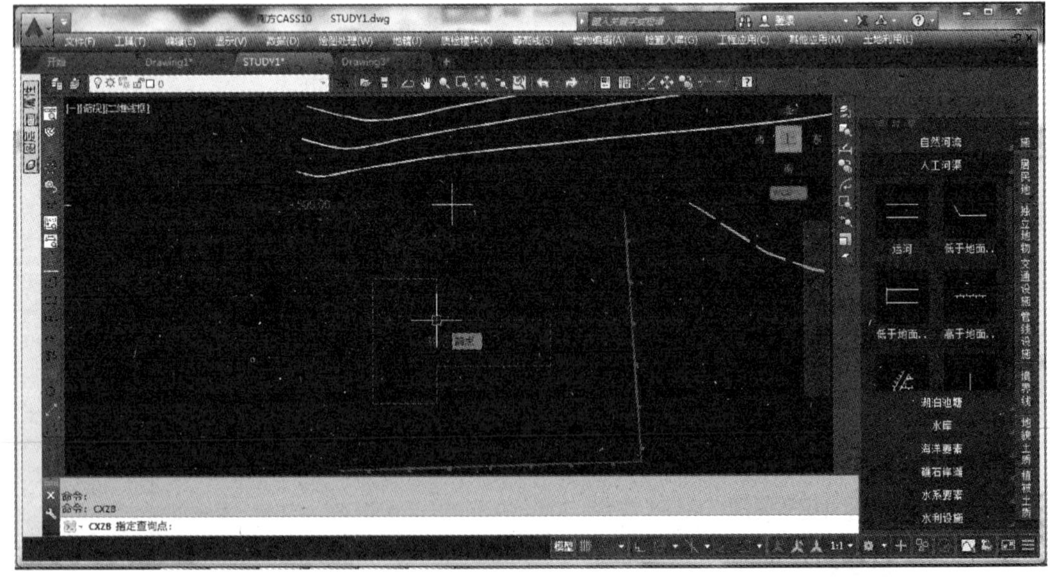

图 7-42　指定点坐标查询结果

(2)查询两点间距离及方位

单击“工程应用”菜单下的“查询两点距离及方位”选项，然后用鼠标分别点取所要查询的两点，则两点之间的距离及方位角在命令窗口显示出来。如图 7-43 所示，命令行提示“两点间距离＝30.067 米，方位角＝176 度 11 分 9.33 秒”。

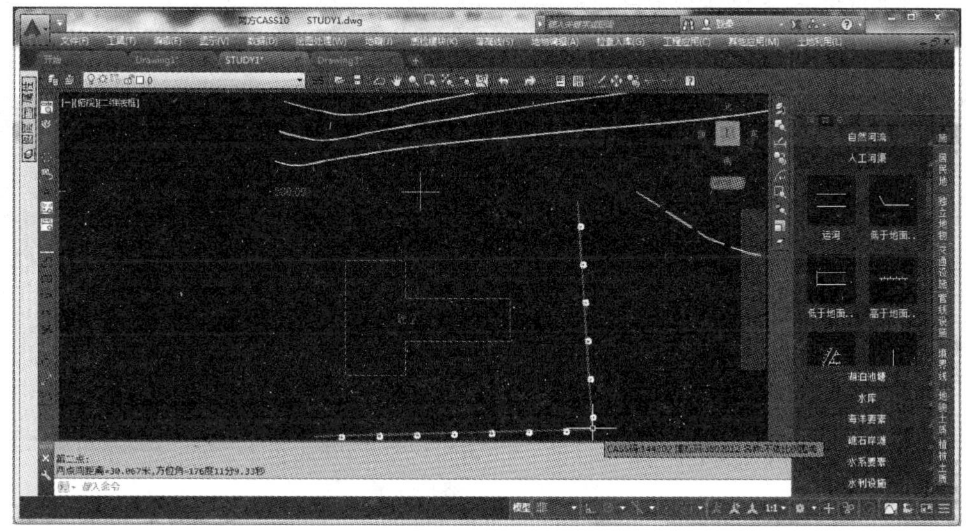

图 7-43　查询两点距离及方位结果

查询两点距离及方位，也可通过在命令窗口中输入快捷命令“distuser”，回车，之后用鼠标分别点取所要查询的两点即可。

(3)查询线长

欲查询线长，可单击“工程应用”菜单下的“查询线长”选项，如图 7-44 所示。然后用鼠标点取图上任意两点间曲线，结果显示在窗口中，如图 7-45 所示。

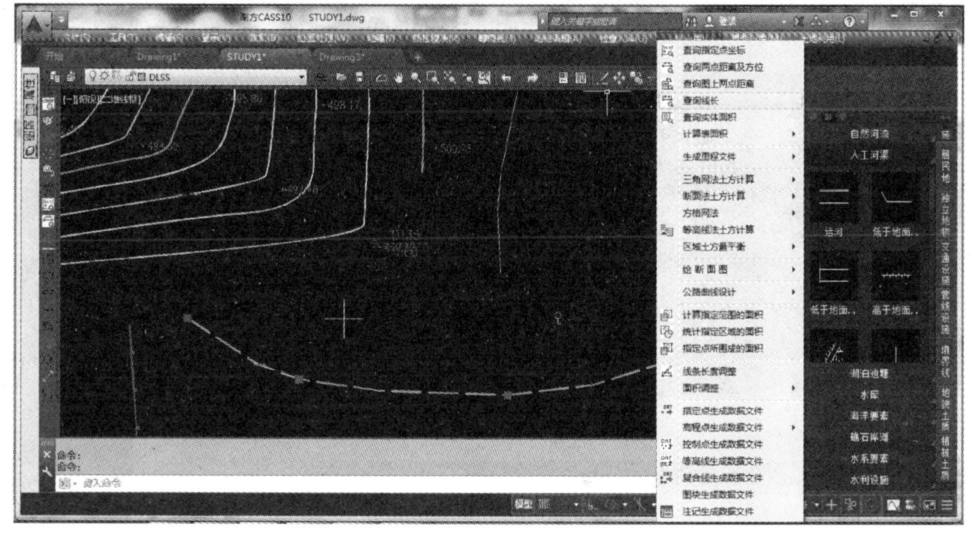

图 7-44　查询线长菜单

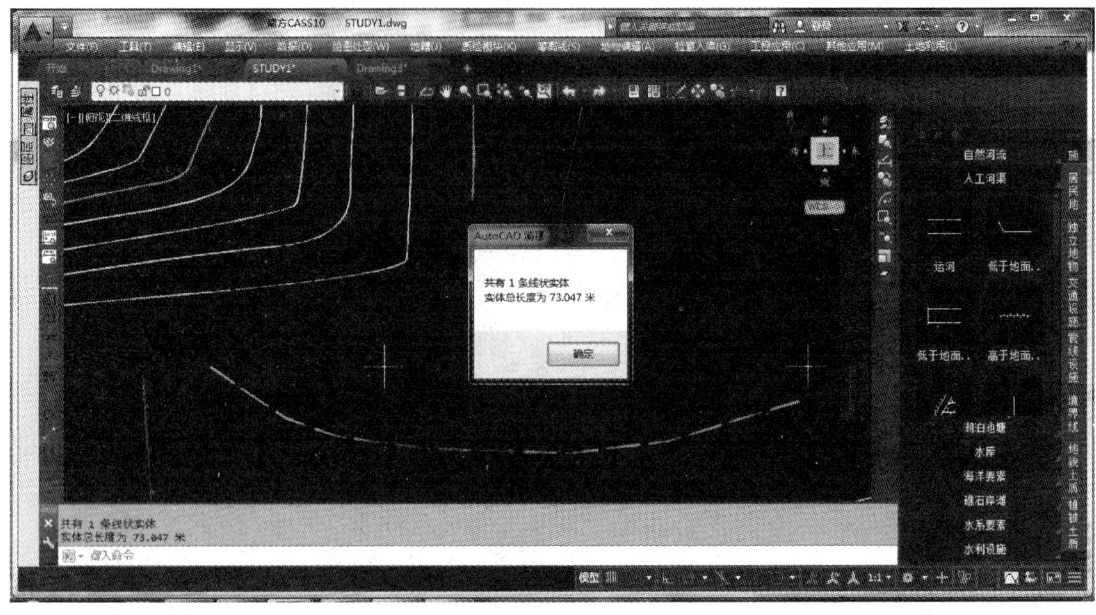

图 7-45　查询线长结果

(4)查询实体面积

欲查询图 7-46 中折线围成的实体的面积，可单击“工程应用”菜单下的“查询实体面积”选项，然后单击待查询的实体的边界线，查询结果在窗口中显示，可知实体面积为 197.00 平方米，如图 7-47 所示。

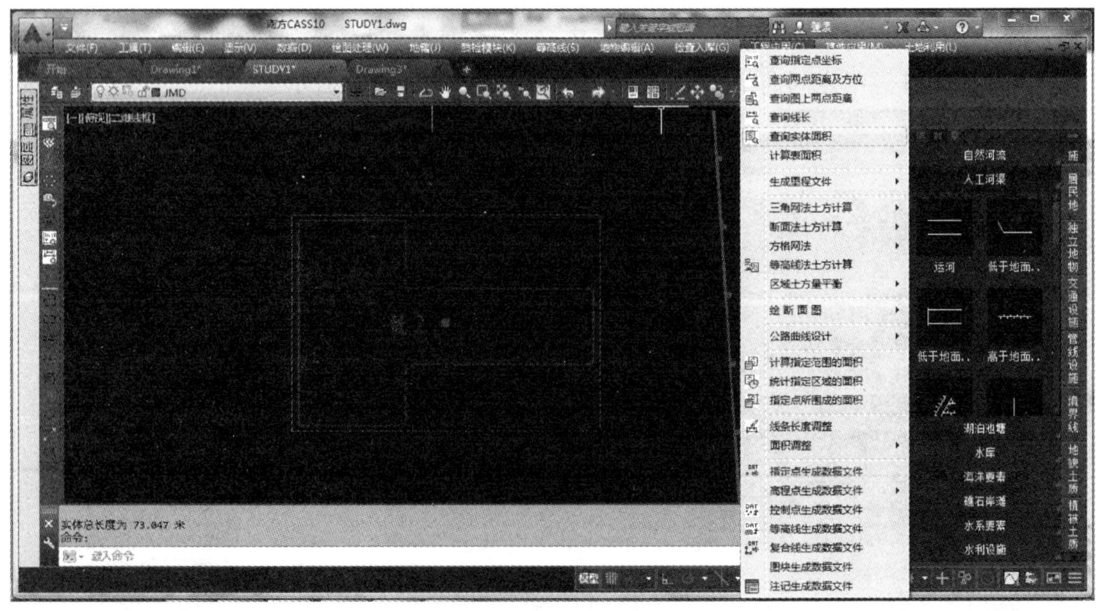

图 7-46　查询实体面积菜单

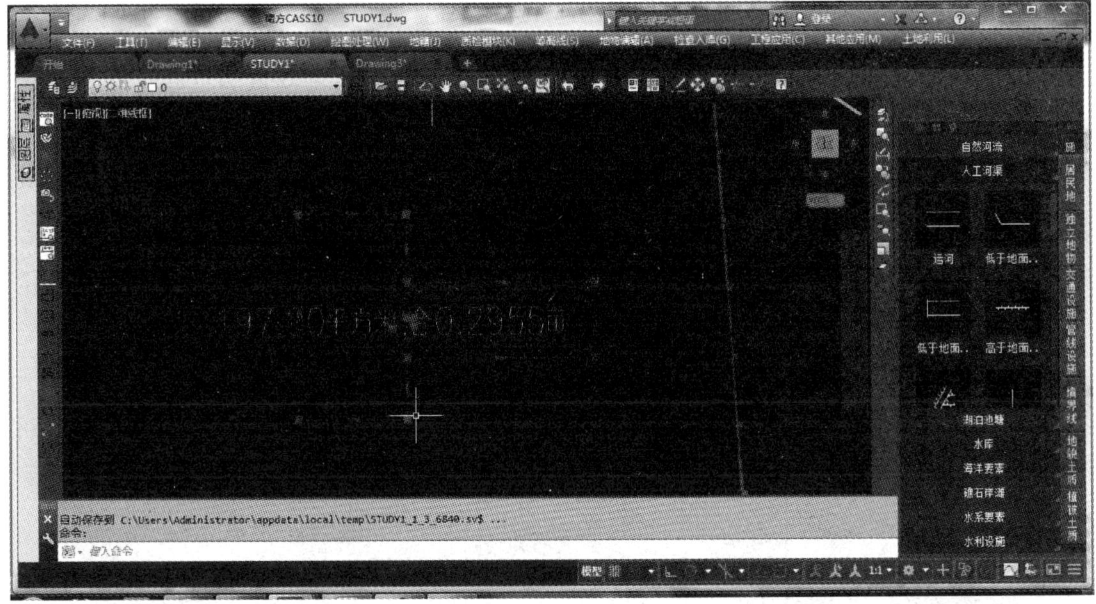

图 7-47　查询实体面积结果

2. 计算表面积

通过 DTM 建模(数字地面模型)，在三维空间内将高程点连接为带坡度的三角形，再通过将每个三角形面积累加，得到整个范围内不规则地貌的面积，图 7-48 为实体表面积查询菜单。

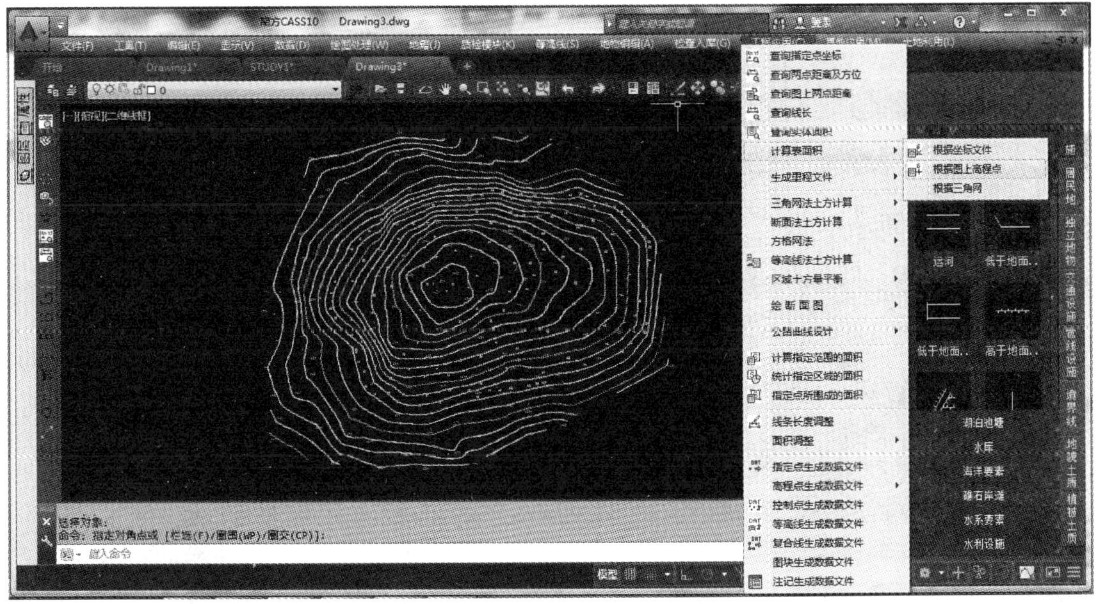

图 7-48　实体表面积查询菜单

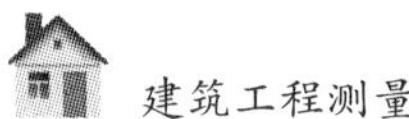

在图 7-49 命令窗口中输入边界插值间隔，边界插值间隔默认值为 20。图 7-50 为边界插值间隔为 20 时所建模的模型计算表面积的结果。如图 7-50 所示，命令窗口提示“表面积＝28006.134 平方米”。图 7-51 为边界插值间隔为 10 时所建模的模型计算表面积的结果。如图 7-51 所示，命令窗口提示“表面积＝28004.028 平方米”。

边界插值间隔不同时，同样的区域所建的模型计算表面积的结果会略有不同。但不影响在工程中的应用。

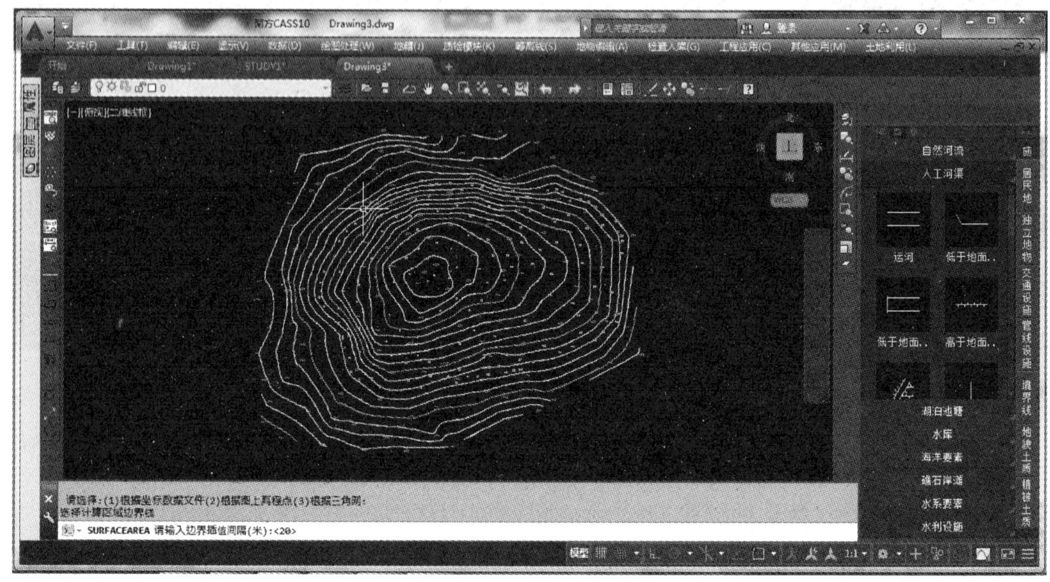

图 7-49 输入边界插值间隔

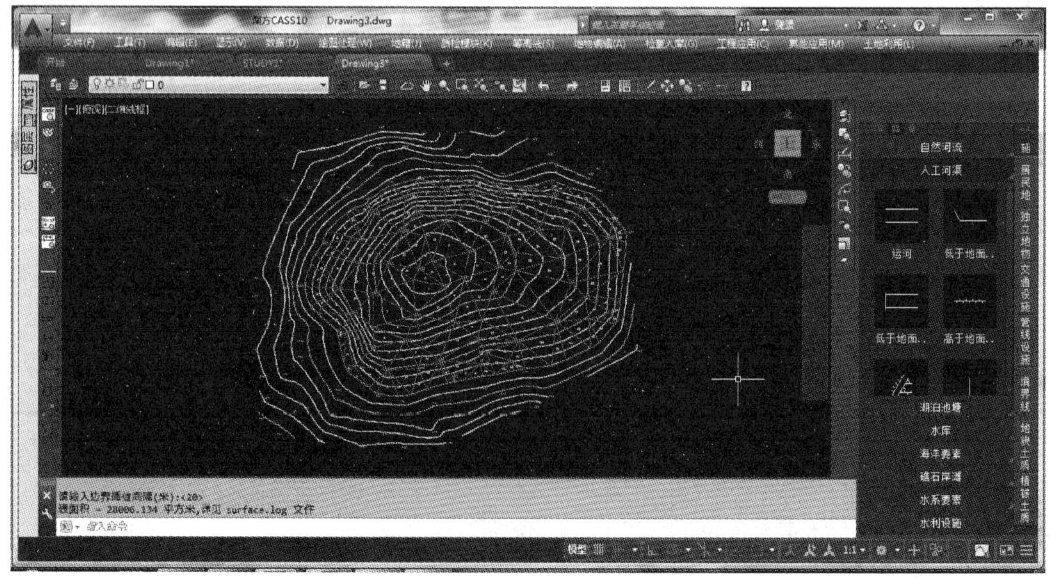

图 7-50 边界插值间隔为 20 时建模计算表面积的结果

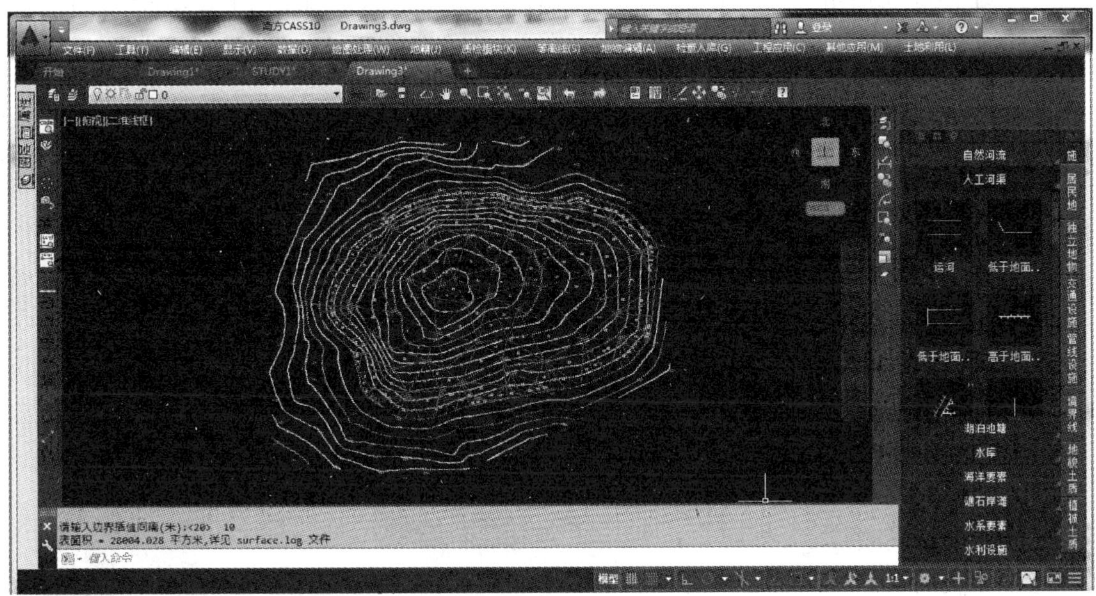

图 7-51　边界插值间隔为 10 时建模计算表面积的结果

3. 土方量的计算

(1) DTM(数字地面模型)法计算土方量

由 DTM 模型来计算土方量是根据实地测定的地面点坐标(X,Y,H)和设计高程，通过生成三角网来计算每一个三棱锥的填挖方量，最后累计得到指定范围内填方和挖方的土方量，并绘出填挖方分界线的。下面介绍根据图上高程点计算土方量。

1) 先要展绘高程点，然后用复合线画出所要计算土方的区域，如图 7-52 所示。

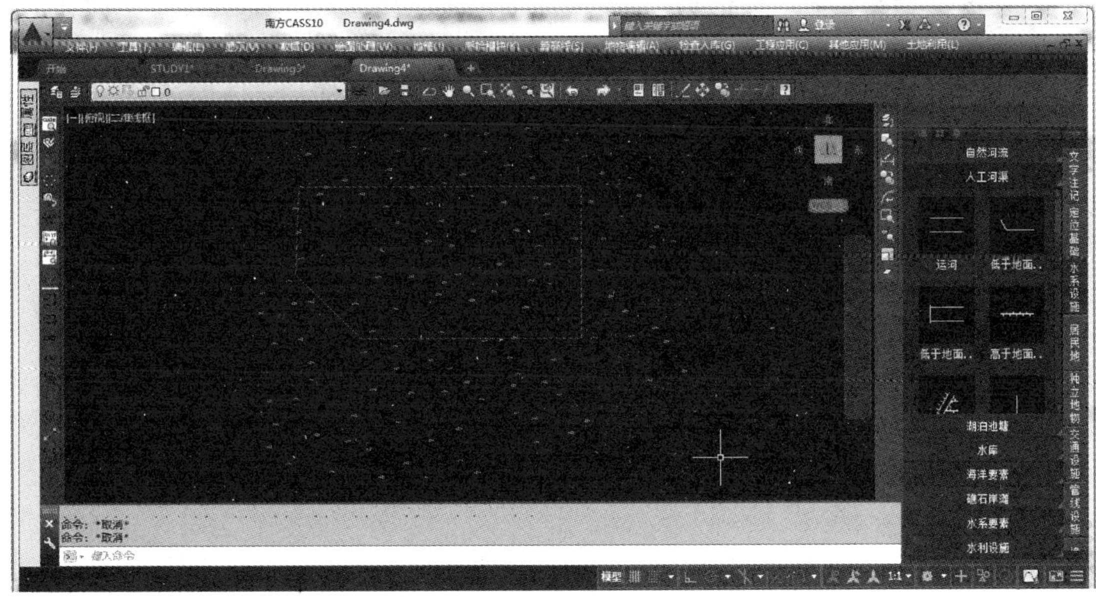

图 7-52　计算土方区域图

2）单击“工程应用”菜单下“三角网法土方计算”子菜单中的“根据图上高程点”选项，如图 7-53 所示。

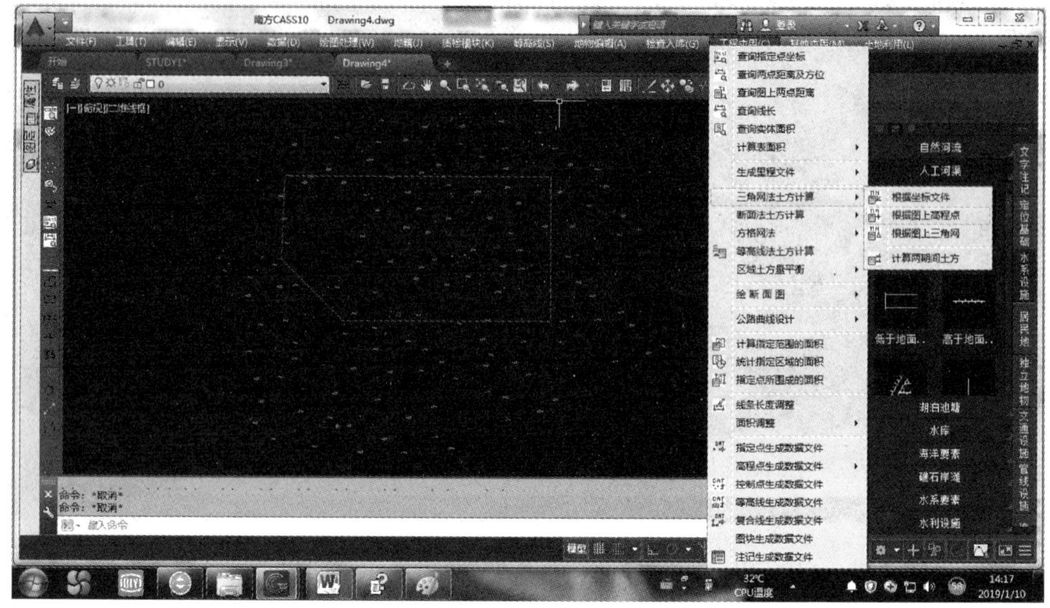

图 7-53　根据图上高程点计算

3）弹出“DTM 土方计算参数设置”对话框，如图 7-54 所示。

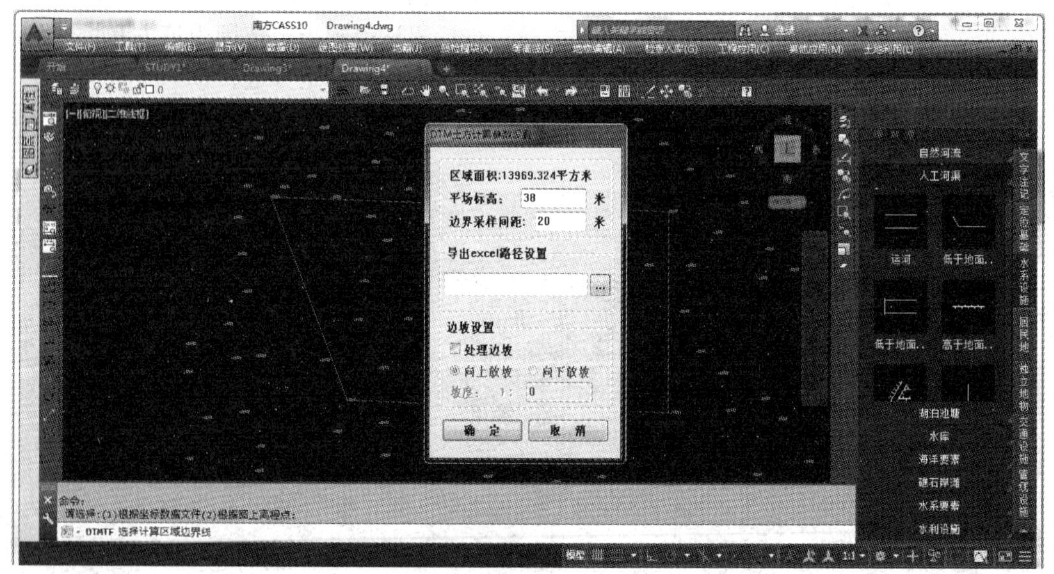

图 7-54　“DTM 土方计算参数”设置

注意以下几点。

区域面积：该值为复合线围成的多边形的水平投影面积。

平场标高：指设计要达到的目标高程。本例中，平场标高为 38m。

边界采样间距：边界插值间隔的设定，默认值为 20m。

4）设置好计算参数后屏幕上显示填挖方的提示框。命令窗口提示“挖方量＝0.0 立方米，填方量＝1525665.6 立方米”，如图 7-55 所示。

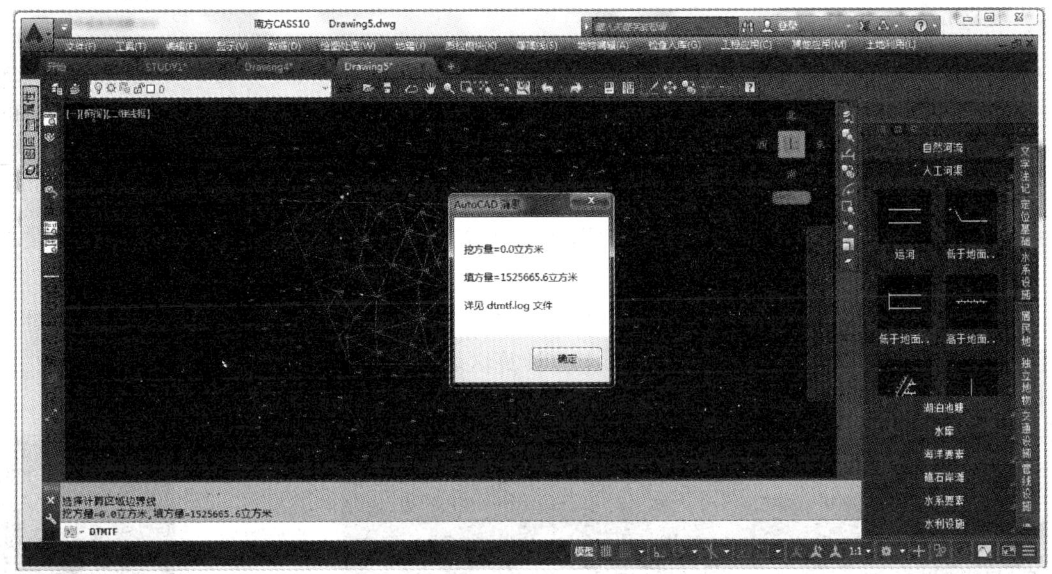

图 7-55　填挖方提示框示意图 1

5）关闭对话框后系统提示“请指定表格左下角位置：〈直接回车不绘表格〉”。用鼠标在图上适当位置单击，CASS10.1 会在该处绘出一个表格，包含平场面积、最小高程、最大高程、平场标高、挖方量、填方量和图形，如图 7-56 所示。

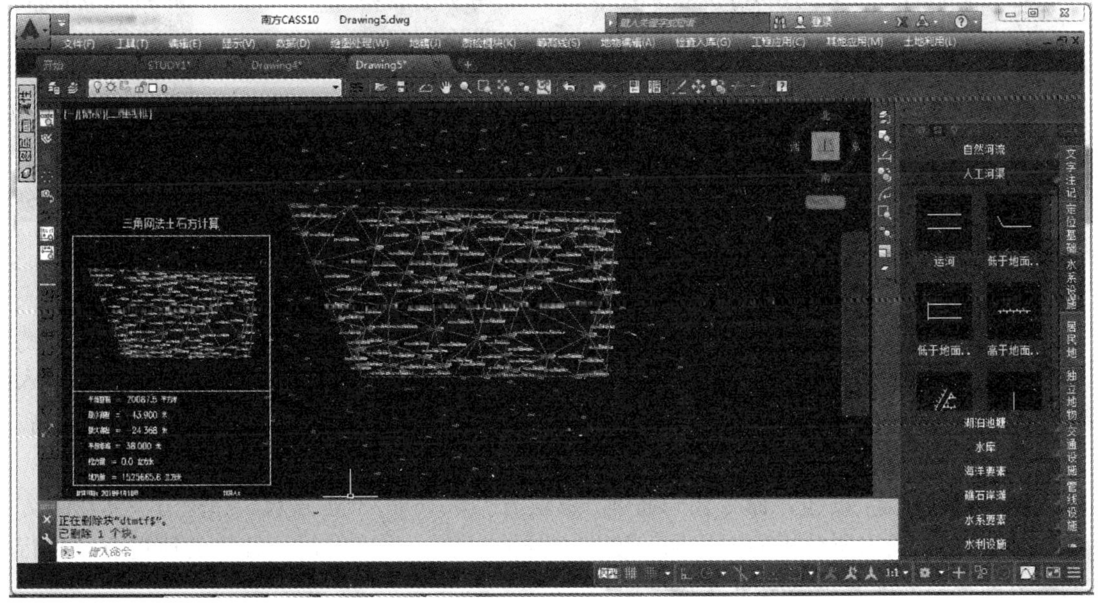

图 7-56　填挖方提示框示意图 2

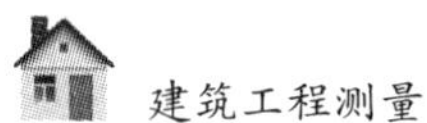

(2) 方格网法计算土方量

由方格网来计算土方量是根据实地测定的地面点坐标 (X,Y,H) 和设计高程，通过生成方格网来计算每一个方格内的填挖方量，最后累计得到指定范围内填方和挖方的土方量，并绘出填挖方分界线。

系统首先将方格的四个角上的高程相加(如果角上没有高程点，通过周围高程点内插得出其高程)，然后取平均值与设计高程相减。然后通过指定的方格边长得到每个方格的面积，再用长方体的体积计算公式得到填挖方量。方格网法简便直观，易于操作，因此这一方法在实际工作中应用非常广泛。方格网土方计算操作步骤如下。

1) 展野外观测点点号，用复合线画出所要计算土方的区域，一定要闭合，但是尽量不要拟合。

2) 执行“工程应用”→“方格网法”→“方格网法土方计算”命令，如图 7-57 所示。命令窗口提示“选择计算区域边界线”，选择土方计算区域的边界线(闭合复合线)。

图 7-57 方格网土方计算操作命令

3) 选择边界线后，系统弹出如图 7-58 所示“方格网土方计算”对话框。在对话框中选择所需的坐标文件；在“设计面”栏选择“平面”，并输入目标高程；在“方格宽度”栏，输入方格网的宽度，这是每个方格的边长，默认值为 20 米。方格的宽度越小，计算精度越高。但如果给的值太小，超过了野外采集的点的密度也是没有实际意义的。

4) 单击“确定”按钮，命令窗口提示“总填方＝801658.3 立方米，总挖方＝0.0 立方米”。同时图上给出所分析的方格网，填挖方的分界线，并给出每个方格的填挖方，每行的挖方和每列的填方。结果如图 7-59 所示。

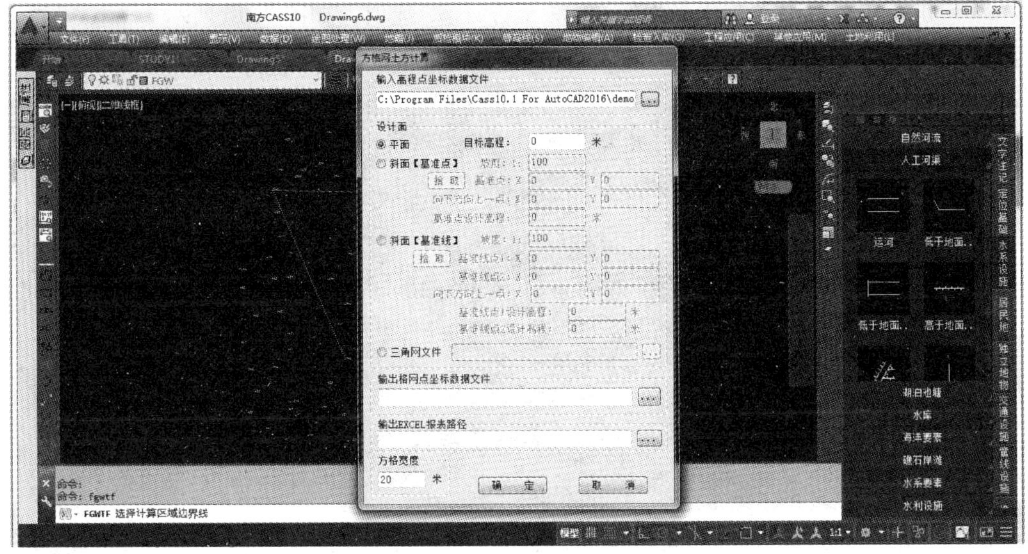

图 7-58 “方格网土方计算”对话框

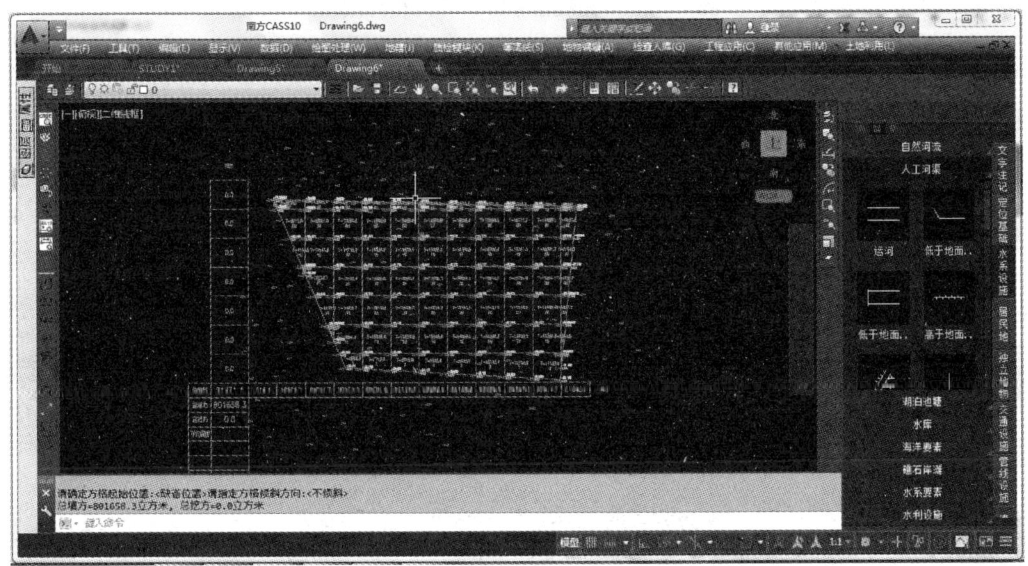

图 7-59 方格网法土方计算成果图

(3)等高线法计算土方量

将纸质地形图扫描矢量化后可以得到电子版图形。但这样的图都没有高程数据文件，所以无法用前面的几种方法计算土方量。但这些图都会有等高线，所以，CASS 开发了由等高线计算土方量的功能，专为这类情况设计。

用此功能可计算任两条等高线之间的土方量，但所选等高线必须闭合。由于两条等高线所围面积可求，两条等高线之间的高差已知，因而可求出这两条等高线之间的土方量。步骤如下。

1）单击“工程应用”菜单下的“等高线法土方计算”选项，如图 7-60 所示。

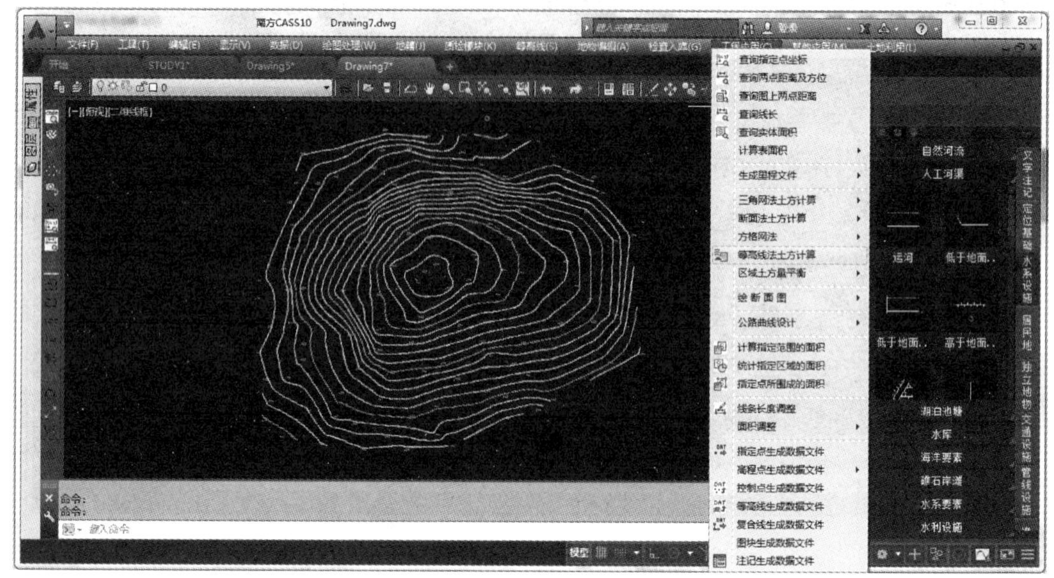

图 7-60　等高线法土方计算工程应用图

2）屏幕提示：选择参与计算的封闭等高线，可逐个点取参与计算的等高线，也可按住鼠标左键拖框选取。但是只有对封闭的等高线才有效。

回车后屏幕提示：输入最高点高程：〈直接回车不考虑最高点〉，DGXTF 选择对象，如图 7-61 所示。

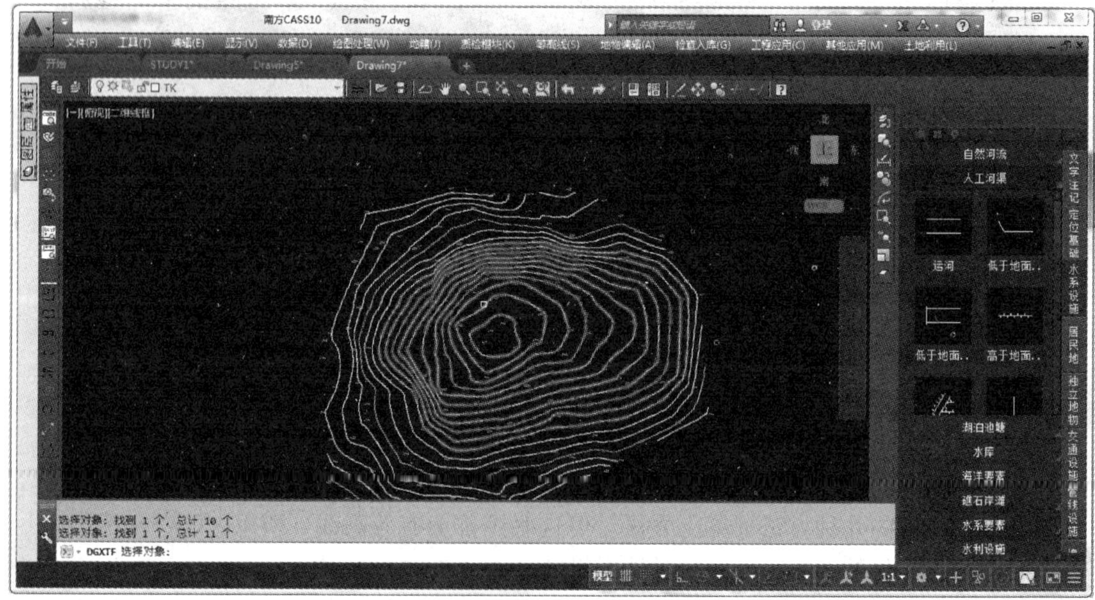

图 7-61　输入最高点高程示意图

3）回车后，屏幕弹出如图 7-62 所示总方量消息框。

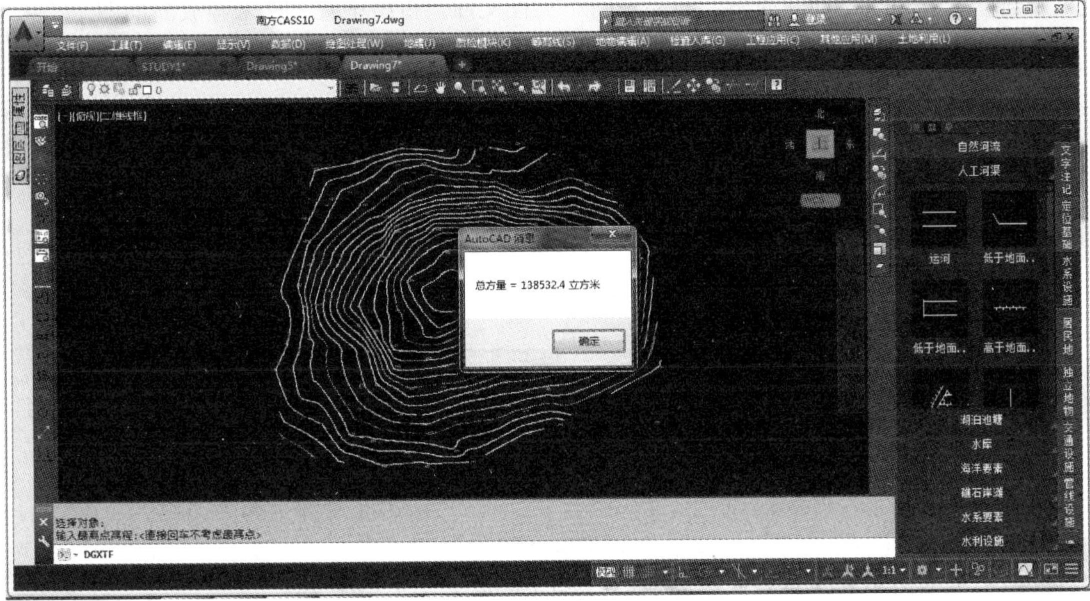

图 7-62　总方量消息框

4）回车后屏幕提示：请指定表格左上角位置：〈直接回车不绘制表格〉。在图上空白区域右击，系统将在该点绘出计算成果表格，如图 7-63 所示。

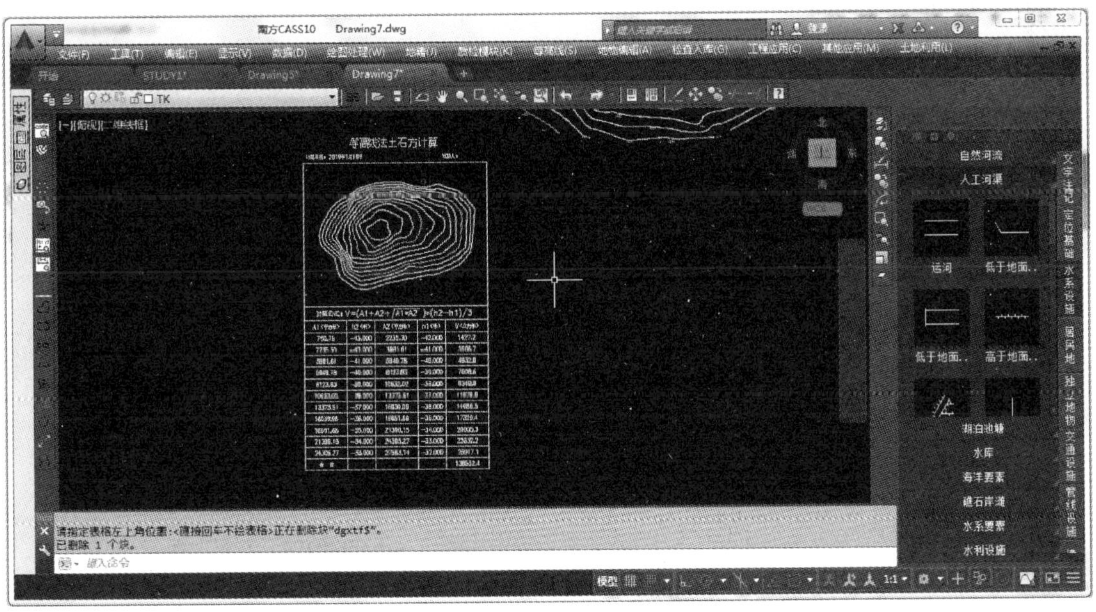

图 7-63　等高线法土方计算成果表格

4. 断面图的绘制

在CASS中绘制横断面图，需要先制作里程文件，再由里程文件来生成断面图。

(1) 由断面线制作里程文件

1) 展绘高程点。

① 单击"绘图处理"下拉菜单下的"展高程点"，展绘外业测量点数据文件，如图7-64所示。

② 在软件下方状态栏处设置绘图比例尺，然后回车确定，如图7-65所示。

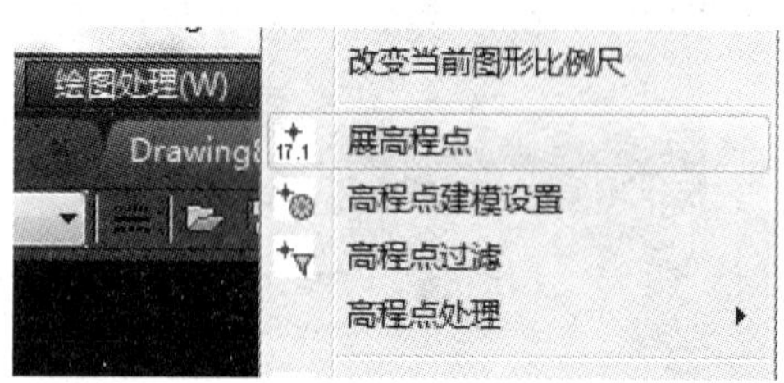

图7-64 展绘高程点

图7-65 设置绘图比例尺

③ 打开野外数据文件，展绘高程点，如图7-66和图7-67所示。

图7-66 选择数据文件

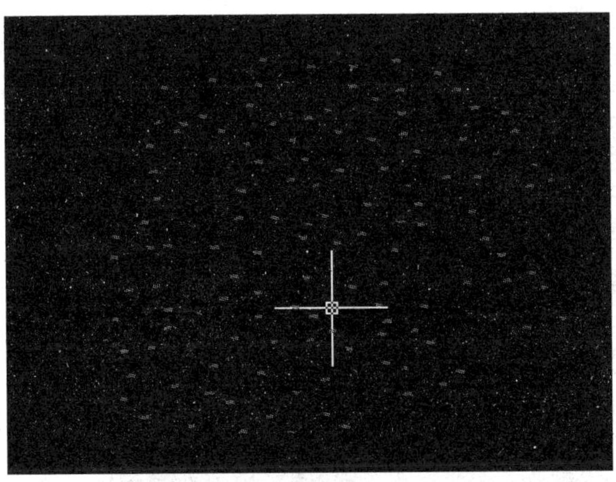

图 7-67 展绘高程点完成

2）绘制纵断面线。用多段线绘制一条纵断面线，横断面与此纵断面线垂直相交，如图 7-68 所示。

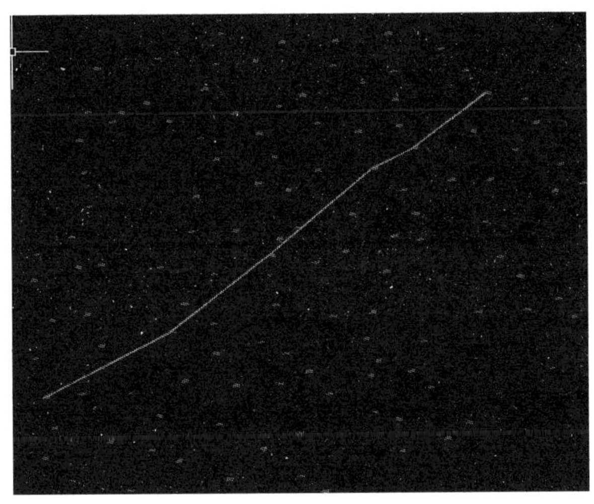

图 7-68 绘制纵断面线

3）用“由纵断面生成”工具生成里程文件。

① 在“工程应用”下拉菜单中执行“生成里程文件”→“由纵断面生成”→“新建”命令，如图 7-69 所示。

② 选择纵断面线，弹出如图 7-70 所示对话框。

对话框中“结点”表示处理纵断面线的结点不考虑等分；“等分”表示只对纵断面线等分不考虑结点；“等分且处理结点”表示既处理结点又考虑等分纵断面线。然后分别在对话框中输入横断面间距、横断面左边长度和横断面右边长度，单击“确定”按钮后生成如图 7-71 所示的横断面线。

③ 如图 7-72 所示，在“工程应用”下拉菜单中执行“生成里程文件”→“由纵断面生成”→“生成”命令，弹出如图 7-73 所示的对话框。

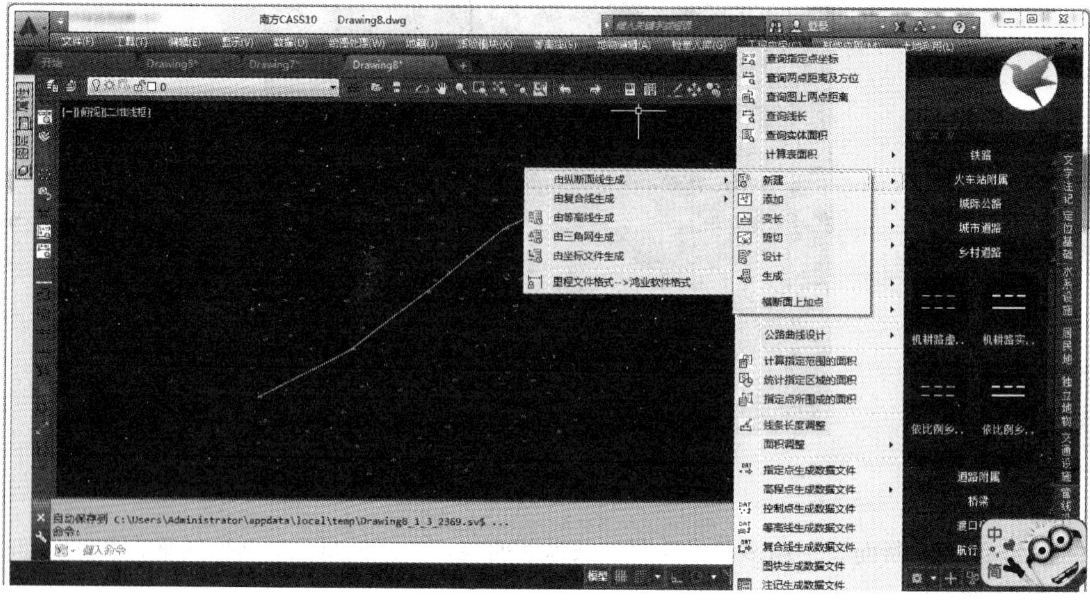

图 7-69　新建里程文件

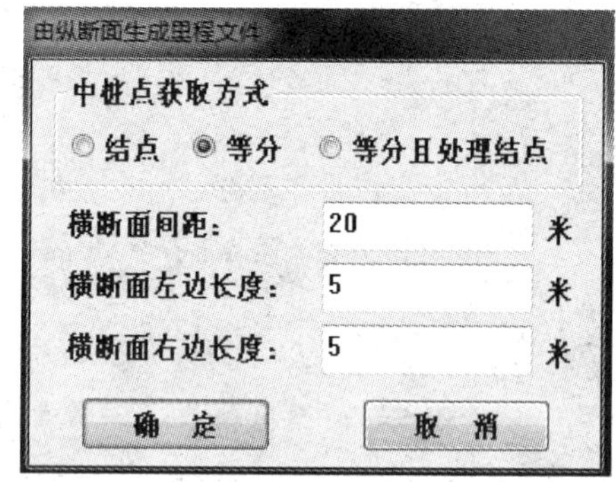

图 7-70　“由纵断面生成里程文件”对话框

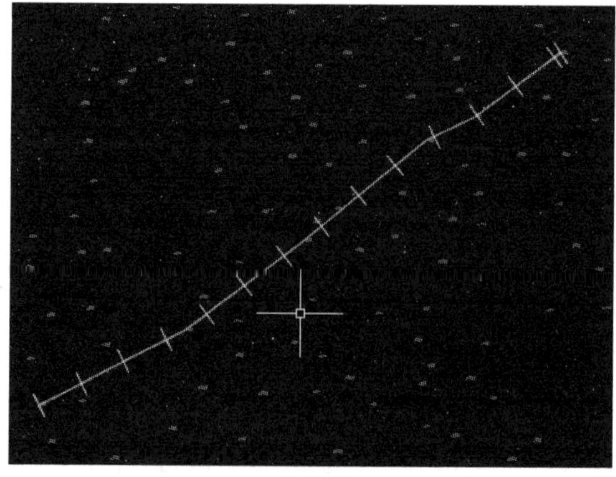

图 7-71　生成横断面线

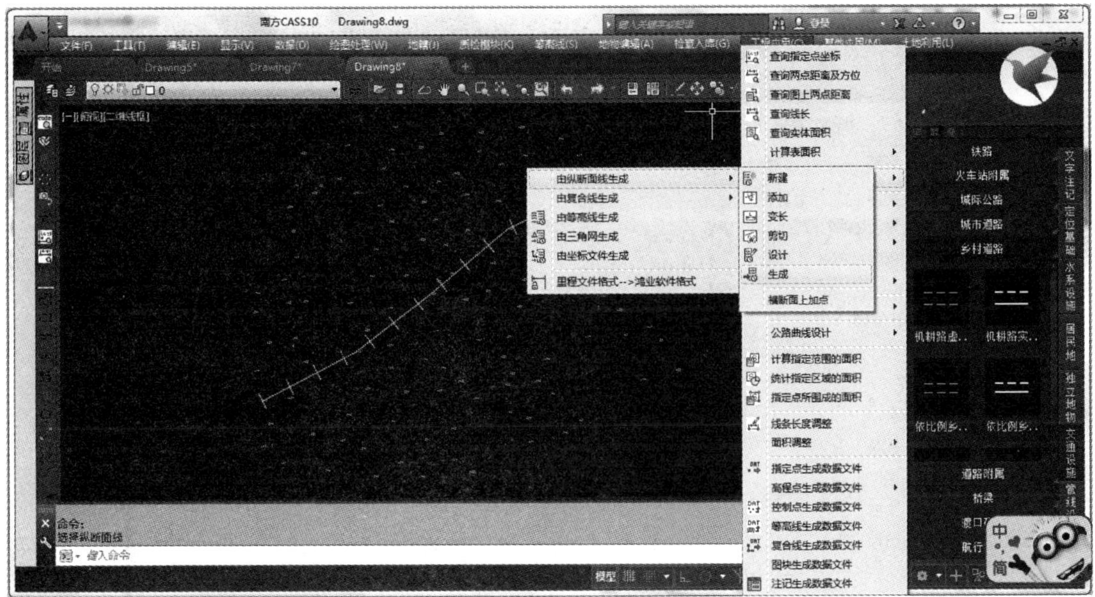

图 7-72　生成里程文件

图 7-73　“生成里程文件”对话框

首先，在“选择已知坐标获取方式”选项卡下的“坐标数据文件”，选择高程点的数据文件名，打开后弹出如图 7-74 所示对话框。

指定生成的里程文件保存的文件名和路径，设置断面线上插值间距和起始里程并保存。CASS 会在指定的路径下生成 *.hdm(里程文件)和 *.dat(横断面的点数据文件)两个数据文件。里程文件用于生成断面图。横断面的点数据文件内的数据如图 7-75 所示。

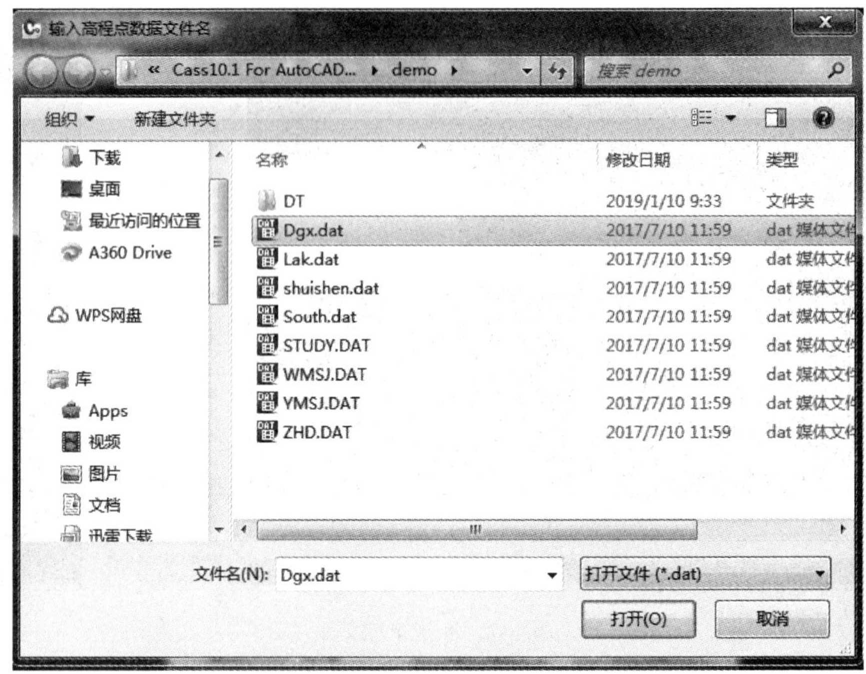

图 7-74 “输入高程点数据文件名”对话框

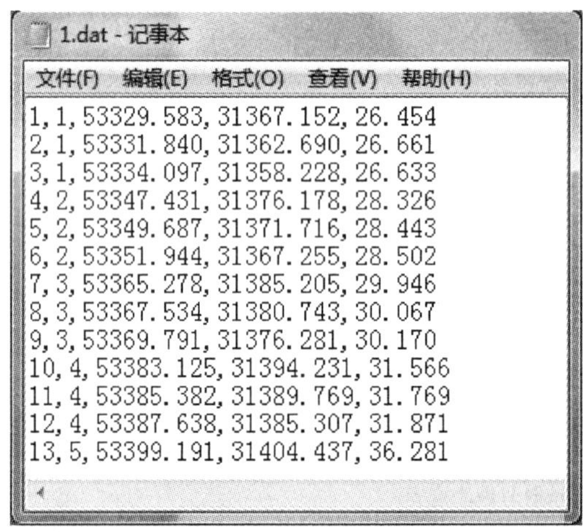
1.dat - 记事本

文件(F) 编辑(E) 格式(O) 查看(V) 帮助(H)

```
1,1,53329.583,31367.152,26.454
2,1,53331.840,31362.690,26.661
3,1,53334.097,31358.228,26.633
4,2,53347.431,31376.178,28.326
5,2,53349.687,31371.716,28.443
6,2,53351.944,31367.255,28.502
7,3,53365.278,31385.205,29.946
8,3,53367.534,31380.743,30.067
9,3,53369.791,31376.281,30.170
10,4,53383.125,31394.231,31.566
11,4,53385.382,31389.769,31.769
12,4,53387.638,31385.307,31.871
13,5,53399.191,31404.437,36.281
```

图 7-75 横断面的点数据文件内的数据

横断面点数据格式为“点名，属性，Y坐标，X坐标，高程”，其中“属性”代表是第几个横断面。

④ 对已确定好的横断面也可根据需要进行修改，包括添加、变长、剪切等。

添加：主要用来在纵断面线上添加横断面线。

变长：用于对横断面线的加长。

剪切：主要用边界切割线剪切横断面线。

(2) 由坐标文件生成里程文件

此方法是利用野外测量的横断面数据文件，直接生成横断面的里程文件，绘制横断面图。

1) 将坐标数据文件按如下格式编辑纯文本文件。

点号，$M1$，X 坐标，Y 坐标，高程

点号，1，X 坐标，Y 坐标，高程

点号，1，X 坐标，Y 坐标，高程

……

点号，$M2$，X 坐标，Y 坐标，高程

点号，2，X 坐标，Y 坐标，高程

点号，2，X 坐标，Y 坐标，高程

……

点号，Mi，X 坐标，Y 坐标，高程

点号，i，X 坐标，Y 坐标，高程

……

其中，代码 Mi 表示横断面的中心点，代码 i 表示该点是对应 Mi 的横断面上的点。

编辑完成的数据文件如图 7-76 所示。

2) 执行“工程应用”→“生成里程文件”→“由坐标文件生成”命令，显示如图 7-77 所示对话窗。输入相应文件名、起始里程，即可生成里程文件。

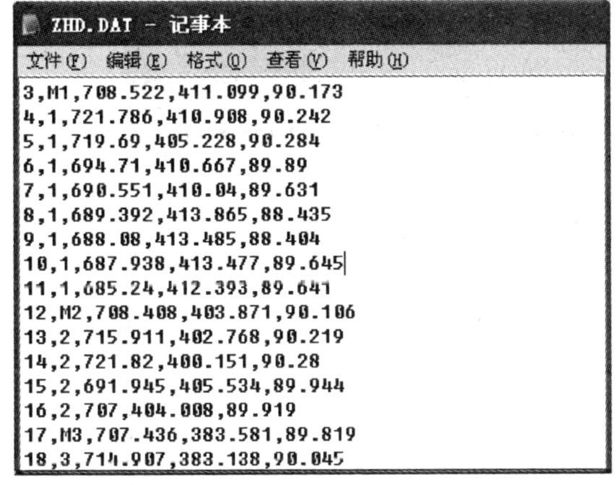
ZHD.DAT - 记事本

文件(F) 编辑(E) 格式(O) 查看(V) 帮助(H)

```
3,M1,708.522,411.099,90.173
4,1,721.786,410.908,90.242
5,1,719.69,405.228,90.284
6,1,694.71,410.667,89.89
7,1,690.551,410.04,89.631
8,1,689.392,413.865,88.435
9,1,688.08,413.485,88.404
10,1,687.938,413.477,89.645
11,1,685.24,412.393,89.641
12,M2,708.408,403.871,90.106
13,2,715.911,402.768,90.219
14,2,721.82,400.151,90.28
15,2,691.945,405.534,89.944
16,2,707,404.008,89.919
17,M3,707.436,383.581,89.819
18,3,714.907,383.138,90.045
```

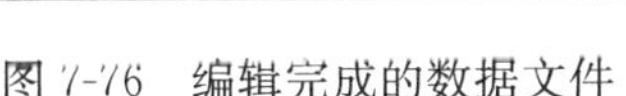
图 7-76　编辑完成的数据文件

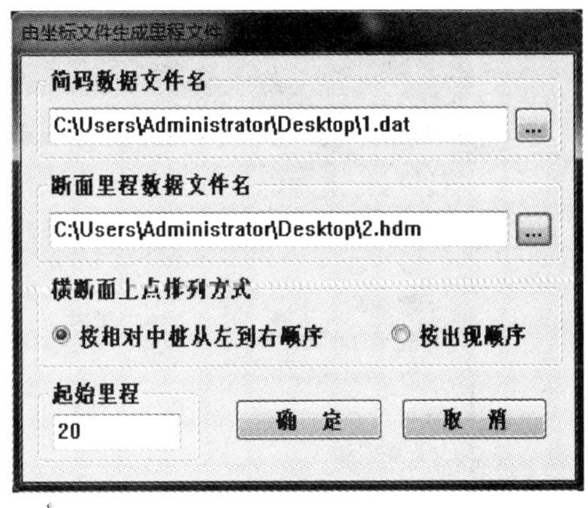

图 7-77　“由坐标文件生成里程文件”对话框

(3)根据里程文件，绘制横断面图

一个里程文件可包含多个断面的信息，此时绘断面图就可一次绘出多个断面。

1) 在“工程应用”下拉菜单中执行“绘断面图”→“根据里程文件”命令，绘制断面图，如图 7-78 所示。

2) 在弹出的对话框中选择已经做好的里程文件，如图 7-79 所示。

3) 在弹出的对话框中设置横断面图的参数：断面图比例、起始标注等，如图 7-80 所示。

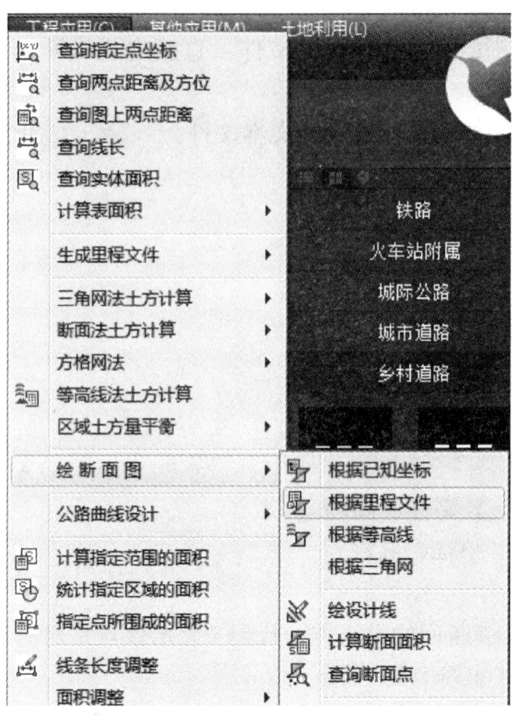

图 7-78 使用“根据里程文件”命令绘制横断面图

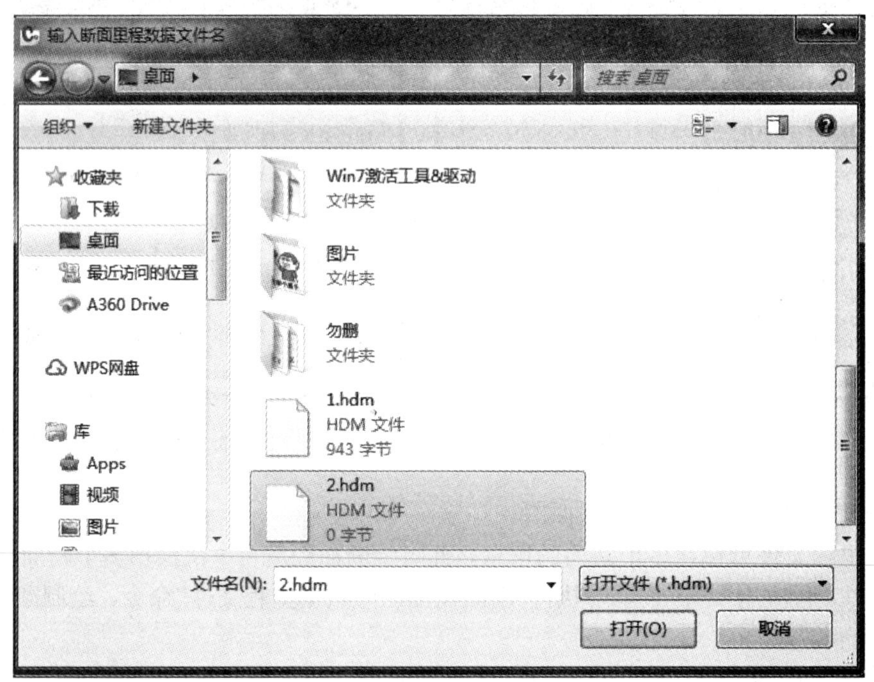

图 7-79 选择里程文件

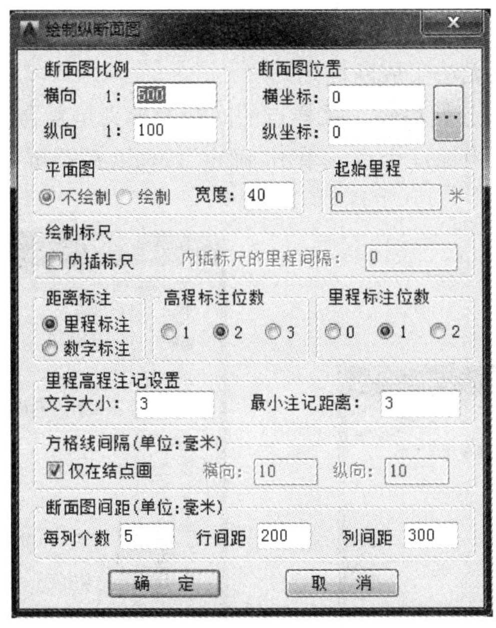

图 7-80　断面图设置对话框

4) 单击图 7-80 对话框中的“断面图位置”栏的□，在图上选择横断面图摆放的位置，然后单击“确定”按钮即可生成横断面图(图 7-81)。

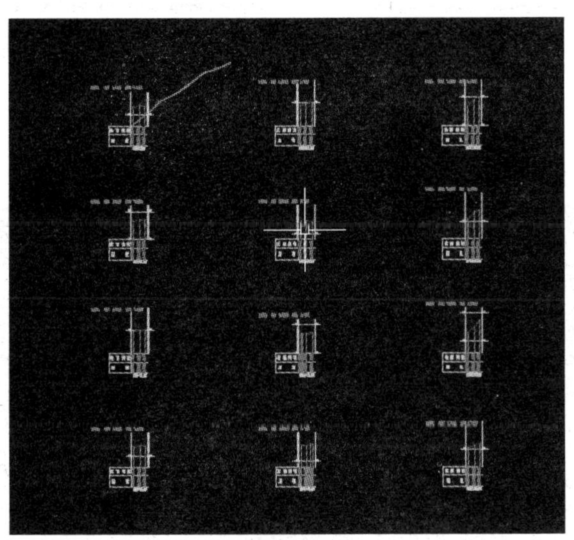

图 7-81　横断面图

(4)根据坐标文件生成纵断面图

1) 绘制纵断面线，在“工程应用”下拉菜单中执行“绘断面图”→“根据已知坐标”命令。

2) 选择断面线。用鼠标点取所绘断面线，屏幕上弹出“断面线上取值”对话框，如图 7-82 所示。若在“选择已知坐标获取方式”栏中选择“由数据文件生成”，则在“坐标数据文件名”

栏中选择高程点数据文件。若选“由图面高程点生成”，则在图上选取高程点(前提是图面存在高程点，否则此方法无法生成断面图)。

3) 输入采样点间距、起始里程。采样点的间距的含义是复合线上两顶点之间距离若大于此间距，则每隔此间距内插一个点。单击“确定”按钮之后，屏幕弹出“绘制纵断面图”对话框，如图 7-83 所示。

图 7-82　根据已知坐标绘制断面图

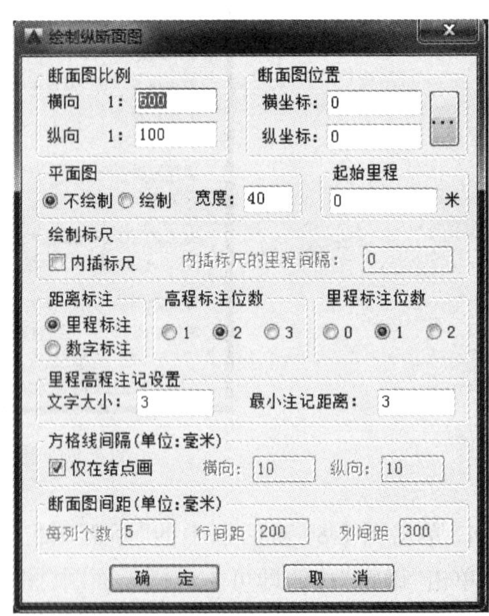

图 7-83　“绘制纵断面图”对话框

输入相关参数：横向比例、纵向比例、断面图位置等。

4) 单击“确定”按钮之后，在屏幕上出现所选断面线的断面图，如图 7-84 所示。

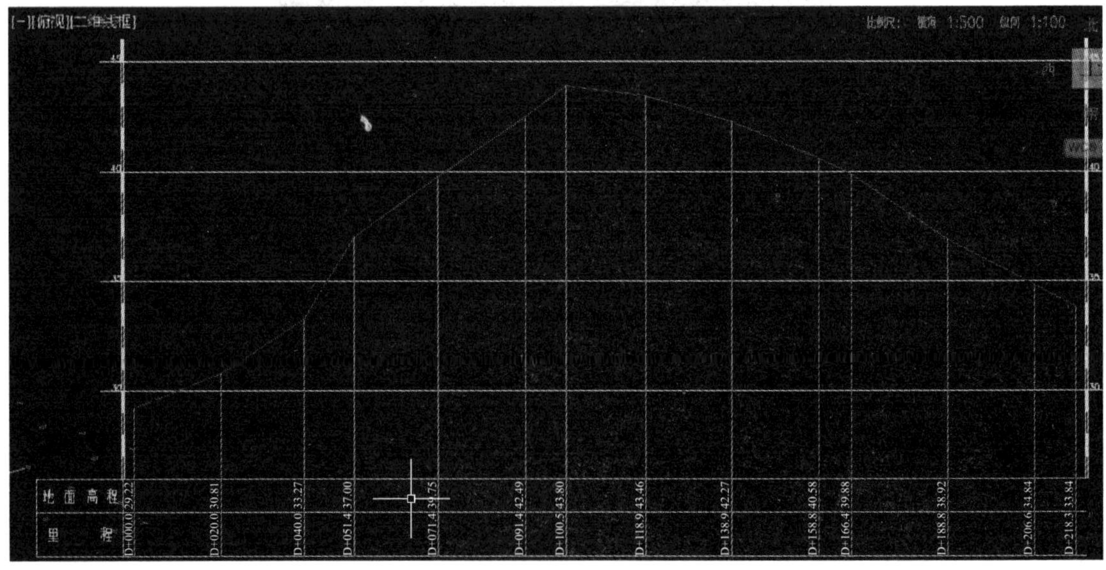

图 7-84　纵断面图

任务 7.5 建筑竣工总平面图的测绘

学习引导

竣工总平面图的测绘分两部分工作：一部分为外业实地测量，称为竣工测量；一部分是根据竣工资料进行的编绘。本任务主要针对竣工测量的两部分工作进行介绍。

竣工总平面图是设计总平面图在施工后实际情况的全面反映。由于在施工过程中可能会因设计时没有考虑到的问题而使设计有所变更，所以设计总平面图不能完全代替竣工总平面图。编绘竣工总平面图的目的：首先是把变更设计的情况通过测量全面反映到竣工总平面图上；其次是将竣工总平面图应用于对各种设施的管理、维修、扩建、事故处理等工作中，特别是对地下管道等隐蔽工程的检查和维修；同时为企业的扩建提供了原有各项建筑物、构筑物、地上和地下各种管线及交通线路的坐标、高程资料，再者为工程竣工验收提供依据。

根据建筑区域大小，竣工总平面图应尽可能采用单张图纸，如区域较大，也可以分幅测绘。测图比例尺以 1∶1000 或 1∶500 为主。图的内容应包括建筑方格网点、水准点、厂房、辅助设施、生活福利设施、地下管线、架空管线、道路、铁路等的建筑物和构筑物细部点的空间数据，以及厂区内的空地和未建区的地形。

7.5.1 竣工测量

每一个单项工程完成后，必须由施工单位进行竣工测量，并提出工程的竣工测量成果，以此作为编绘竣工总平面图的依据。竣工测量与一般测图的主要区别是其测定内容和精度要求不同。除满足数字测图的一般要求外，在竣工总平面图上还要求用解析坐标和高程表示主要地物的空间位置。应用全站仪数字测图，应根据地物的类别设置不同的图层，以便输出各种专题平面图。其内容包括以下各方面。

1）工业厂房及一般建筑物。包括房角坐标、各种管线进出口的位置和高程，并附房屋编号、结构层数、面积和竣工时间等资料。

2）铁路与公路。包括起终点、转折点和交叉点的坐标，曲线元素，桥涵、路面、人行道等构筑物的位置和高程。

3）地下管网。包括窨井、转折点的坐标，井盖、井底、沟槽和管顶等的高程，并注明管道及窨井的编号、名称、管径、管材、间距、坡度和流向。

4）架空管网。包括转折点、结点和交叉点的坐标，支架间距，基础面高程等。

5）特种构筑物。包括沉淀池、烟囱和煤气罐等及其附属建筑物的外形和四角坐标，圆形构筑物的中心坐标，基础面标高，烟囱高度和沉淀池深度等。

7.5.2 竣工总平面图的编绘

竣工总平面图的编绘包括室外实测和室内资料编绘两方面的内容。通常采用边竣工边编绘的方法来编绘竣工总平面图。

竣工总平面图上应包括建筑方格网点、水准点、建(构)筑物辅助设施、生活福利、架空及地下管线、铁路等建筑物或构筑物的坐标和高程，以及相关区域内空地的地形。有关建筑物、构筑物的符号应与设计图例相同，有关地形图的图例应使用国家地形图图式符号。建筑区地上和地下所有建筑物、构筑物绘在一张竣工总平面图上时，往往因线条过于密集而不醒目，为此可采用分类编图，如综合竣工总平面图、交通运输总平面图和管线竣工总平面图等。比例尺一般采用1∶1000，若不能清楚地表示某些特别密集的地区，也可在局部采用1∶500的比例尺。当施工的单位较多，工程多次转手，造成竣工测量资料不全，图面不完整或与现场情况不符时，需要实地进行施测，这样绘出的平面图称为实测竣工总平面图。

思考题与习题

1. 何谓比例尺？设比例尺分别为1∶500、1∶1000、1∶2000，现量得实地水平长度为150m，求其在这三种地形图上的长度各是多少？
2. 什么叫比例尺精度？它有什么作用？
3. 地物符号分为哪几类？
4. 何谓等高线？等高线有哪些特性？等高距、等高线平距与地面坡度三者之间的关系是什么？
5. 用全站仪进行数据采集时，为何要进行测站点输入和仪器定向(后视定向)？
6. 全站仪测图中绘制工作草图有何作用？
7. 简述等高线法计算土方量的步骤。
8. 简述由断面线制作里程文件的过程。
9. 简述绘制纵断面线的步骤。
10. 地形图的图外注记主要包括哪些内容？
11. 简述利用地形图确定某点的高程及两点间高差的方法。
12. 简述利用地形图确定两点间的直线距离和坐标的方法。
13. 简述利用地形图确定两点间的直线坡度的方法。
14. 简述绘制竣工总平面图的目的和编绘内容。

项目8

建筑工程施工测量

项目描述

建筑工程施工测量贯穿施工的全过程，施工测量的好坏直接决定着工程质量的优劣。本章主要学习施工测量的主要理论及操作方法，分别针对施工测量的测设、施工控制测量、竣工测量等基本原理与方法，并针对民用建筑和工业建筑施工中的不同应用展开详细的介绍。

知识目标

- 了解施工测量的任务和内容；
- 理解测设工作的基本方法；
- 掌握直角坐标法和极坐标法点位测设方法；
- 熟悉施工控制测量的方法；
- 掌握建筑物的施工放线和定位原理；
- 了解施工坐标系与测量坐标系的坐标换算。

能力目标

- 能够用测设点位的常用方法完成点位的放样；
- 能说出施工控制测量的方法和作用；
- 能对建筑物进行定位和放线；
- 能进行施工坐标系与测量坐标系的坐标换算。

任务8.1　施工测量概述

学习引导

各种工程在施工阶段所进行的测量工作称为施工测量，也称放样。施工测量的目的是将图纸上规划、设计的建筑物、构筑物的平面位置和高程，按照设计要求以一定的精度测设到实地上，作为施工依据。因此施工测量必须严格按照有关的规范、测量标准和精度的要求，并了解施工测量的任务和原则。

8.1.1　施工测量的任务与内容

施工测量就是把图纸上的设计方案确定(测设)到施工场地的测量工作，施工测量是工程施工的基础和依据。

施工测量首先要建立施工控制网，然后以施工控制点为基础，将设计好的建筑物的平面位置和高程按设计的要求标定在实地。在施工过程中，施工测量要适时提供建筑物的施工位置、高程平面位置。同时，要不断检查建筑物的施工是否符合设计要求，随时给予纠正和修改。在建筑设备和工业设备安装阶段，施工测量还要根据工艺和设计要求，测定设备安装的空间位置和方向。当施工结束后，要进行竣工测量，编绘建筑工程的竣工图，以方便使用过程中的管理、维修、改建、扩建等工作。对于隐蔽工程(地下建筑、管道、电缆等)，在施工过程中要及时进行竣工测量，以便为竣工编绘竣工图提供资料。有些高层建筑物和特殊构筑物，在施工期间和工程完成后还要进行变形测量，以便积累资料，掌握变形规律，为今后建筑物的维护和使用提供资料。

8.1.2 施工测量的原则

由于施工测量要求的精度较高，施工现场各种建筑物的分布面广，且往往同时开工兴建，因而，为了保证各建筑物测设的平面位置和高程都有相同的精度并且符合设计要求，施工测量和测绘地形图一样，也必须遵循“由整体到局部、先高级后低级、先控制后碎部”的原则组织实施。对于大中型工程的施工测量，要先在施工区域内布设施工控制网，而且要求布设成两级，即首级控制网和加密控制网。首级控制点相对固定，应布设在施工场地周围不受施工干扰、地质条件良好的地方。加密控制点直接用于测设建筑物的轴线和细部点。不论是平面控制还是高程控制，在测设细部点时要求一站到位，减少误差的累计。

8.1.3 施工测量的精度

施工测量的精度随建筑材料、施工方法等因素而改变，按精度要求的高低排列：钢结构、钢筋混凝土结构、毛石混凝土结构、土石方工程。按施工方法分，预制装配式建筑的施工测量较现场浇灌的精度要求高一些，钢结构中高强度螺栓连接的精度比电焊连接的精度要求高。

多数建筑工程是以水泥为主要建筑材料的。混凝土柱、梁、墙的施工总误差允许为10～30mm。高层建筑物轴线的倾斜度要求为1/2000～1/1000。钢结构施工的总误差随施工方法的不同，允许误差在1～8mm。土石方的施工误差允许达10cm。

测量仪器与方法已发展得相当成熟，一般来说，它能提供相当高的精度来为建筑施工服务。但测量工作的时间和成本会随精度要求提高而增加。在多数工地上，测量工作的成本很低，所以恰当地规定精度要求不是为了降低测量工作的成本，而为了提高工作速度。

关于具体工程的具体精度要求，若施工规范中有规定，则参照执行；若没有规定，则由设计、测量、施工以及构件制作几方人员合作，共同协商决定误差分配。

必须指出，各工种虽有分工，但都是为保证工程最终质量而工作的，因此，必须注意相互支持、相互配合。在保证工程的几何尺寸及位置的精度方面，测量人员能够发挥较大的作用。测量人员应该尽量为施工人员创造良好的施工条件，并及时提供验收测量的数据，使施工人员及时了解施工误差的大小及其位置，从而有助于他们改进施工方法，提高

施工质量。随着其他工种误差的降低，测量工作的允许误差可以适当放宽，或者使整个工程的质量提高些。原则上只要各方面误差的和不超限就行。

任务 8.2 测设的基本工作

学习引导

测设是指通过用一定的测量方法，按照要求的精度，把设计图纸上规划设计好的建筑物、构筑物的平面位置和高程在地面上标定出来，作为施工的依据。测设工作包括水平距离、水平角、高程和坡度线的测设。

8.2.1 测设已知水平距离

测设已知水平距离是从地面一已知点开始，沿已知方向测设出给定的水平距离以定出第二个端点的工作。

1. 用钢尺测设已知水平距离

根据测设的精度要求不同，测设可采用一般方法和精确方法。

(1) 一般方法

在地面上，由已知点 A 开始，沿给定方向，用钢尺量出已知水平距离 D 定出 B 点。为了校核与提高测设精度，在起点 A 处改变读数，按同法量出已知距离 D 定出 B'点。由于量距有误差，B 与 B'两点一般不重合，其相对误差在允许范围内时，则取两点的中点作为最终位置。

(2) 精确方法

当水平距离的测设精度要求较高时，按照上面一般方法在地面测设出的水平距离，还应再加上尺长、温度和高差 3 项改正，但改正数的符号与精确量距时的符号相反。即

$$S=D-\Delta_l-\Delta_t-\Delta_h \tag{8-1}$$

式中 S——实地测设的距离；

D——待测设的水平距离；

Δ_l——尺长改正数，$\Delta_l=\dfrac{\Delta l}{l_0}\cdot D$，$l_0$ 和 Δl 分别是所用钢尺的名义长度和尺长改正数；

Δ_t——温度改正数，$\Delta_t=\alpha D(t-t_0)$，$\alpha=1.25\times10^{-5}$，D 为钢尺的线膨胀系数，t 为测设时的温度，t_0 为钢尺的标准温度，一般为 20℃；

Δ_h——倾斜改正数，$\Delta_h=-\dfrac{h^2}{2D}$，$h$ 为线段两端点的高差。

【例 8-1】 如图 8-1 所示，欲测设水平距离 AB，所使用钢尺的尺长方程式为

$$l_t=30.000\text{m}+0.003\text{m}+1.25\times10^{-5}\times30\times(t-20℃)\text{m}$$

测设时的温度为 5℃，A、B 两点之间的高差为 1.2m，试求计算测设时在实地应量出的长度是多少?

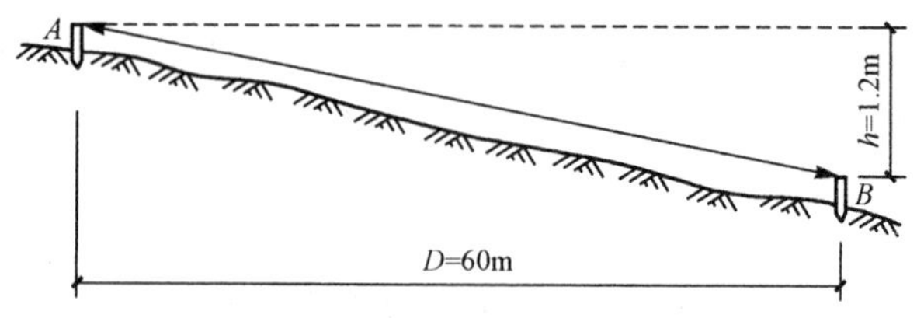

图 8-1　已知水平距离测设

解： 根据精确量距公式算出 3 项改正。

尺长改正为

$$\Delta_l = \frac{\Delta l}{l_0} \cdot D = \frac{0.003}{30} \times 60 = 0.006(\text{m})$$

温度改正为

$$\Delta_t = \alpha D(t - t_0) = 1.25 \times 10^{-5} \times 60 \times (5 - 20) = -0.011(\text{m})$$

倾斜改正为

$$\Delta_h = -\frac{h^2}{2D} = -\frac{1.2^2}{2 \times 60} = -0.012(\text{m})$$

则实地测设水平距离为

$$S = D - \Delta_l - \Delta_t - \Delta_h = 60 - 0.006 + 0.011 + 0.012 = 60.017(\text{m})$$

测设时，自线段的起点 A 沿给定的 AB 方向量出 S，定出终点 B，即得设计的水平距离 D。为了检核，通常再放样一次，若两次放样之差在允许范围内，则取平均位置作为终点 B 的最后位置。

2. 光电测距仪测设已知水平距离

用光电测距仪测设已知水平距离与用钢尺测设方法大致相同。如图 8-2 所示，光电测距仪安置于 A 点，反光镜沿已知方向 AB 移动，使仪器显示的距离大致等于待测设距离 D，定出 B'点，测出 B'点反光镜的竖直角及斜距，计算出水平距离 D'。再计算出 D'与需要测设的水平距离 D 之间的改正数 $\Delta D = D - D'$。根据 ΔD 的符号在实地沿已知方向用钢尺由 B'点量 ΔD 定出 B 点，AB 即测设的水平距离 D。

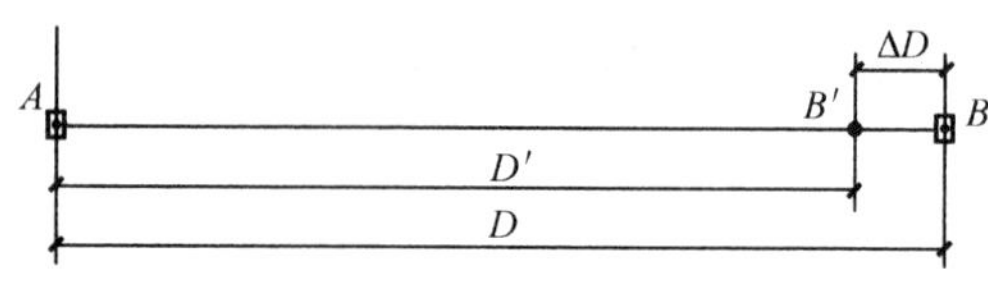

图 8-2　光电测距仪放样距离

全站仪瞄准位于 B 点附近的棱镜后，能够直接显示出全站仪与棱镜之间的水平距离 D'，因此，通过前后移动棱镜使其水平距离 D'等于待测设的已知水平距离 D 时，即可定出 B 点。

为了检核，将反光镜安置在 B 点，测量 A、B 的水平距离，若不符合要求，则再次改正，直至在允许范围之内为止。

8.2.2　测设已知水平角

测设已知水平角就是根据一已知方向测设出另一方向，使它们的夹角等于给定的设计角值。按测设精度要求不同分为一般方法和精确方法。

1. 一般方法

当测设水平角精度要求不高时，可采用一般方法，即盘左、盘右取平均值的方法。如图8-3所示，设OA为地面上已有方向，欲测设水平角β，在O点安置经纬仪，以盘左位置瞄准A点，配置水平度盘读数为0。转动照准部使水平度盘读数恰好为β，在视线方向定出B_1点。然后用盘右位置，重复上述步骤定出B_2点，取B_1和B_2中点B，则$\angle AOB$即测设的β角。该方法也称为盘左盘右分中法。

2. 精确方法

当测设精度要求较高时，可采用精确方法测设已知水平角。如图8-4所示，安置经纬仪于O点，按照上述一般方法测设出已知水平角$\angle AOB'$，定出B'点。然后较精确地测量$\angle AOB'$的角值，一般采用多个测回取平均值的方法，设平均角值为β'，测量出OB'的距离。按下式计算B'点处OB'线段的垂距$B'B$。

$$B'B=\frac{\Delta\beta''}{\rho}\cdot OB'=\frac{\beta-\beta'}{206\ 265''}\cdot OB' \tag{8-2}$$

然后，从B'点沿OB'的垂直方向调整垂距$B'B$，$\angle AOB$即β角。如图8-4所示，若$\Delta\beta>0$时，则从B'点往内调整$B'B$至B点；若$\Delta\beta<0$时，则从B'点往外调整$B'B$至B点。

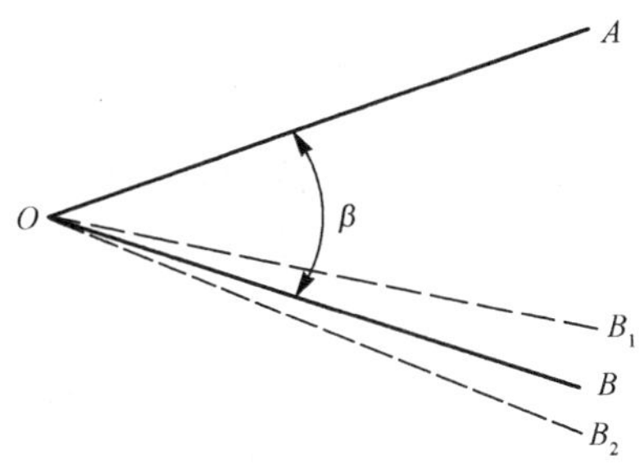

图8-3 一般方法测设水平角

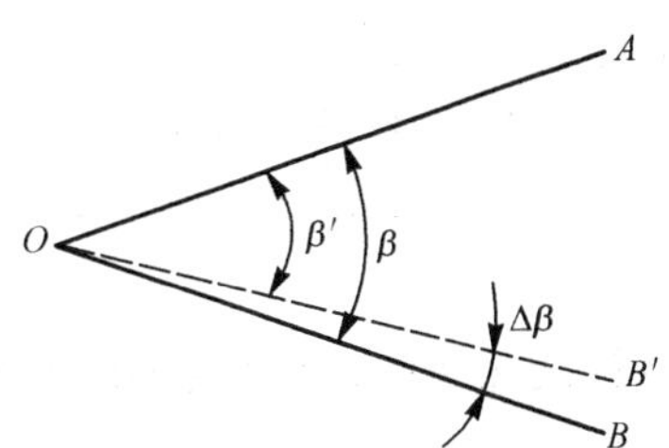

图8-4 精确方法测设水平角

8.2.3 测设已知高程

施工中常常要进行高程测设，如基坑开挖时要求放样坑底高程。为保证房屋基础面的水平，保证各楼板应有高程和平整等也需要测设高程。

1. 水准仪测设高程

高程点测设是按水准测量方法进行的。根据待测设高程点的位置高低不同，高程点的测设方法也不同。

2. 位于地面的高程点测设

高程放样是根据已知水准点在地面上标定出某设计高程的点。

测设已知高程就是根据已知点的高程，通过引测，把设计高程标定在固定的位置上。如图8-5所示，已知高程点A，其高程为H_A，需要在B点标定出已知高程为H_B的位置。方法是：在A点和B点中间安置水准仪，精平后读取A点的标尺读数为a，则仪器的视线高程为$H_i=H_A+a$，由图可知测设已知高程为H_B的B点标尺读数应为

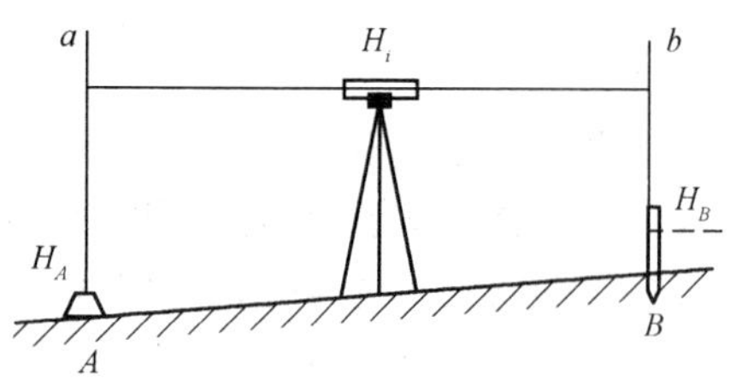

图 8-5　地面高程点测设

$$b=H_i-H_B$$

将水准尺紧靠 B 点木桩的侧面上下移动，直到尺上读数为 b 时，沿尺底画一横线，此线即设计高程 H_B 的位置。测设时应始终保持水准管气泡居中。

在建筑设计和施工中，为了计算方便，通常将建筑物的室内设计地坪高程用±0 标高表示，建筑物的基础、门窗等高程都以±0 为依据进行测设。因此，首先要在施工现场利用测设已知高程的方法测设出室内地坪高程的位置。

3. 倒尺法或悬钢尺法测设位于高处的高程点

当待测设点与地面已知点高差较大、需要将地面点的高程传递到高处时，通常采用下述办法。

已知地面点 A 的高程为 H_A，要在某层楼房的高处测设高程 H_B，首先在楼房墙边悬吊一钢尺，零点端向下，并挂一质量相当于检定钢尺时所用拉力的重锤(如 10kg)。将水准仪大致安置在 A、B 的中点，在 A 点上竖立标尺，读出后视读数 a，转动水准仪照准悬挂的钢尺，在悬挂的钢尺上读数 b，则悬挂钢尺零点的高程为 H_A+a-b，则待测设点 B 在钢尺上的读数 $C=H_B-(H_A+a-b)$。

在钢尺上 C 处做标志，即得点 B。如果要测设的高程点 B 不在悬挂钢尺处时，在测定读数 a、b 之后，将仪器搬到 B 点所在的楼层，整置仪器照准钢尺读数 C，则仪器的视线高度为 $H_A+a-b+C$，然后在 B 处竖立水准标尺，则 B 点位于水准标尺上高度为 $H_B=H_A+a-b+C$。

4. 悬钢尺法测设位于低处的高程点

在地下建设工程中，有时需要将高程传递到地下，如开挖较深的基坑，要将高程传递到基坑的临时水准点上，即可采用悬钢尺法进行。

在地下坑道施工中，高程点位通常设置在坑道顶部。通常规定当高程点位于坑道顶部时，在进行水准测量时水准尺均应倒立在高程点上。如图 8-6 所示，A 为已知高程 H_A 的水准点，B 为待测设高程为 H_B 的位置，由于 $H_B=H_A+a+b$，则在 B 点应有标尺读数 $b=H_B-(H_A+a)$。因此，将水准尺倒立并紧靠 B 点木桩上下移动，直到尺上读数为 b 时，在尺底画出设计高程 H_B 的位置。如图 8-7 所示，钢尺悬挂在支架上，零端向下并挂一重物，A 为已知高程为 H_A 的水准点，B 为待测设高程为 H_B 的点位。在地面和待测设点位附近安置水准仪，分别在标尺和钢尺上读数 a_1、b_1 和 a_2。由于 $H_B=H_A+a_1-(b_1-a_2)-b_2$，则可以计算出 B 点处标尺的读数 $b_2=H_A+a_1-(b_1-a_2)-H_B$。同样，图 8-8 所示情形也可以采用类似方法进行测设，即计算出前视读数 $b_2=H_A+a_1+(a_2-b_1)-H_B$，再画出已知高程位 H_B 的标志线。

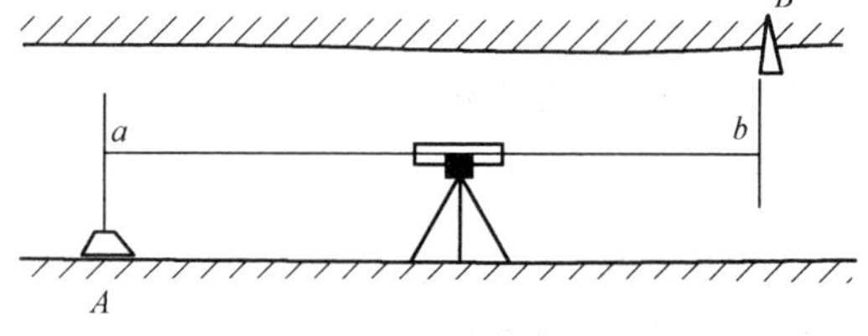

图 8-6　高程点在顶部的测设

同样，对于多个测站的情况，也可以采用类似的分析和解决方法。如图 8-9 所示，A

为已知高程为 H_A 的水准点，C 为待测设高程为 H_C 的点位，由于 $H_C=H_A-a-b_1+b_2+c$，则在 C 点应有的标尺读数 $c=H_C-(H_A-a-b_1+b_2)$。

当待测设点与已知水准点的高差较大时，则可以采用悬钢尺法进行测设。

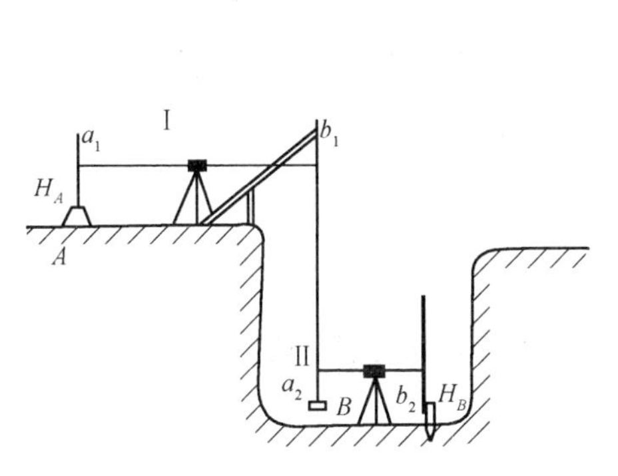

图 8-7 测设建筑基底高程

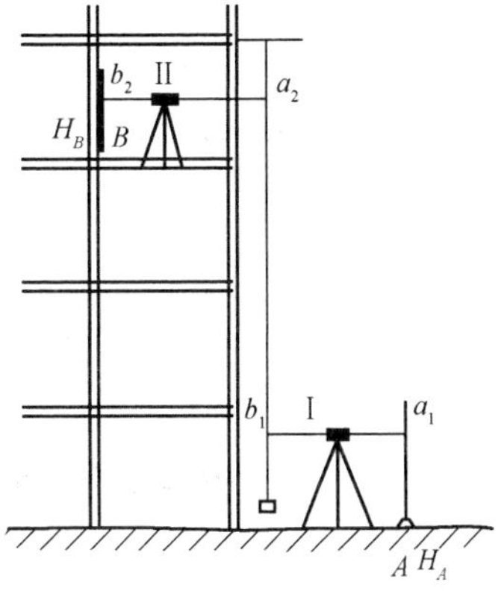

图 8-8 测设建筑楼层高程

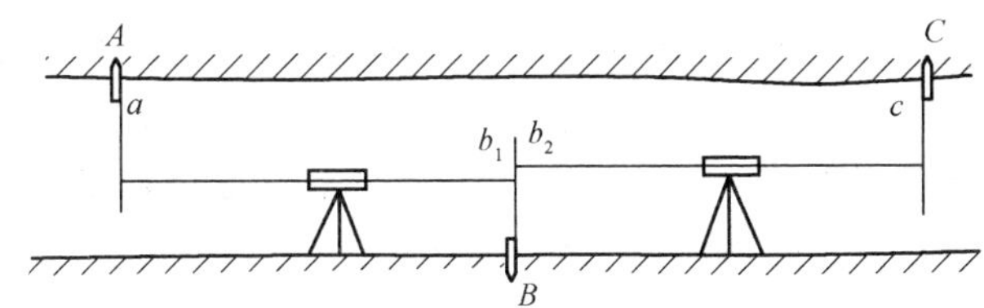

图 8-9 多个测站高程点测设

8.2.4 测设已知坡度线

已知坡度线的测设就是在地面上定出一条直线，其坡度值等于已给定的设计坡度。在交通线路工程、排水管道施工和敷设地下管线等项工作中经常涉及该问题。

如图 8-10 所示，设地面上 A 点的高程为 H_A，A、B 两点之间的水平距离为 D，要求从 A 点沿 AB 方向测设一条设计坡度为 δ 的直线 AB，即在 AB 方向上定出 1、2、3、4、B 各桩点，使其各个桩顶面连线的坡度等于设计坡度 δ。

具体测设时，先根据设计坡度 δ 和水平距离 D 计算出 B 点的高程。

$$H_B=H_A+\delta\times D$$

计算 B 点高程时，注意坡度 δ 的正、负，在图 8-10 中 δ 应取负值。

然后，按照测设已知高程的方法，把 B 点的设计高程测设到木桩上，则 A、B 两点连线的坡度等于已知设计坡度 δ。为了在 A、B 间加密 1、2、3、4 等点，在 A 点安置水准仪时，使一个脚螺旋在 AB 方向线上，另两个脚螺旋的连线大致与 AB 线垂直，量取仪器高 i，用望远镜照准 B 点水准尺，旋转在 AB 方向上的脚螺旋，使 B 点桩上水准尺上的读数等于 i，此时仪器的视线即设计坡度线。在 A、B 中间各点打上木桩，并在桩上立尺使读数皆为 i，这样的各桩桩顶的连线就是测设坡度线。当设计坡度较大时，可利用经纬仪定出中间各点。

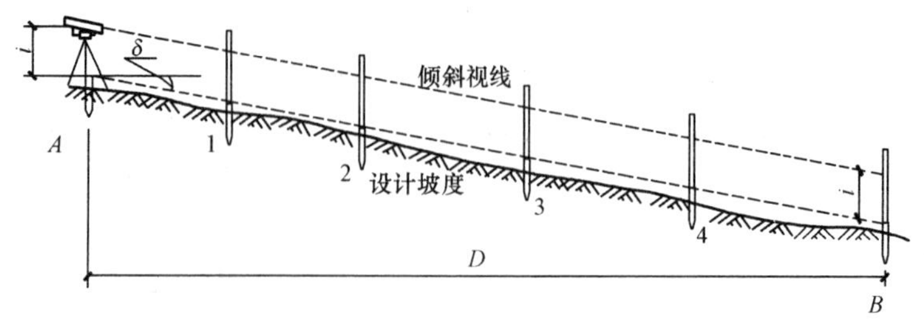

图 8-10 已知坡度线测设

任务 8.3 点的平面位置的测设

学习引导

建筑物的大小和形状是由其特点确定的。因此，点位测设是建筑物测设的基础。测设点位至少需要有两个已知控制点，通过测设距离和方向来测设点位，或者用全站仪直接按点的坐标测设点位。

点的平面位置的测设方法有直角坐标法、极坐标法、方位角交会法、距离交会法等。实际工作中应采用何种方法是根据控制网的布设形式、地形情况、控制点的分布以及使用的仪器等因素决定的。测设点位之前，首先要准备测设需要的已知点数据，其次是根据拟采用的测设方法做好资料准备。

8.3.1 直角坐标法测设点位

直角坐标法适用于建筑方格网、建筑基线等有相互垂直轴线的控制网形式。

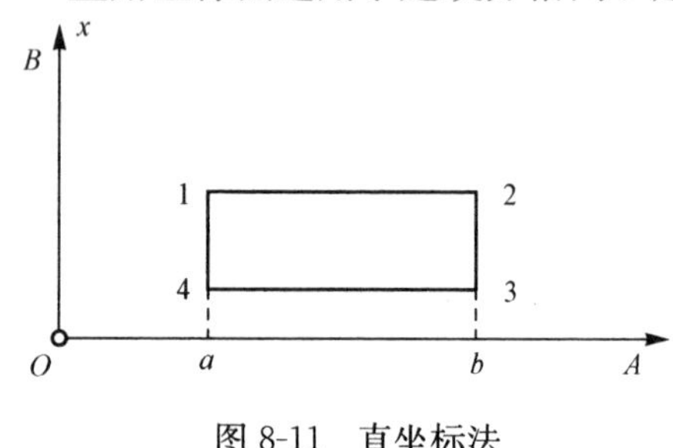

图 8-11 直坐标法

如图 8-11 所示，O、A、B 是事先测设的方格网点，OA、OB 相互垂直，1、2、3、4 点为建筑物轴线点，建筑物轴线与方格网相互垂直或平行。已知 O 点的坐标为 (x_O, y_O)，设 1、2、3、4 点的坐标分别为 (x_1, y_1)、(x_2, y_2)、(x_3, y_3)、(x_4, y_4)。

测设时，首先在 O 点安置仪器，后视 A，按距离测设法放样 a、b；然后在 a 点安置仪器，后视 A 并置零，按盘左、盘右取中法拨角 90°后，放样距离 $a4$，定出 4 点，再向前定出 1 点；同理，放样出 3 点和 2 点；检查 1、2 点和 3、4 点之间的距离是否与设计相符。

分别丈量建筑物的各个边长和测量建筑物的 4 个内角，误差符合设计要求，则测设完成。一般规定：相对误差不应超 1/5000～1/2000，在高层和工业厂房放样中精度要求更高。

直角坐标法计算简单、测设方便、精度较高，但在使用时要注意以下几点。

1）应以最近处的方格网控制点为起点。

2）应从建筑物的长边开始测设，以保证测设精度。

3）必须进行检测，防止粗差。

8.3.2　极坐标法测设点位

极坐标法根据一个角度和一个边长测设点位。这种方法较适合于用钢尺量距不超过一个尺段的情况。

如图 8-12 所示，A、B、P 为测量控制点。

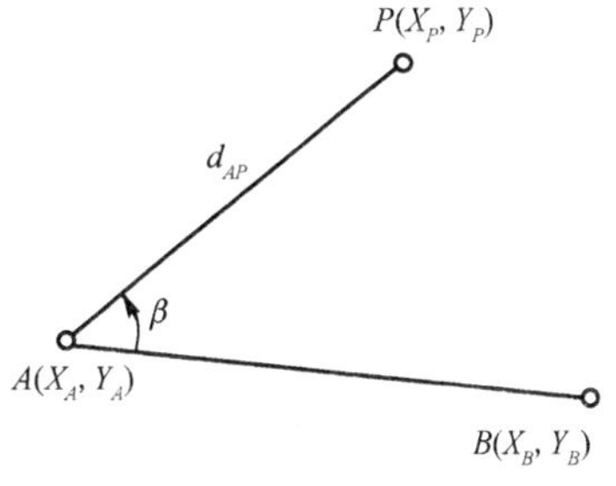

图 8-12　极坐标法测设点位

1. 计算测设数据

A、B 为已知点，计算 β、d_{AP}。

$$\beta=\alpha_{AB}-\alpha_{AP} \tag{8-3}$$

$$\alpha_{AB}=\arctan\frac{Y_B-Y_A}{X_B-X_A} \tag{8-4}$$

$$\alpha_{AP}=\arctan\frac{Y_P-Y_A}{X_P-X_A} \tag{8-5}$$

$$d_{AP}=\sqrt{(X_P-X_A)^2+(Y_P-Y_A)^2} \tag{8-6}$$

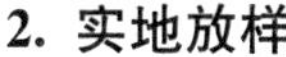

2. 实地放样

在 A 点安置仪器，瞄准 B 点，水平度盘归零；逆时针转动 β 角，在此方向上量距 d_{AP}，即定出 P 点。

8.3.3　交会法测设点位

交会法测设点位包括方位角交会法和距离交会法两种。

1. 方位角交会法

方位角交会法是利用方位角测设方向交会点位的一种方法。因为方位角交会不必计算交会边与已知边的夹角，因此实践中多用这种方法。又因为方位角交会法是按照角度测设待定点的方法，所以适用于不便于量距或控制点远离测设点的情况。

如图 8-13 所示，为了保证测设点 P 的精度，需要用两个三角形交会。首先根据待定点 P 和 A、B 两点的已知坐标，分别计算出方位角，然后分别于 A、B、C 三点上测设 AP、BP 和 CP 方向，并在 P 点附近沿 AP、BP 和 CP 三个方向上各打两个木桩。桩顶钉一个小钉，拉一个细线，以示 AP、BP 和 CP 的方向线，三条方向线的交点即所求 P 点。但由于测设误差，三条方向线有时不会恰好交于一点，会出现一个三角形，成为示误三角形。若示误三角形的边长在规定的测设限差范围内，则取三角形的重心为所求点位，否则应重新测设。

使用方位角交会法测设点位应注意以下方面。

1）所需放样数据：两个或多个已知角度。

2）示误三角形的最大边长要符合限差要求。

3）交会角宜为 60°～120°。

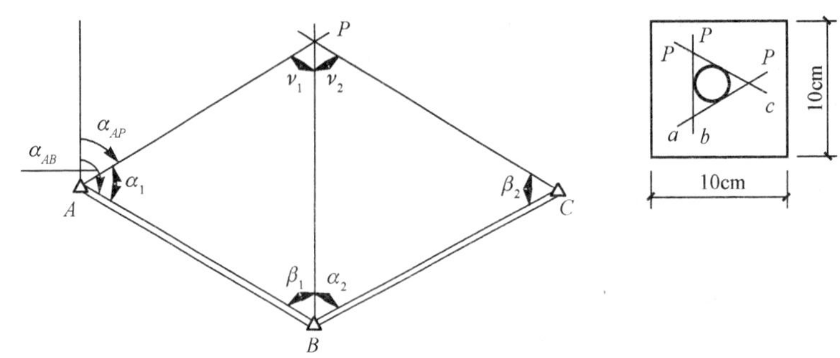

图 8-13　方位角交会法和示误三角形

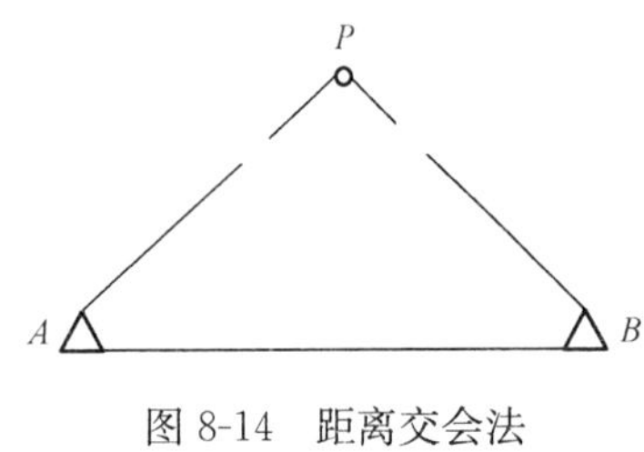

图 8-14　距离交会法

2. 距离交会法

距离交会法是在两个控制点上量取两端水平距离交会处点的平面距离的方法。这种方法较适合于地形平坦地区的钢尺量距，一般距离不大于一个尺段较有利。

如图 8-14 所示，AP、BP 的水平距离分别为 S_{AP}、S_{BP}，在 A 点测设平距 S_{AP}，在 B 点测设 S_{BP}，其交点即 P 点。测设时，交会角以 60°～120°为宜。采取这种方法测设时，用两个钢尺同时丈量较有利。

8.3.4　全站仪测设点位

全站仪可以直接测设点的坐标，因此用全站仪测设平面点位时，无须事先计算测设数据，但测设要求至少应有两个已知控制点，并设为 M、N，方法如下。

如图 8-15 所示，M、N 为已知导线控制点，A、B、C、D 为设计建筑物的四个角点，其坐标根据设计图纸获取。

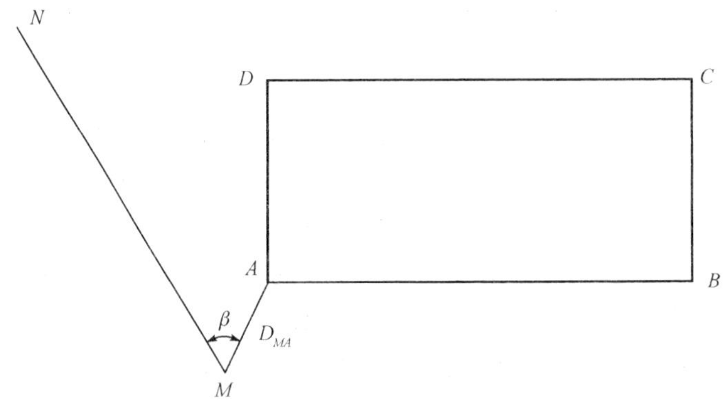

图 8-15　自由设站法测设点位

1）在 M 点安置全站仪，对中，整平，开机。

2）按照菜单引导，进入放样模式。

3）输入测站点 M 的坐标和仪器高，完成测站设置。

4）输入后视 N 的坐标，根据仪器上的提示瞄准后视点 N，按下“确定”键完成后视定向。

5）输入放样点 A 的坐标。仪器会根据测站点坐标和后视点坐标进行放样元素的计算。其中 β 为 MA 边的坐标方位角，D_{MA} 为 MA 的水平距离计算值。

切换到角度测量模式，旋转照准部，让 dHR=0°00′00″，确定放样方向。

在距离测量模式下，“HD”表示测站点至当前放样点的水平距离，“dHD”表示当前测站点到建筑物角点的水平距离差值，使 dHD=0，则放样点 A 测设完成。

6）按照投影、打桩、投影、钉钉的步骤把 A 点标定到现场。

7）重复5）、6）步，B、C、D 点依次放样。

8）对测设于实地的建筑物角点的水平角、建筑物边长和对角线进行检查。符合要求后，向施工单位交桩，作为施工的依据。

8.3.5 GNSS-RTK测设点位

在工程项目中，建筑物、构筑物的形状和大小是通过其特征点在实地上表示出来的，如建筑物的中心、四个角点、转折点等。因此，点放样是建筑物和构筑物放样的基础。

用GNSS-RTK进行点位放样前要通过野外点校正或室内计算的转化参数，把WGS-84坐标转换成待放样点所用的坐标系统。放样结束后，测量所放样点的坐标和设计坐标的差值，如果差值在要求范围以内，则继续放样其他各点，否则重新放样标定该点。

1. 获取放样数据

在放样之前，如果放样点数量较少，可以将放样点的坐标信息直接手工输入测量控制器中。如果放样点数量大，可采用台式计算机制作数据文件，然后将文件导入测量控制器中。

2. 野外放样作业

当初始化完成后，在测量控制器软件主菜单上单击“测量”图标，执行“放样”命令。正式放样前应当对已知点进行检查，然后进行放样。作业时，在测量控制器上显示箭头及目前位置到放样点的东西南北四个方向上的水平距离及垂直距离，观测者只需要根据箭头的指示放样。当流动站与放样点之间的距离小于设定值时，测量控制器上显示同心圆和十字丝，它们分别表示放样点位置和天线中心位置。当流动站天线整平后，十字丝与同心圆圆心重合时，即初步完成点的放样。按“测量”键，对该放样点进行实测检核，并保存观测值。

3. 放样误差分析

点放样的误差有可能是GNSS-RTK系统自身的误差，也有可能是测量环境对GNSS-RTK的影响产生的误差，或许是因操作不规范造成的，但通常情况下是放样时存在于测量环境中的“多路径误差”或“信号干扰误差”造成的。

在放样过程中如果点位误差超限，可以根据误差产生的原因采取措施消除或减小误差，如改变基准站的位置，选择地形开阔的地点，远离无线电发射源、雷达装置、高压电线等，或采用有削弱多路径误差的各种技术天线等。对于误差较大而GNSS-RTK又难以削弱其误差的点，可采用其他的测设方法。

任务 8.4　施工控制测量

学习引导

在勘探设计阶段所建立的控制网，是为测图而建立的，有时并未考虑施工的需要，所以控制点的分布、密度和精度，都难以满足施工测量的要求；另外，在平整场地时，大多控制点会被破坏。因此施工之前，在建筑场地应重新建立专门的施工控制网。

施工控制网分为施工平面控制网和施工高程控制网两种。

1）施工平面控制网。施工平面控制网可以布设成三角网、导线网、建筑方格网和建筑基线四种形式。

① 三角网：对于地势起伏较大，通视条件较好的施工场地，可采用三角网。

② 导线网：对于地势平坦，通视又比较困难的施工场地，可采用导线网。

③ 建筑方格网：对于建筑物多为矩形且布置比较规则和密集的施工场地，可采用建筑方格网。

④ 建筑基线：对于地势平坦且建筑设计总平面图布置简单的小型施工场地，可采用建筑基线。

2）施工高程控制网。施工高程控制网采用水准网。

与测图控制网相比，施工控制网具有控制范围小、控制点密度大、精度要求高及使用频繁等特点。

8.4.1　平面控制测量

民用建筑场地的平面控制网视场地面积大小及建筑物的布置情况而定，通常布设成三角网、导线网、建筑基线、建筑方格网或 GPS 网的形式。本节重点介绍建筑基线和建筑方格网的布设方法。

1. 建筑基线

建筑基线是建筑场地的施工控制基准线，即在建筑场地布置的一条或几条轴线。它适用于建筑设计总平面图布置比较简单的小型建筑场地。

(1) 建筑基线的布设形式

建筑基线的布设形式，应根据建筑物的分布、施工场地地形等因素来确定。常用的布设形式有一字形、L 形、T 形和十字形，如图 8-16 所示。

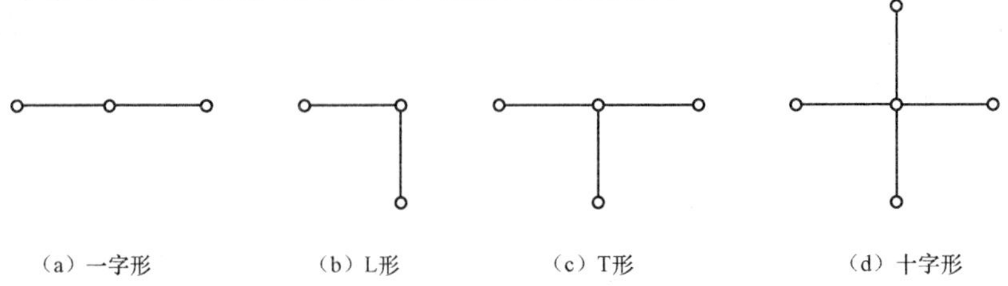

（a）一字形　（b）L形　（c）T形　（d）十字形

图 8-16　建筑基线的布设形式

(2)建筑基线的布设要求

1) 建筑基线应尽可能靠近拟建的主要建筑物，并与其主要轴线平行，以便使用比较简单的直角坐标法进行建筑物的定位。

2) 建筑基线上的基线点应不少于三个，以便相互检核。

3) 建筑基线应尽可能与施工场地的建筑红线相联系。

4) 基线点位应选在通视良好和不易被破坏的地方，为能长期保存，要埋设永久性的混凝土桩。

(3) 建筑基线的测设方法

根据施工场地的条件不同，建筑基线的测设方法有以下两种。

1) 根据建筑红线测设建筑基线。由城市测绘部门测定的建筑用地界定基准线，称为建筑红线。在城市建设区，建筑红线可用作建筑基线测设的依据。如图 8-17 所示，AB、AC 为建筑红线，1、2、3 为建筑基线点，利用建筑红线测设建筑基线的方法如下。

首先，从 A 点沿 AB 方向量取 d_2 定出 P 点，沿 AC 方向量取 d_1 定出 Q 点。

然后，过 B 点作 AB 的垂线，沿垂线量取 d_1 定出 2 点，做出标志；过 C 点作 AC 的垂线，沿垂线量取 d_2 定出 3 点，做出标志；用细线拉出直线 $P3$ 和 $Q2$，两条直线的交点即 1 点，做出标志。最后，在 1 点安置经纬仪，精确观测∠213，其与 90°的差值应小于±20″。

如果建筑红线完全符合作为建筑基线的条件，可将其作为建筑基线使用，即直接用建筑红线进行建筑物的放样，既简便又快捷。

2) 根据附近已有控制点测设建筑基线。在新建筑区，可以利用建筑基线的设计坐标和附近已有控制点的坐标，用极坐标法测设建筑基线。如图 8-18 所示，A、B 为附近已有控制点，1、2、3 为选定的建筑基线点。测设方法如下。

首先，根据已知控制点和建筑基线点的坐标，计算出测设数据 β_1、D_1、β_2、D_2、β_3、D_3。然后，用极坐标法测设 1、2、3 点。

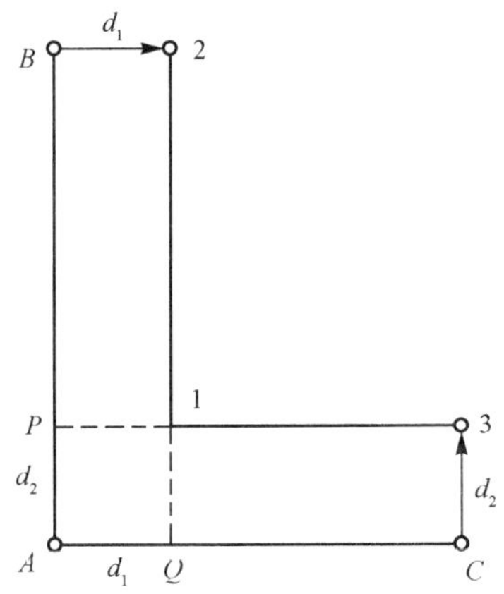

图 8-17　根据建筑红线测设建筑基线

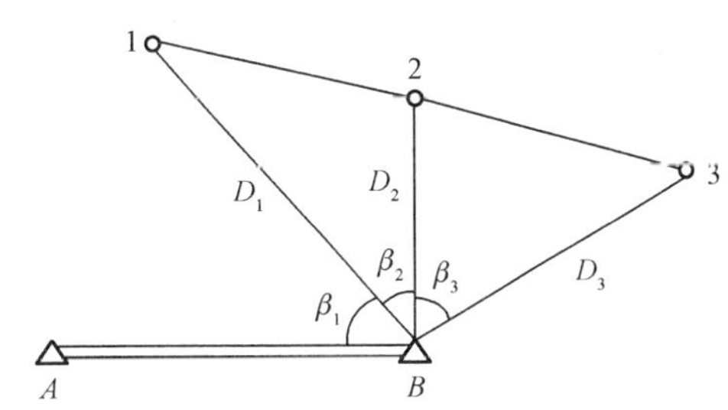

图 8-18　根据控制点测设建筑基线

由于存在测量误差，测设的基线点往往不在同一直线上，且点与点之间的距离与设计值也不完全相符，因此，需要精确测出已测设直线的折角 β' 和距离 D'，并与设计值相比较。如图 8-19 所示，如果 $\Delta\beta=\beta'-180°$ 超过 ±15″，则应对 1′、2′、3′点在

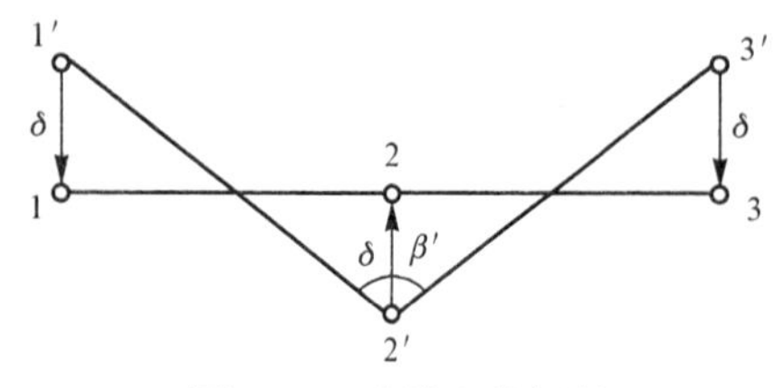

图 8-19 基线点的调整

与基线垂直的方向上进行等量调整，调整量计算式为

$$\delta=\frac{ab}{a+b}\times\frac{\Delta\beta}{2\rho} \tag{8-7}$$

式中 δ——各点的调整值，m；

ρ——弧度对应的秒数，$\rho=206\ 265''$；

a、b——分别为 12、23 的长度，m。

如果测设距离超限，如$\frac{\Delta D}{D}=\frac{D'-D}{\beta}>\frac{1}{10\ 000}$，则以 2 点为准，按设计长度沿基线方向调整 1′、3′点。

为了保证测设的精度，应重复检测∠123，如果检测结果与 180°之差仍然超过限差，需要进行调整，直到误差在容许值内为止。

除了调整角度外，还要调整三个主点间的距离，先丈量检查 12 及 23 间的距离，若检查结果与设计长度之差的相对误差大于规定，则以 2 点为准，按设计长度调整 1、3 点。调整需要反复进行，直到误差在容许值内为止。

2. 建筑方格网

由正方形或矩形组成的施工平面控制网，称为建筑方格网，或称矩形网。建筑方格网适用于按矩形布置的建筑群或大型建筑场地。布设建筑方格网时，应根据总平面图上各建（构）筑物、道路及各种管线的布置，结合现场的地形条件来确定。如图 8-20 所示，先确定方格网的主轴线 AOB 和 COD，然后布设方格网。

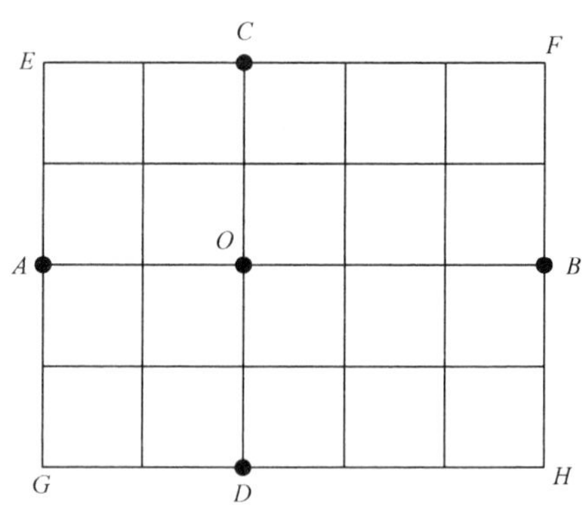

图 8-20 建筑方格网

当建筑场地占地面积较大时，通常是分两级布设，首级为基本网，先测设十字形、口字形或田字形的主轴线，然后加密次级的方格网。当场地面积不大时，尽量布设成全方格网。

建筑方格网的测设方法如下。

（1）主轴线测设

主轴线测设与建筑基线测设方法相似。首先，准备测设数据。然后，测设两条互相垂直的主轴线 AOB 和 COD，如图 8-20 所示。主轴线实质上是由 5 个主点 A、B、O、C 和 D 组成。最后，精确检测主轴线点的相对位置关系，并与设计值相比较，如果超限，则应进行调整。建筑方格网的主要技术要求见表 8-1。

表 8-1 建筑方格网的主要技术要求

等级	边长/m	测角中误差	边长相对中误差	测角检测限差	边长检测限差
Ⅰ级	100～300	5″	1/30 000	10″	1/15 000
Ⅱ级	100～300	8″	1/20 000	16″	1/10 000

(2)方格网点测设

如图 8-20 所示，主轴线测设后，分别在主点 A、B 和 C、D 安置经纬仪，后视主点 O，向左右测设 90°水平角，即可交会出田字形方格网点。随后再作检核，测量相邻两点间的距离，看是否与设计值相等，测量其角度是否为 90°，误差均应在允许范围内，并埋设永久性标志。

建筑方格网轴线与建筑物轴线平行或垂直，因此，可用直角坐标法进行建筑物的定位，计算简单，测设比较方便，而且精度较高。其缺点是必须按照总平面图布置，其点位易被破坏，而且测设工作量也较大。

由于建筑方格网的测设工作量大，测设精度要求高，因此可委托专业测量单位进行。

8.4.2　高程控制测量

1. 施工场地高程控制网的建立

建筑施工场地的高程控制测量一般采用水准测量方法，应根据施工场地附近的国家或城市已知水准点，测定施工场地水准点的高程，以便纳入统一的高程系统。

在施工场地上，水准点的密度，应尽可能满足安置一次仪器即可测设出所需的高程。而测图时敷设的水准点往往是不够的，因此，还需增设一些水准点。在一般情况下，建筑基线点、建筑方格网点以及导线点也可兼作高程控制点。只要在平面控制点桩面上中心点旁边，设置一个突出的半球状标志即可。

为了便于检核和提高测量精度，施工场地高程控制网应布设成闭合或附合路线。高程控制网可分为首级网和加密网，相应的水准点称为基本水准点和施工水准点。

2. 基本水准点

基本水准点应布设在土质坚实、不受施工影响、无震动和便于实测的地点，并埋设永久性标志。一般情况下，按四等水准测量的方法测定其高程，而对于为连续性生产车间或地下管道测设所建立的基本水准点，则需按三等水准测量的方法测定其高程。

3. 施工水准点

施工水准点是用来直接测设建筑物高程的。为了测设方便和减少误差，施工水准点应靠近建筑物。

此外，由于设计建筑物常以底层室内地坪高±0 标高为高程起算面，为了施工引测方便，常在建筑物内部或附近测设±0 水准点。±0 水准点的位置，一般选在稳定的建筑物墙、柱的侧面，用红漆绘成顶为水平线的“▼”形，其顶端表示±0 位置。

8.4.3　施工坐标系与测量坐标系的坐标换算

施工坐标系也称建筑坐标系，其坐标轴与主要建筑物主轴线平行或垂直，以便用直角坐标法进行建筑物的放样。施工控制测量的建筑基线和建筑方格网一般采用施工坐标系，而施工坐标系与测量坐标系往往不一致，因此，施工测量前常常需要进行施工坐标系与测量坐标系的坐标换算。

施工坐标系与测量坐标系的换算如图 8-21 所示，设 xOy 为测量坐标系，$x'O'y'$为施工坐标系，x_O、y_O 为施工坐标系的原点 O' 在测量坐标系中的坐标，α 为施工坐标系的纵轴 $O'x'$ 在测量坐标系中的坐标方位角。

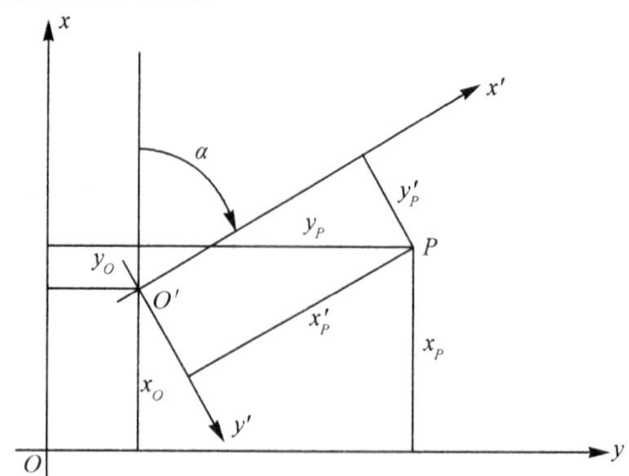

图 8-21 坐标换算示意图

设已知 P 点的施工坐标为(x'_P, y'_P)，则可按下式将其换算为测量坐标(x_P, y_P)。

$$\begin{cases} x_P = x_O + x'_P\cos\alpha - y'_P\sin\alpha \\ y_P = y_O + x'_P\sin\alpha - y'_P\cos\alpha \end{cases} \tag{8-8}$$

同样，若已知 P 点的测量坐标为(x_P, y_P)，则可按下式将其换算为施工坐标(x'_P, y'_P)。

$$\begin{cases} x'_P = (x_P - x_O)\cos\alpha + (y_P - y_O)\sin\alpha \\ y'_P = -(x_P - x_O)\sin\alpha + (y_P - y_O)\cos\alpha \end{cases} \tag{8-9}$$

思考题与习题

1. 施工测设的基本方法有哪些？
2. 如何测设已知的水平距离和水平角？
3. 什么是建筑物的定位？
4. 基础施工测量的主要内容包括哪些？
5. 简述建筑物轴线投测的主要方法。
6. 设 A、B 为控制点，已知两点的坐标分别为 $x_A=1158.32\text{m}$，$y_A=1260.50\text{m}$，$x_B=1000.00\text{m}$，$y_B=800.00\text{m}$。M 点的设计坐标为 $x_M=1051.50\text{m}$，$y_M=848.50\text{m}$，试分别计算用极坐标法、角度交会法测设 M 点的数据。

项目9

民用与工业建筑施工测量

项目描述

建筑施工中测量是一项非常重要的工作，是保证整个工程顺利施工的关键。本章重点介绍民用与工业建筑以及高层建筑的定位和放线。通过学习，学生能够掌握民用建筑和工业建筑及高层建筑物施工测量的内容和程序。

知识目标

- 了解建筑施工放样的主要技术要求；
- 掌握建筑场地平整施工测量；
- 掌握建筑物的定位和放样；
- 掌握基础施工测量；
- 掌握构件及设备的安装测量；
- 掌握高层建筑的轴线投测；
- 掌握高层建筑的高程传递。

能力目标

- 能够进行民用建筑施工测量；
- 能够进行工业建筑施工测量；
- 能够进行高层建筑施工测量。

任务9.1　民用建筑施工测量

学习引导

民用建筑是供人们工作、学习、生活、居住和从事各种政治、经济、文化活动的房屋，是人们平时接触最多的建筑，学习建筑工程测量，必须掌握民用建筑的施工测量方法。

9.1.1　建筑施工放样的主要技术要求

把设计图纸上工程建筑物的平面位置和高程，用一定的测量仪器和方法测设到实地上去的测量工作称为施工放样(也称施工放线)。建筑施工放样是建筑施工中一项重要工作，在施工放样前必须了解建筑施工放样的主要技术要求。

我国《工程测量规范》(GB 50026—2007)对建筑物施工放样的主要技术要求详见表 9-1。

表 9-1 建筑物施工放样、轴线投测和标高传递的允许偏差

项目	内容		允许偏差/mm
基础桩位放样	单排桩或群桩中的边桩		±10
	群桩		±20
各施工层上放线	外廓主轴线长度/m	$L\leqslant 30$	±5
		$30<L\leqslant 60$	±10
		$60<L\leqslant 90$	±15
		$L>90$	±20
	细部轴线		±2
	承重墙、梁、桩边线		±3
	非承重墙边线		±3
	门窗洞口线		±3
轴线竖向投测	每层		±3
	总高/m	$H\leqslant 30$	±5
		$30<H\leqslant 60$	±10
		$60<H\leqslant 90$	±15
		$80<H\leqslant 120$	±20
		$120<H\leqslant 150$	±25
		$H>150$	±30
标高竖向传递	每层		±3
	总高/m	5	±5
		10	±10
		15	±15
		20	±20
		25	±25
		30	±30

9.1.2 场地平整施工测量

如图 9-1 所示，在填挖土方量平衡的前提下，计算填挖土方量，并进行场地平整测设。

1. 测设方格网

平整场地设计时，需在该场地的地形图上布设普通方格网，边长为 10～40m，一般多用 20m，方格的大小视地形情况和平整场地的施工方法及工程预算而定，地面起伏较大时宜用 10m。

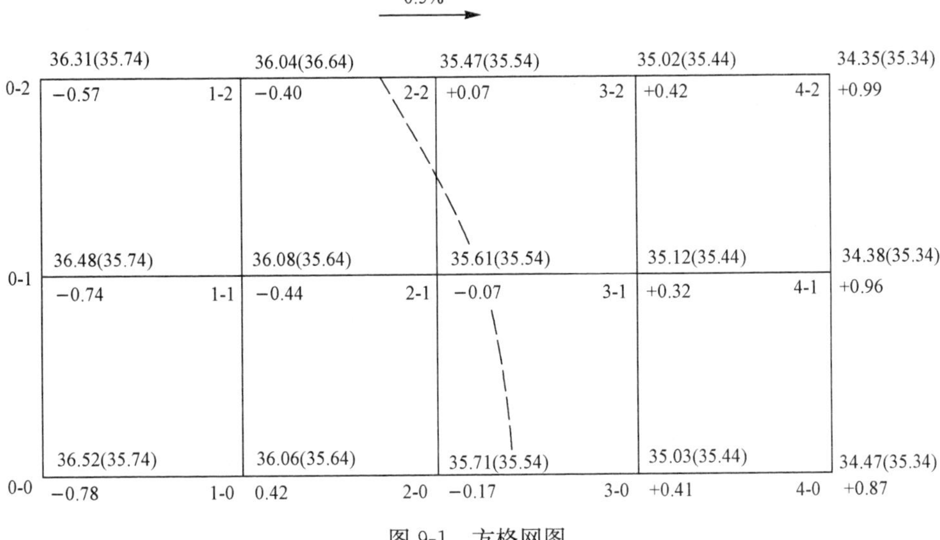

图 9-1　方格网图

2. 场地地面平均高程计算

$$H_{平} = \sum (P_i H_i) / \sum P_i$$

式中　H_i——方格点的地面高程；

P_i——方格点的权。

3. 确定设计高程

1）若将场地平整为一个水平面，要求填挖土方量平衡，则场地地面平均高程 $H_{平}$ 就是各点的设计高程。

2）场地若需平整成有一定坡度的斜平面，首先要确定场地的平面重心点的位置和设计高程，然后根据各方格点至重心点的距离和坡度求得方格点与重心点间高差，则可推算出各方格点的设计高程。

4. 计算各点的挖填高度

根据各方格网点的设计高程和地面高程，即可计算各点填挖高度(填挖数)

填挖数＝设计高程－地面高程

填挖数为“＋”时，表示填土高度；填挖数为“－”时，表示挖土深度。各点的填挖数标注在相应方格点右下方。

5. 确定挖填分界线位置

设计高程面与原自然地面的交线称为填挖分界线或零线，在零线上不填也不挖。

6. 土方量计算

根据方格网中各个方格的填挖情况，分别计算出每一方格土方量。由于每一方格内的填挖情况不同，计算所依据的方式不同。具体计算过程在项目 7 地形图的应用中已详细介绍。

7. 填挖边界和填挖高度测设

当填挖边界和土方计算无误后，可根据土方计算图在现场用量距方法定出各零点位置，然后用白灰线将相邻点连接起来，即得到实地的填挖分界线。填挖高度注写在相应的方格点木桩上，作为施工的依据。

9.1.3 建筑物的定位与放线

1. 建筑物的定位

建筑物的定位，就是将建筑物外廓各轴线交点(简称角桩)测设在地面上，作为基础放样和细部放样的依据。

定位条件不同，定位方法也不同。下面介绍根据已有建筑物测设拟建建筑物的方法。

1) 如图 9-2 所示，用钢尺沿宿舍楼的东、西墙，延长出一小段距离 l 得 a、b 两点，做出标志。

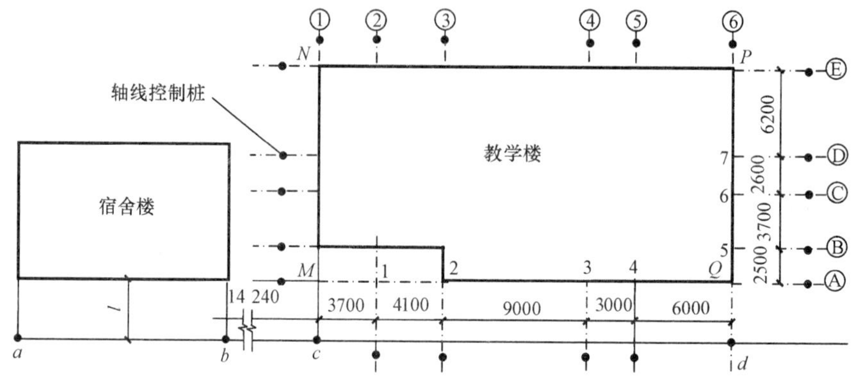

图 9-2 建筑物的定位和放线(单位：mm)

2) 在 a 点安置经纬仪，瞄准 b 点，并从 b 沿 ab 方向量取 14.240m(因为教学楼的外墙厚 370mm，轴线偏里，离外墙皮 240mm)，定出 c 点，做出标志，再继续沿 ab 方向从 c 点起量取 25.800m，定出 d 点，做出标志，cd 线就是测设教学楼平面位置的建筑基线。

3) 分别在 c、d 两点安置经纬仪，瞄准 a 点，顺时针方向测设 90°，沿此视线方向量取距离(1+0.240)m，定出 M、Q 两点，做出标志，再继续量取 15.000m，定出 N、P 两点，做出标志。M、N、P、Q 四点即教学楼外廓定位轴线的交点。

4) 检查 N、P 的距离是否等于 25.800m，$\angle N$ 和 $\angle P$ 是否等于 90°，其误差应在允许范围内。

若施工场地已有建筑方格网或建筑基线，可直接采用直角坐标法进行定位。

2. 建筑物的放线

建筑物的放线，是指根据已定位的外墙轴线交点桩(角桩)，详细测设出建筑物各轴线的交点桩(或称中心桩)，然后，根据交点桩用白灰撒出基槽开挖边界线。放线方法如下。

(1) 在外墙轴线周边上测设中心桩位置

如图 9-2 所示，在 M 点安置经纬仪，瞄准 Q 点，用钢尺沿 MQ 方向量出相邻两轴线间的距离，定出 1、2、3……各点，同理可定出 5、6、7 各点。量距精度应达到设计精度

要求。量出各轴线之间距离时，钢尺零点要始终对在同一点上。

(2) 恢复轴线位置的方法

由于在开挖基槽时，角桩和中心桩要被挖掉，为了便于在施工中恢复各轴线位置，应把各轴线延长到基槽外安全地点，并做好标志。其方法有设置轴线控制桩和龙门板两种形式。

1) 设置轴线控制桩。轴线控制桩设置在基槽外、基础轴线的延长线上，作为开槽后，各施工阶段恢复轴线的依据，如图9-3所示。轴线控制桩一般设置在基槽外2～4m处，打下木桩，桩顶钉上小钉，准确标出轴线位置，并用混凝土包裹木桩。如附近有建筑物，也可把轴线投测到建筑物上，用红漆做出标志，以代替轴线控制桩。

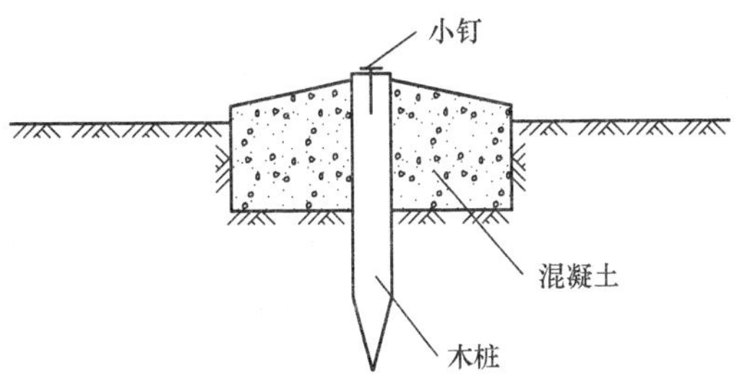

图9-3　轴线控制桩

2) 设置龙门板。在小型民用建筑施工中，常将各轴线引测到基槽外的水平木板上。水平木板称为龙门板，固定龙门板的木桩称为龙门桩，如图9-4所示。设置龙门板的步骤如下。

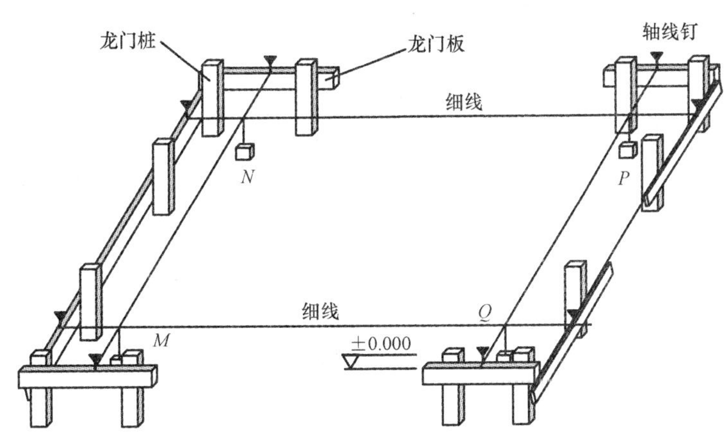

图9-4　龙门板

在建筑物四角与隔墙两端，基槽开挖边界线以外1.5～2m处，设置龙门桩。龙门桩要钉得竖直、牢固，龙门桩的外侧面应与基槽平行。

根据施工场地的水准点，用水准仪在每个龙门桩外侧，测设出该建筑物室内地坪设计高程线(±0.000m标高线)，并做出标志。

沿龙门桩上±0.000m标高线钉设龙门板，这样龙门板顶面的高程就也在±0.000m的水平面上。然后，用水准仪校核龙门板的高程，如有差错应及时纠正，其允许误差为±5mm。

在N点安置经纬仪，瞄准P点，沿视线方向在龙门板上定出一点，用小钉作标志，纵转望远镜在N点的龙门板上也钉一个小钉。用同样的方法，将各轴线引测到龙门板上，所钉之小钉称为轴线钉。轴线钉定位误差应小于±5mm。

最后，用钢尺沿龙门板的顶面，检查轴线钉的间距，其误差不超过1/2000。检查合格后，以轴线钉为准，将墙边线、基础边线、基础开挖边线等标定在龙门板上。

9.1.4 基础施工测量

1. 基槽抄平

建筑施工中的高程测设，又称抄平。

(1) 设置水平桩

为了控制基槽的开挖深度，当快挖到槽底设计标高时，应用水准仪根据地面上±0点，在槽壁上测设一些水平小木桩(称为水平桩)，使木桩的上表面离槽底的设计标高为一固定值(如0.500m)。

为了施工时使用方便，一般在槽壁各拐角处、深度变化处和基槽壁上每隔3～4m测设一水平桩。水平桩可作为挖槽深度、修平槽底和打基础垫层的依据。

(2) 水平桩的测设方法

如图9-5所示，槽底设计标高为−1.700m，欲测设比槽底设计标高高0.500m的水平桩，测设方法如下。

1) 在地面适当地方安置水准仪，在±0.000m标高线位置上立水准尺，读取后视读数为1.318m。

2) 计算测设水平桩的应读前视读数 $b_{应}$。其值为

$$b_{应}=a-h=1.318-(-1.700+0.500)=2.518(\mathrm{m})$$

3) 在槽内一侧立水准尺，并上下移动，直至水准仪视线读数为2.518m时，沿水准尺尺底在槽壁打入一小木桩。

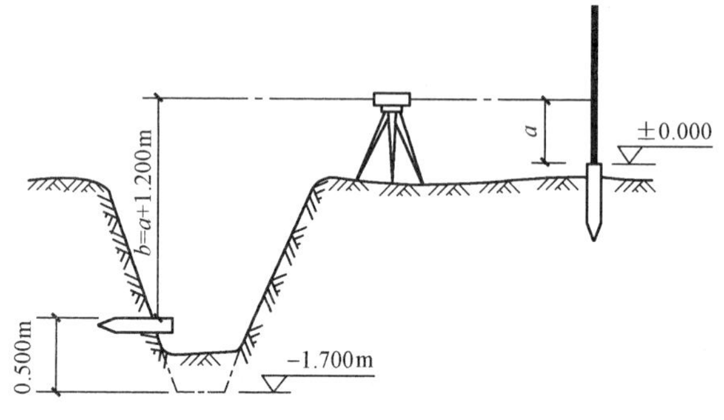

图9-5 底桩的测设

2. 垫层中线的投测

基础垫层打好后，根据轴线控制桩或龙门板上的轴线钉，用经纬仪或用拉绳挂垂球的方法，把轴线投测到垫层上，如图9-6所示，并用墨线弹出墙中心线和基础边线，作为砌筑基础的依据。

由于整个墙身砌筑均以此线为准，这是确定建筑物位置的关键环节，所以要严格校核后方可进行砌筑施工。

3. 基础墙标高的控制

房屋基础墙是指±0.000m 以下的砖墙，它的高度是用基础皮数杆来控制的。

1) 基础皮数杆是一根木制的杆子，如图 9-7 所示，在杆上事先按照设计尺寸，将砖、灰缝厚度画出线条，并标明±0.000m 和防潮层的标高位置。

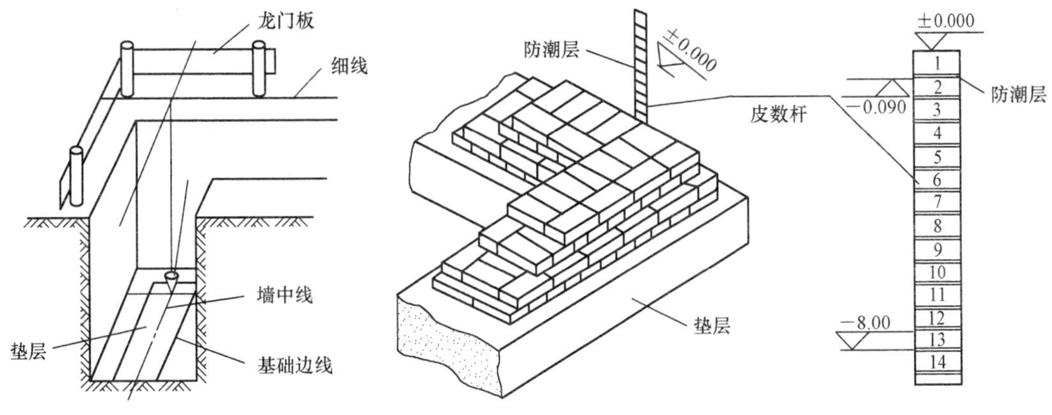

图 9-6 垫层中线的投测　　图 9-7 基础墙标高的控制

2)立皮数杆时，先在立杆处打一木桩，用水准仪在木桩侧面定出一条高于垫层某一数值(如 100mm)的水平线，然后将皮数杆上标高相同的一条线与木桩上的水平线对齐，并用大铁钉把皮数杆与木桩钉在一起，作为基础墙的标高依据。

4. 基础面标高的检查

基础施工结束后，应检查基础面的标高是否符合设计要求(也可检查防潮层)。可用水准仪测出基础面上若干点的高程，并与设计高程相比较，允许误差为±10mm。

9.1.5 主体施工测量

1. 墙体施工测量

(1) 墙体定位测量

为防止基础施工土方及材料堆放与搬运对控制桩产生的碰动影响，基础工程结束后，应及时对控制桩进行检查。复核无误后，用其将轴线测设到基础顶面(或承台、地梁)上，并用墨线弹出墙中心线和墙边线。检查外墙轴线交角是否为直角，符合要求后，把墙轴线延伸并画在外墙基础上，做好标志，如图 9-8 所示，作为向上层投测轴线的依据。同时把门、窗和其他洞口的边线，也画在外墙基础立面上。

轴线投测：常用悬吊垂球法将轴线逐层向上传递。

(2) 墙体各部位高程的控制(通过皮数杆传递)

墙体施工通常也用皮数杆来控制墙身细部高程，皮数杆可以准确控制墙身各部位构件的位置。如图 9-9 所示，在皮数杆上标明±0.000m、门、窗、楼板、过梁、圈梁等构件高度位置，并根据设计尺寸，在墙身皮数杆上画出砖、灰缝处线条，这样可保证每皮砖、灰缝厚度均匀。

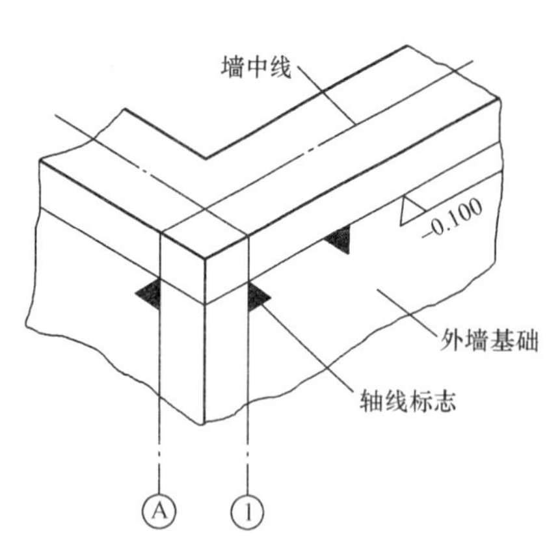

图 9-8 墙体轴线及标高控制

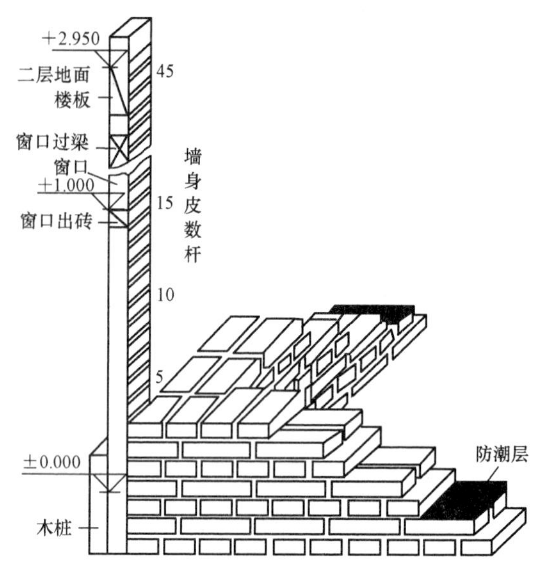

图 9-9 墙体细部标高控制及墙身皮数杆

立皮数杆时，先在地面上打一木桩，用水准仪测出±0.000m标高位置，并画一横线作为标志；然后，把皮数杆上的±0.000m线与木桩上±0.000m对齐、钉牢。皮数杆钉好后要用水准仪进行检测，并用垂球来校正皮数杆的竖直。

皮数杆一般设立在建筑物内(外)拐角和隔墙处。采用里脚手架砌砖时，皮数杆应立在墙外侧，采用外脚手架时，皮数杆应立在墙内侧。砌框架或钢筋混凝土柱间墙时，每层皮数杆可直接画在构件上，而不立皮数杆。

图 9-10 激光墨线仪

墙身皮数杆的测设与基础皮数杆相同。一般在墙身砌起1m后，就在室内墙身上定出+0.500m的标高线，作为该层地面施工及室内装修的依据。在第二层以上墙体施工中，为了使同层四角的皮数杆立在同一水平面上，要用水准仪测出楼板面四角的标高，取平均值作为本层的地坪标高，并以此作为本层立皮数杆的依据。当精度要求较高时，可用钢尺沿墙身自±0.000m起向上直接丈量至楼板外侧，确定立杆标志。

(3) 使用激光墨线仪控制+0.500m标高线

地面施工及室内装修时需要在墙面上弹一些水平或垂直墨线，作为立面施工的基准，目前可以使用激光墨线仪。图9-10所示为激光墨线仪。

2. 现浇柱的施工测量

(1) 柱子垂直度的测量控制

混凝土现浇结构几何尺寸的准确度，关键靠正确的模板几何尺寸来保证。

柱身模板支好后，须用经纬仪检查校正柱子的垂直度。由于柱子在一条线上，现场无法通视，一般采用平行线投点法测量。

如图9-11所示，为了使视线畅通，首先在楼地面将柱子轴线 AB 平行引至相距1m的 $A'B'$ 处。事先标记出柱子模板中心墨线，根据地面上引出的平行轴线，由一人在模板上端持钢板尺，其零点对准柱子中线，根据观测的柱子倾斜情况进行柱身模板校正。

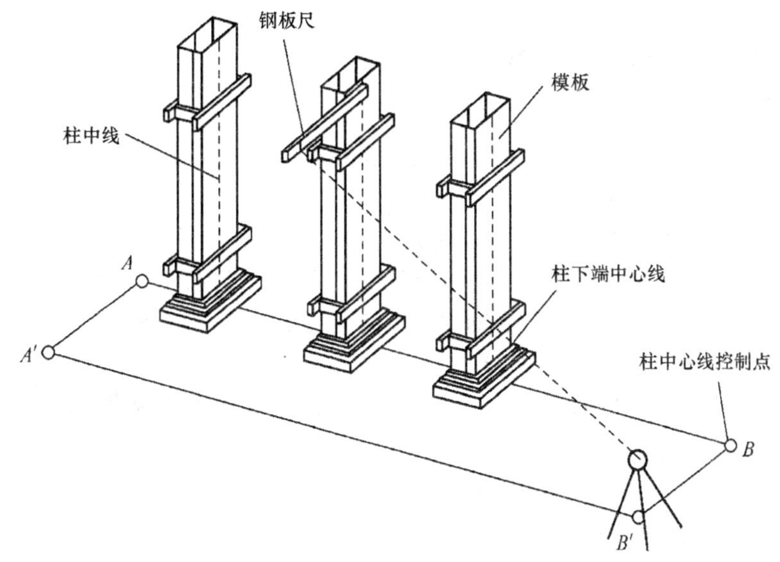

图9-11　柱子垂直度的测量

经纬仪安置在平行轴线的 B' 点，照准 A'，然后抬高望远镜观察沿模板水平放置的钢板尺，若十字丝正照准尺上读数1m处，则说明柱模板在此方向上垂直，否则应校正上端模板，直至视线与尺上1m标志重合为止。

(2) 模板标高的测设

柱模板垂直度校正正确说明柱子的平面位置无误，之后在模板外侧引测+0.500m标高控制线。每根柱不少于两点，并注明标高数值，作为测量柱顶标高、安装预埋件、牛腿支模等标高的依据。

柱顶标高的引测，一般选择不同行列的三根柱子，从柱子下面的500mm标高控制线处，根据设计柱长用钢尺沿柱身向上量取相应距离，在柱子上端模板上各确定一个同高程的点。然后在柱子上端脚手架平台上支水准仪，将钢板尺所引测上来的高程传递到柱顶模板上。注意从一点引测，最后要闭合于另一点上，第三点用于校核。

(3) 现浇结构尺寸、标高允许偏差

施工中要采用规范规定的检验方法，随时检查结构几何尺寸的偏差值，发现问题及时纠正。

任务9.2　工业建筑施工测量

学习引导

工业建筑中以厂房为主体，一般工业厂房多采用预制构件，以现场装配的方法施工。

厂房的预制构件有柱子、吊车梁和屋架等。因此，工业建筑施工测量的工作主要是保证这些预制构件安装到位。具体任务为厂房矩形控制网测设、厂房柱列轴线放样、杯形基础施工测量及厂房预制构件安装测量等。

9.2.1 厂房控制网的建立与测设

1. 厂房控制网的建立

工业厂房的定位和放线，比民用建筑的精度要求要高，工业厂房一般都应建立厂房矩形控制网，作为厂房施工测设的依据。

如图 9-12 所示，H、I、J、K 四点是厂房的房角点，设计图中已知 H、J 两点的坐标。S、P、Q、R 为布置在基础开挖边线以外的厂房矩形控制网的四个角点，称为厂房控制桩。厂房矩形控制网的边线到厂房轴线的距离为 4m，厂房控制桩 S、P、Q、R 的坐标，可按厂房角点的设计坐标加减 4m 算得。

根据厂房控制桩 S、P、Q、R 的坐标，利用直角坐标法进行测设时，所需测设数据及计算结果标注在图 9-12 中。

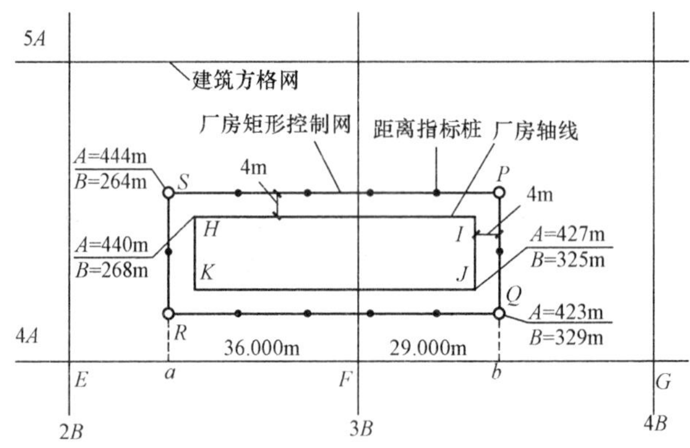

图 9-12 厂房矩形控制网的测设

2. 厂房控制网的测设

1）从 F 点起沿 FE 方向量取 36m，定出 a 点；沿 FG 方向量取 29m，定出 b 点。

2）在 a 与 b 上安置经纬仪，分别瞄准 E 与 F 点，顺时针方向测设 90°，得两条视线方向，沿视线方向量取 23m，定出 R、Q 点。再向前量取 21m，定出 S、P 点。

3）为了便于进行细部的测设，在测设厂房矩形控制网的同时，还应沿控制网测设距离指标桩，如图 9-12 所示，距离指标桩的间距一般等于柱子间距的整倍数。

3. 检查

1）检查∠S、∠P 是否等于 90°，其误差不得超过±10″。

2）检查 SP 是否等于设计长度，其误差不得超过 1/10 000。

以上方法适用于中小型厂房，对于大型或设备复杂的厂房，应先测设厂房控制网的主轴线，再根据主轴线测设厂房矩形控制网。

9.2.2 厂房柱列轴线与柱基施工测量

1. 厂房柱列轴线的测设

厂房矩形控制网建立之后，即可按柱列间距和跨距尺寸，沿矩形控制网各边用钢尺丈量相关距离，采用直线内分点法定出各柱基轴线交点的位置。如图9-13所示，$11'$、$22'$、$33'$……及AA'、BB'、CC'……为柱列轴线，在柱列轴线与矩形控制网的交点处打入木桩，桩顶用小钉标定点，此即柱列轴线控制桩，它是柱基放样和构件安装的依据。

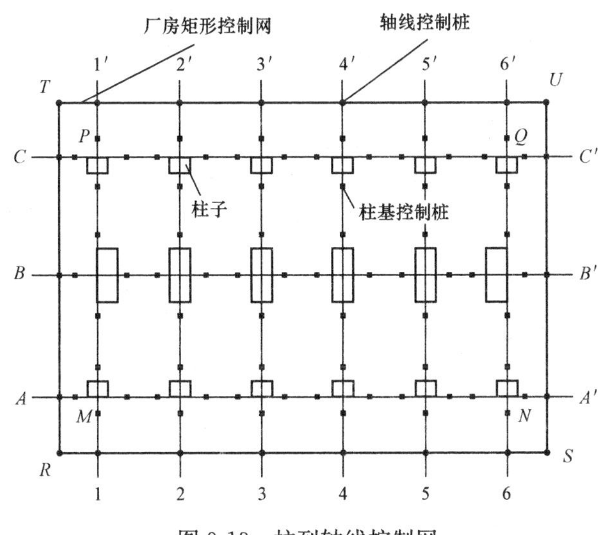

图9-13 柱列轴线控制网

2. 柱列杯形基础放线

(1) 柱基定位

用两架经纬仪分别安置在相应的柱列轴线控制桩上，沿轴线方向交会出各柱基的位置，即柱基定位桩(该点不一定是柱基中心)。沿轴线在基础开挖边线以外1～2m的轴线上打入1、2、3、4四个定位木桩(柱基控制桩)，并在桩顶上用小钉标明位置作为基础开挖后恢复轴线和立模的依据，如图9-14所示。

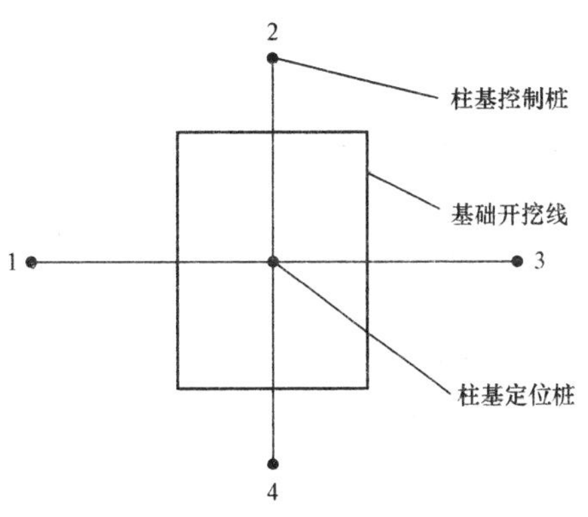

图9-14 柱列基础定位

(2) 柱基放线

依据柱基控制桩，按照基础设计的尺寸，用白灰标出基坑开挖边线。应注意的是柱基定位轴线不一定都是基础中心线，如图9-15所示。有时一个厂房的柱基类型不一，尺寸各异，放样时应特别注意。

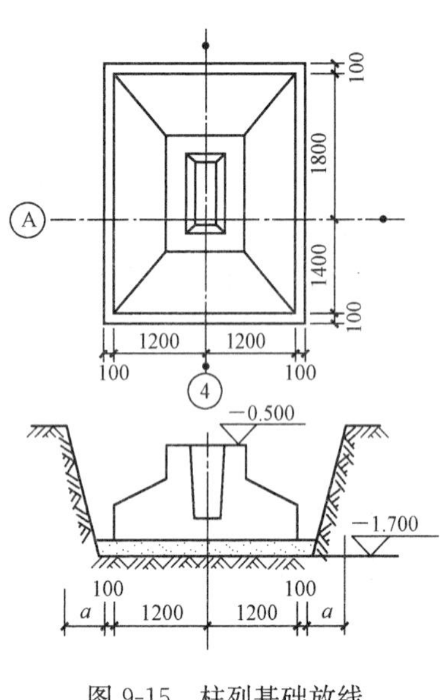

图 9-15　柱列基础放线

(3) 基坑高程的测设

基坑开挖至接近基坑设计标高时，在基坑壁的四周测设标高相同的水平桩，水平桩位置距离坑底设计高程 0.5m，以此作为修坡和清底抄平的依据。

(4) 垫层和基础放样

基坑清理完成后，在基坑底设置 1～2 个垂直垫层标高控制桩，作为垫层施工的依据。

(5) 基础模板的定位

根据基坑外的柱基控制桩，用拉线的方法，吊垂球将柱基定位线投设到垫层上，用墨斗弹出墨线，用红油漆画出标记，作为柱基立模板和布置基础钢筋的依据。立模板时，将模板底线对准垫层上的定位线，并用垂球检查模板是否竖直，同时注意使杯内底部标高低于其设计标高 2～5cm，作为抄平调整的余量。

9.2.3　厂房预制构件安装测量

1. 柱子安装测量

(1) 柱子安装应满足的基本要求

柱子中心线应与相应的柱列轴线一致，其允许偏差为±5mm。牛腿顶面和柱顶面的实际标高应与设计标高一致，其允许误差为±(5～8)mm，柱高大于 5m 时为±8mm。柱身垂直允许误差：当柱高不大于 5m 时，为±5mm；当柱高大于 5m 而不大于 10m 时，为±10mm；当柱高超过 10m 时，则为柱高的 1/1000，但不得大于 20mm。

(2) 柱子安装前的准备工作

柱子安装前的准备工作有以下几项。

1) 在柱基顶面投测柱列轴线。柱基拆模后，用经纬仪根据柱列轴线控制桩，将柱列轴线投测到杯口顶面上，如图 9-16 所示，并弹出墨线，用红漆画出“▶”标志，作为安装柱子时确定轴线的依据。如果柱列轴线不通过柱子的中心线，应在杯形基础顶面上加弹柱中心线。

用水准仪在杯口内壁测设一条一般为－0.600m 的标高线(一般杯口顶面的标高为－0.500m)，并画出“▼”标志，如图 9-16 所示，作为杯底找平的依据。

2) 柱身弹线。柱子安装前，应将每根柱子按轴线位置进行编号。如图 9-17 所示，在每根柱子的三个侧面弹出柱中心线，并在每条线的上端和下端近杯口处画出“▶”标志。根据牛腿面的设计标高，从牛腿面向下用钢尺量出－0.600m 的标高线，并画出“▼”标志。

3) 杯底找平。先量出柱子的－0.600m 标高线至柱底面的长度，再在相应的柱基杯口内，量出－0.600m 标高线至杯底的高度，并进行比较，以确定杯底找平厚度，用水泥砂浆根据找平厚度，在杯底进行找平，使牛腿面符合设计高程。

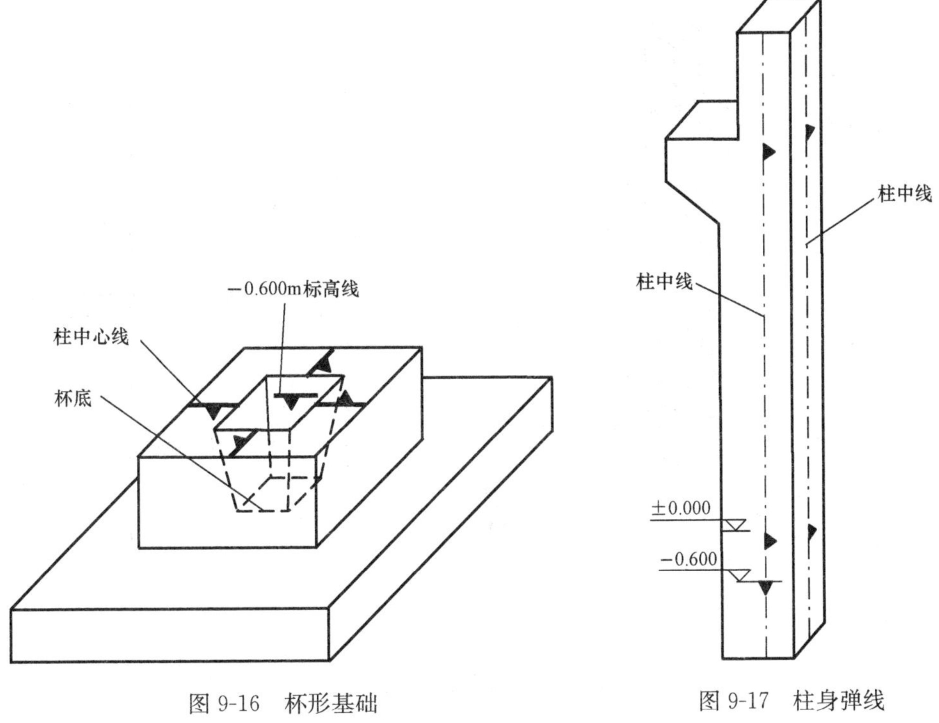

图 9-16　杯形基础

图 9-17　柱身弹线

(3) 柱子的安装测量

柱子安装测量的目的是保证柱子平面和高程符合设计要求，柱身铅直。

1) 预制的钢筋混凝土柱子插入杯口后，应使柱子三面的中心线与杯口中心线对齐，如图 9-18(a)所示，用木楔或钢楔临时固定。

2) 柱子立稳后，立即用水准仪检测柱身上的 ±0.000m 标高线，其容许误差为 ±3mm。

3) 如图 9-18(a)所示，用两台经纬仪，分别安置在柱基纵、横轴线上，离柱子的距离不小于柱高的 1.5 倍，先用望远镜瞄准柱底的中心线标志，固定照准部后，再缓慢抬高望远镜观察柱子偏离十字丝竖丝的方向，指挥用钢丝绳拉直柱子，直至从两台经纬仪中，观测到的柱子中心线都与十字丝竖丝重合为止。

4) 在杯口与柱子的缝隙中浇入混凝土，以固定柱子的位置。

5) 在实际安装时，一般是一次把许多柱子都竖起来，然后进行垂直校正。这时，可把两台经纬仪分别安置在纵横轴线的一侧，一次可校正几根柱子，如图 9-18(b)所示，但仪器偏离轴线的角度应在 15°以内。

(4)柱子安装测量的注意事项

所使用的经纬仪必须严格校正，操作时，应使照准部水准管气泡严格居中。校正时，除注意柱子垂直外，还应随时检查柱子中心线是否对准杯口柱列轴线标志，以防柱子安装就位后，产生水平位移。在校正变截面的柱子时，经纬仪必须安置在柱列轴线上，以免产生差错。在日照下校正柱子的垂直度时，应考虑日照使柱顶向阴面弯曲的影响，为避免此种影响，宜在早晨或阴天校正。

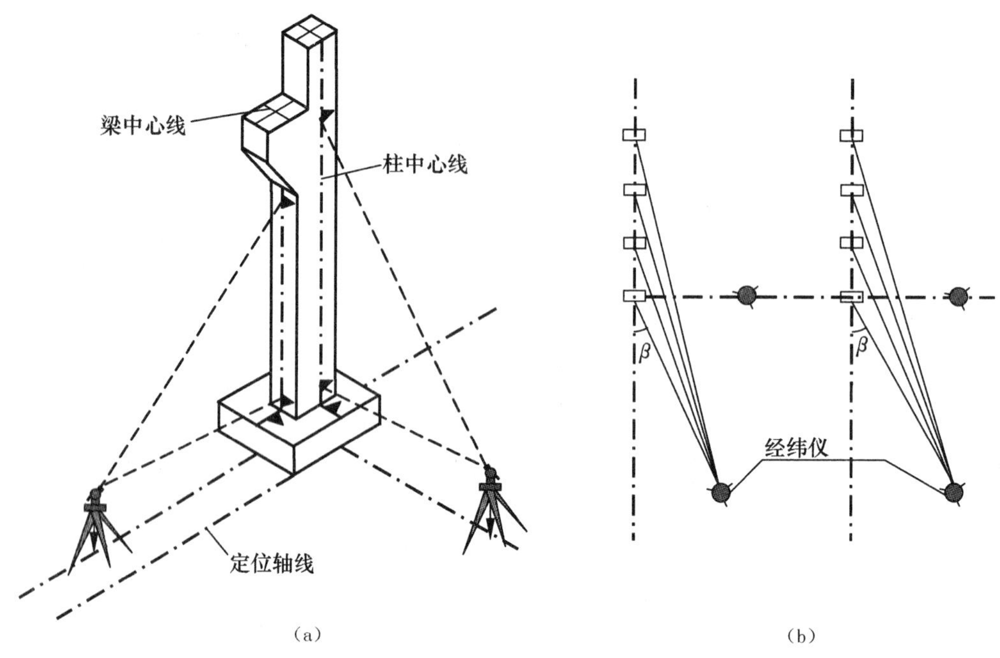

图 9-18　柱子垂直度校正

2. 吊车梁安装测量

吊车梁安装测量主要是保证吊车梁中线位置和吊车梁的标高满足设计要求。

(1) 吊车梁安装前的准备工作

吊车梁安装前的准备工作有以下几项。

1) 在柱面上量出吊车梁顶面标高。根据柱子上的±0.000m 标高线，用钢尺沿柱面向上量出吊车梁顶面设计标高线，作为调整吊车梁顶面标高的依据。

2) 在吊车梁上弹出梁的中心线。如图 9-19 所示，在吊车梁的顶面和两端面上，用墨线弹出梁的中心线，作为安装定位的依据。

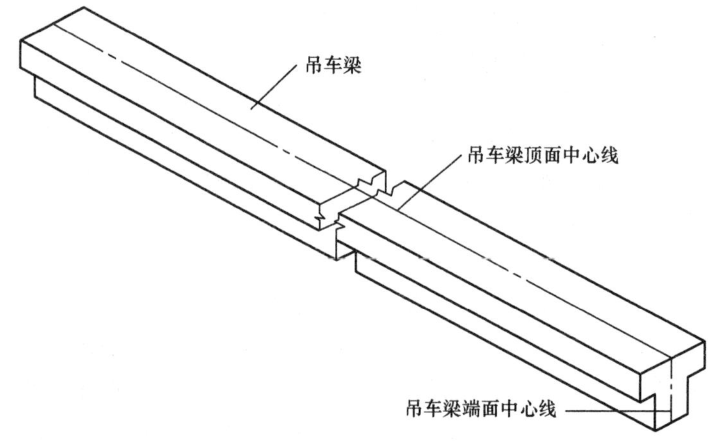

图 9-19　在吊车梁上弹出梁的中心线

3）在牛腿面上弹出梁的中心线。根据厂房中心线，在牛腿面上投测出吊车梁的中心线，投测方法如下。

如图9-20(a)所示，利用厂房中心线 A_1A_1，根据设计轨道间距，在地面上测设出吊车梁中心线(也是吊车轨道中心线)$A'A'$ 和 $B'B'$。在吊车梁中心线的一个端点 A'(或 B')上安置经纬仪，瞄准另一个端点 A'(或 B')，固定照准部，抬高望远镜，即可将吊车梁中心线投测到每根柱子的牛腿面上，并用墨线弹出梁的中心线。

(2) 吊车梁的安装测量

安装时，使吊车梁两端的梁中心线与牛腿面梁中心线重合，是对吊车梁的初步定位。采用平行线法，对吊车梁的中心线进行检测，校正方法如下。

1）如图9-20(b)所示，在地面上，从吊车梁中心线，向厂房中心线方向量出长度 a (1m)，得到平行线 $A''A''$ 和 $B''B''$。

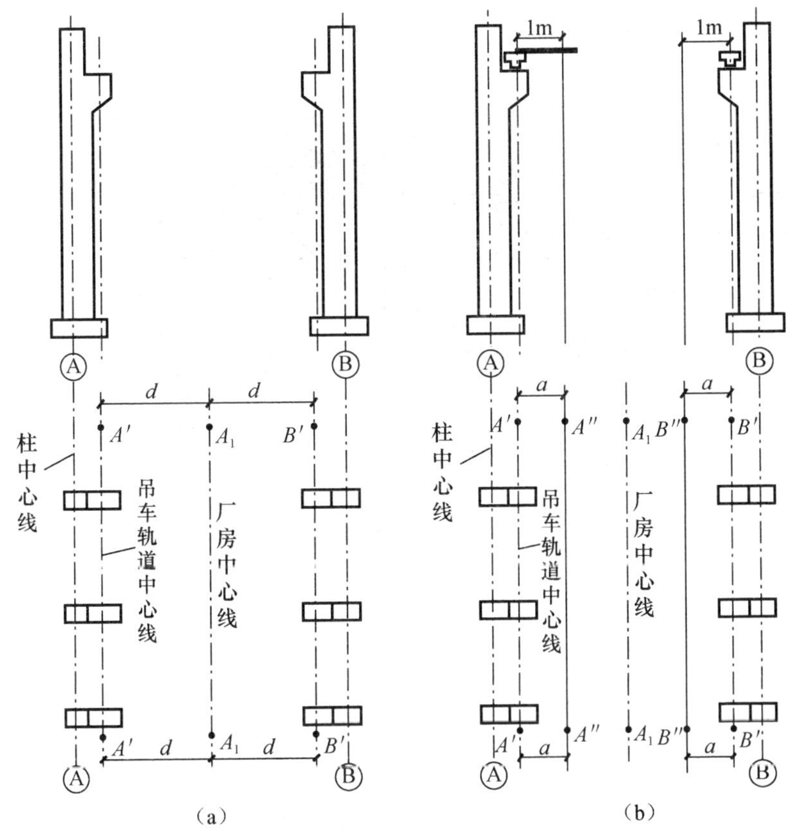

图9-20　吊车梁的安装测量

2）在平行线一端点 A''(或 B'')上安置经纬仪，瞄准另一端点 A''(或 B'')，固定照准部，抬高望远镜进行测量。

3）此时，另外一人在梁上移动横放的木尺，当视线正对准尺上1m刻划线时，尺的零点应与梁面上的中心线重合。如不重合，可用撬杠移动吊车梁，使吊车梁中心线到 $A''A''$(或 $B''B''$)的间距等于1m为止。

吊车梁安装就位后，先按柱面上定出的吊车梁设计标高线对吊车梁顶面进行调整，然后将水准仪安置在吊车梁上，每隔 3m 测一点高程，并与设计高程比较，误差应在 3mm 以内。

3. 屋架安装测量

(1) 屋架安装前的准备工作

屋架吊装前，用经纬仪或其他方法在柱顶面上，测设出屋架定位轴线。在屋架两端弹出屋架中心线，以便进行定位。

(2) 屋架的安装测量

屋架吊装就位时，应使屋架的中心线与柱顶面上的定位轴线对准，允许误差为 5mm。屋架的垂直度可用重球或经纬仪进行检查。用经纬仪检校方法如下。

1) 如图 9-21 所示，在屋架上安装三把卡尺，一把卡尺安装在屋架上弦中点附近，另外两把分别安装在屋架的两端。自屋架几何中心沿卡尺向外量出一定距离，一般为 500mm，做出标志。

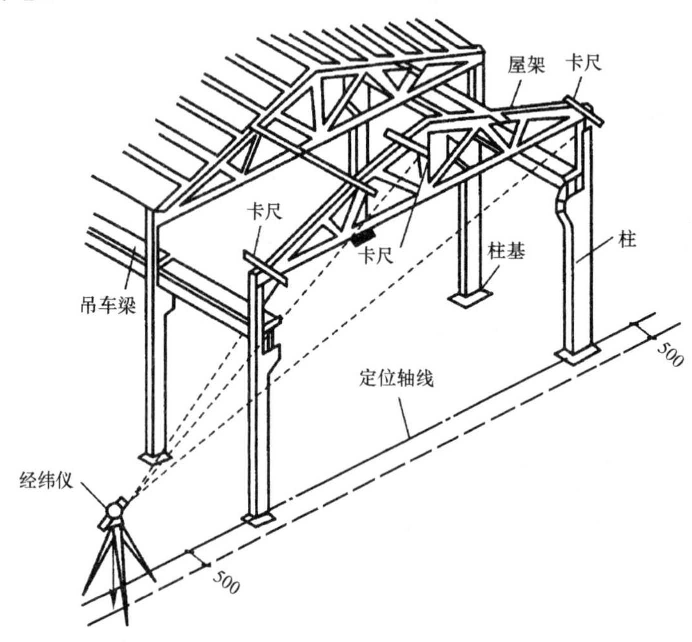

图 9-21 屋架的安装测量

2) 在地面上，距屋架中线同样距离处，安置经纬仪，观测三把卡尺的标志是否在同一竖直面内，如果屋架竖向偏差较大，则用机具校正，最后将屋架固定。

垂直度允许偏差：薄腹梁为 5mm；桁架为屋架高的 1/250。

9.2.4 烟囱、水塔施工测量

烟囱和水塔的施工测量相似，现以烟囱为例加以说明。烟囱是截圆锥形的高耸构筑物，其特点是基础小，主体高。施工测量工作主要是严格控制其中心位置，保证烟囱主体竖直。

1. 烟囱的定位、放线

(1) 烟囱的定位

烟囱的定位主要是定出基础中心的位置。定位方法如下。

1) 按设计要求，利用与施工场地已有控制点或建筑物的尺寸关系，在地面上测设出烟囱的中心位置 O(中心桩)。

2) 如图 9-22 所示，在 O 点安置经纬仪，任选一点 A 作后视点，并在视线方向上定出 a 点，倒转望远镜，通过盘左、盘右分中投点法定出 b 和 B；然后，顺时针测设 90°，定出 d 和 D，倒转望远镜，定出 c 和 C，得到两条互相垂直的定位轴线 AB 和 CD。

3) A、B、C、D 四点至 O 点的距离为烟囱高度的 1～1.5 倍。a、b、c、d 是施工定位桩，用于修坡和确定基础中心，应设置在尽量靠近烟囱而不影响桩位稳固的地方。

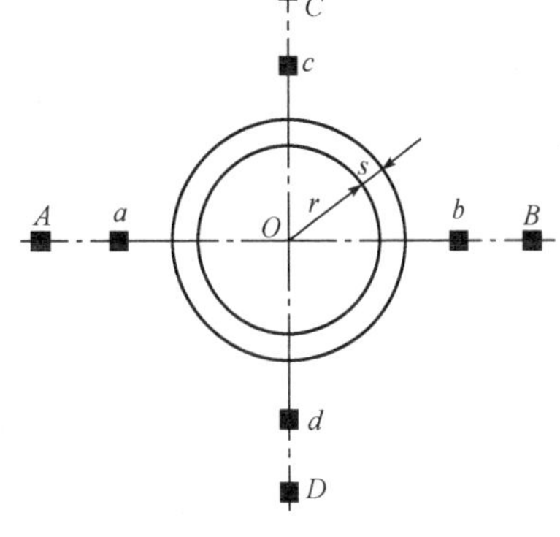

图 9-22　烟囱的定位、放线

(2) 烟囱的放线

以 O 点为圆心，以烟囱底部半径 r 加上基坑放坡宽度 s 为半径，在地面上用皮尺画圆，并撒出灰线，作为基础开挖的边线。

2. 烟囱的基础施工测量

1) 当基坑开挖接近设计标高时，在基坑内壁测设水平桩，作为检查基坑底标高和打垫层的依据。

2) 坑底夯实后，从定位桩拉两根细线，用垂球把烟囱中心投测到坑底，钉上木桩，作为垫层的中心控制点。

3) 浇灌混凝土基础时，应在基础中心埋设钢筋作为标志，根据定位轴线，用经纬仪把烟囱中心投测到标志上，并刻上"+"字，作为施工过程中，控制筒身中心位置的依据。

3. 烟囱筒身施工测量

(1) 引测烟囱中心线

在烟囱施工中，应随时将中心点引测到施工的作业面上。

1) 在烟囱施工中，一般每砌一步架或每升模板一次，就应引测一次中心线，以检核该施工作业面的中心与基础中心是否在同一铅垂线上。引测方法如下。

在施工作业面上固定一根木枋，在木枋中心处悬挂 8～12kg 的垂球，逐渐移动木枋，直到垂球对准基础中心为止。此时，木枋中心就是该作业面的中心位置。

2) 烟囱每砌筑完 10m，必须用经纬仪引测一次中心线。引测方法如下。

如图 9-22 所示，在控制桩 A、B、C、D 上安置经纬仪，瞄准相应的控制点 a、b、c、d，将轴线点投测到作业面上，并做出标记。然后，按标记拉两条细绳，其交点即烟囱的中心位置，并与垂球引测的中心位置比较，以作校核。烟囱的中心偏差一般不应超过砌筑高度的 1/1000。

3) 对于高大的钢筋混凝土烟囱，烟囱模板每滑升一次，就应采用激光铅垂仪进行一次烟囱的铅直定位，定位方法如下。

在烟囱底部的中心标志上，安置激光铅垂仪，在作业面中央安置接收靶。在接收靶上显示的激光光斑中心，即烟囱的中心位置。

4）在检查中心线的同时，以引测的中心位置为圆心，以施工作业面上烟囱的设计半径为半径，用木尺画圆，如图 9-23 所示，以检查烟囱壁的位置。

（2）烟囱外筒壁收坡控制

烟囱筒壁的收坡，是用靠尺板来控制的。靠尺板的形状，如图 9-24 所示，靠尺板两侧的斜边应严格按设计的筒壁斜度制作。使用时，把斜边贴靠在筒体外壁上，若垂球线恰好通过下端缺口，说明筒壁的收坡符合设计要求。

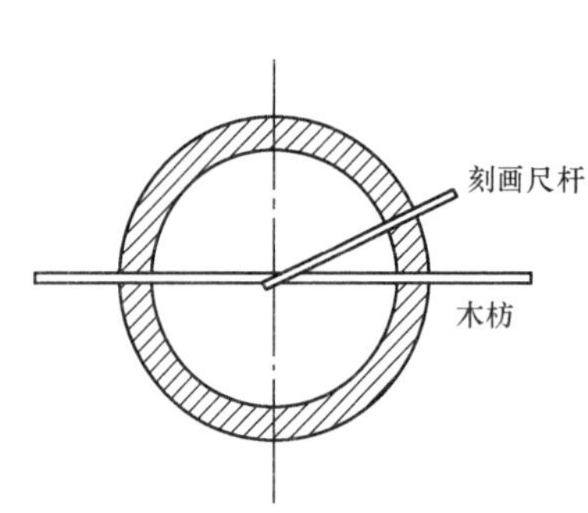

图 9-23　烟囱壁位置的检查

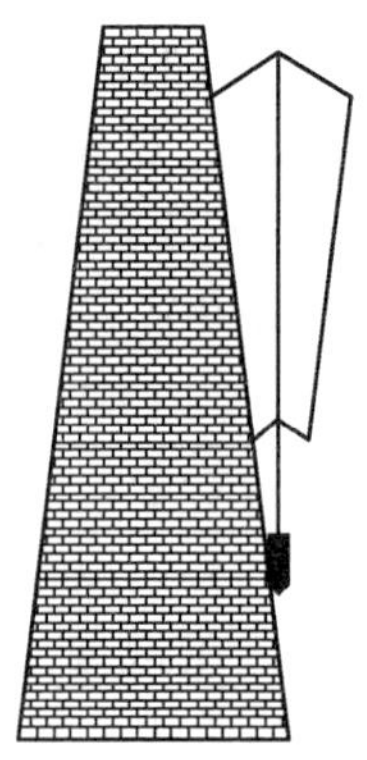

图 9-24　烟囱壁收坡的检查

（3）烟囱筒体标高的控制

一般是先用水准仪，在烟囱底部的外壁上，测设出＋0.500m（或任一整分米数）的标高线。然后以此标高线为准，用钢尺直接向上量取高度。

任务 9.3　高层建筑施工测量

学习引导

高层建筑施工测量的主要任务是进行轴线投测和高程传递。控制建筑物的垂直偏差和高程偏差，做到正确地进行各楼层的定位放线、标高控制。

9.3.1　高层建筑施工测量概述

高层建筑物施工测量中的主要问题是控制垂直度，就是将建筑物的基础轴线准确地向高层引测，并保证各层相应轴线位于同一竖直面内，控制竖向偏差，使轴线向上投测的偏差值不超限。

《工程测量规范》(GB 50026—2007)及《高层建筑混凝土结构技术规程》(JGJ 3—2010)均对高层建筑物竖向轴线和高程传递允许偏差做了同样的规定，见表 9-2。

表 9-2　高层建筑物竖向轴线和高程传递的允许偏差规定

项目	竖向传递允许偏差值/mm						
总高 H/m	每层	$H \leqslant 30$	$30 < H \leqslant 60$	$60 < H \leqslant 90$	$90 < H \leqslant 120$	$120 < H \leqslant 150$	$H > 150$
轴线	3	5	10	15	20	25	30
高程	±3	±5	±10	±15	±20	±25	±30

由于高层建筑施工精度要求高，加之高层建筑物层数多、高度高、建筑结构复杂，特别是在建筑物密集的闹市区施工时，场地狭窄，施工及测量工作比较困难；因而在测设前，必须制定可行的测量方案，选用适当仪器，拟订检测措施，确保放样精度。

9.3.2　高层建筑的轴线投测

高层建筑的基础工程完成后，随着楼层的升高，需要把底层的基准轴线逐层向上投测，以控制建筑物的垂直度。轴线投测的方法根据场地情况可分为外控法和内控法。

1. 外控法

外控法是在建筑物外部，利用经纬仪，根据建筑物轴线控制桩来进行轴线的竖向投测，也称作"经纬仪引桩投测法"。具体操作方法如下。

(1) 在建筑物底部投测中心轴线位置

高层建筑的基础工程完工后，将经纬仪安置在轴线控制桩 A_1、A_1'、B_1 和 B_1'上，把建筑物主轴线精确地投测到建筑物的底部，并设立标志，如图 9-25 中的 a_1、a_1'、b_1 和 b_1'，以供下一步施工与向上投测之用。

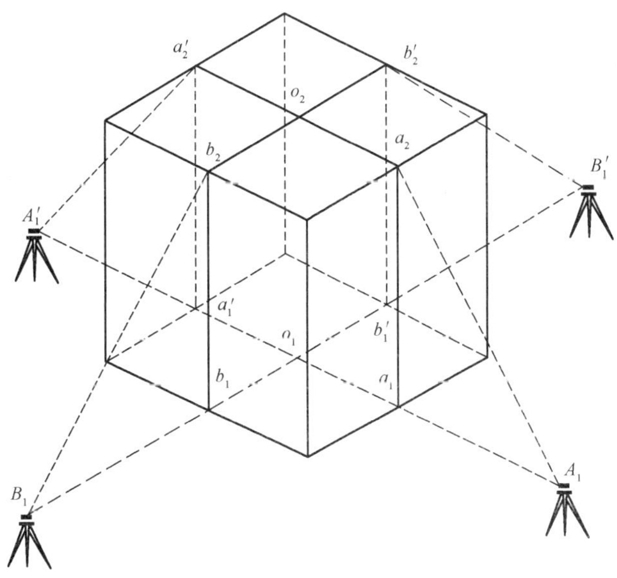

图 9-25　经纬仪投测中心轴线

(2) 向上投测中心线

随着建筑物不断升高，要逐层将轴线向上传递。如图 9-25 所示，将经纬仪安置在中

心轴线控制桩 A_1、A_1'、B_1 和 B_1'上，严格整平仪器，用望远镜瞄准建筑物底部已标出的轴线 a_1、a_1'、b_1 和 b_1'点，用盘左和盘右分别向上投测到每层楼板上，并取其中点作为该层中心轴线的投影点，如图 9-25 中的 a_2、a_2'、b_2 和 b_2'。

(3) 增设轴线引桩

当楼房逐渐增高，而轴线控制桩距建筑物又较近时，望远镜的仰角较大，操作不便，投测精度也会降低。为此，要将原中心轴线控制桩引测到更远的安全地方，或者附近大楼的屋面。具体做法如下。

如图 9-26 所示，将经纬仪安置在已经投测上去的较高层(如第十层)楼面轴线 $a_{10}a_{10}'$上，瞄准地面上原有的轴线控制桩 A_1 和 A_1'点，用盘左、盘右分中投点法，将轴线延长到远处 A_2 和 A_2'点，并用标志固定其位置，A_2、A_2'即新投测的 A_1A_1'轴控制桩。

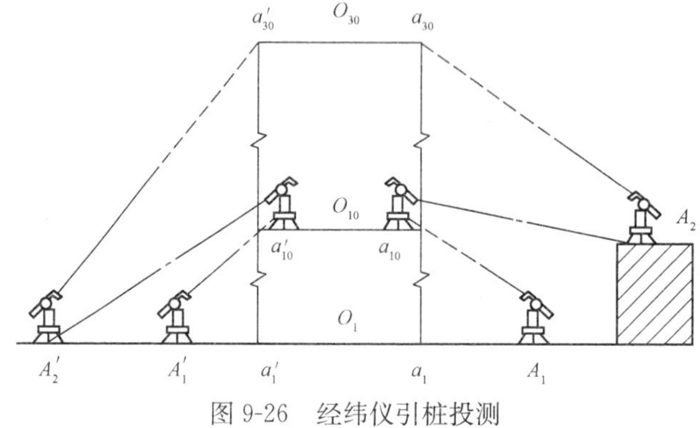

图 9-26 经纬仪引桩投测

对更高各层的中心轴线，可将经纬仪安置在新的引桩上，按上述方法继续进行投测。

2. 内控法

(1) 设置轴线控制点

内控法是于基础施工完毕后，在±0.000m 首层平面上距轴线 500～800mm 的位置设置与轴线平行的辅助轴线，并在辅助轴线交点或端点处埋设标志，如图 9-27 和图 9-28 所示。

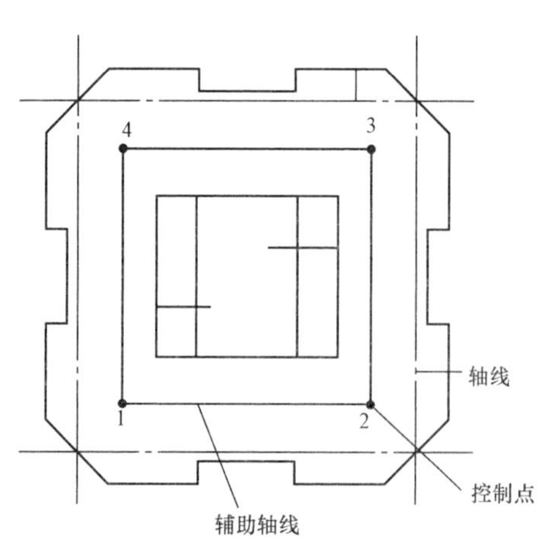

图 9-27 内控法辅助轴线控制点的设置图

图 9-28 内控法辅助轴线控制点的埋设

(2)预留传递孔

楼板施工时，在辅助轴线控制点的正上方开设 200mm×200mm 方形孔洞，各层楼板相应位置均预留传递孔，如图 9-29 所示。在轴线控制点上直接采用垂球法或激光铅垂仪法，通过预留孔将其点位垂直投测到任一楼层。

图 9-29　穿过楼层预留传递孔

(3)垂球法

垂球法是利用钢丝悬挂垂球的方法，进行轴线竖向投测。这种方法一般用于高度在 50～100m 的高层建筑施工中，垂球的质量为 10～20kg，钢丝的直径为 0.5～0.8mm。投测方法如下。

如图 9-30 所示，在预留孔上面安置十字架，挂上垂球，对准首层预埋标志。当垂球线静止时，固定十字架，并在预留孔四周做出标记，作为以后恢复轴线及放样的依据。

此时，十字架中心即轴线控制点在该楼面上的投测点。

用垂球法实测时，要采取一些必要措施，如用铅直的塑料管套着坠线或将垂球沉浸于油中，以减少摆动。

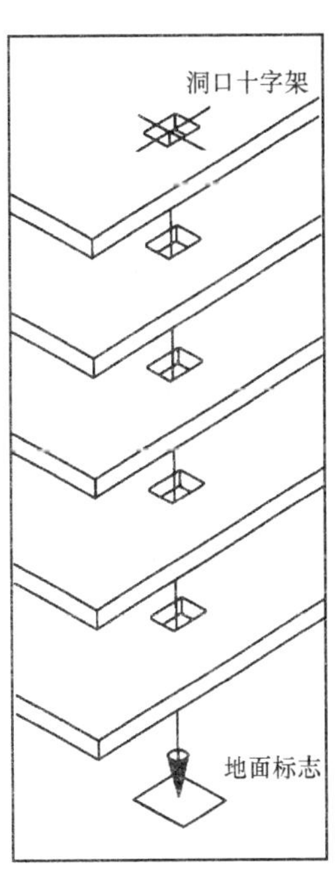

图 9-30　垂球法投测轴线

(4) 激光垂准仪法

1) 激光垂准仪简介。垂准仪也叫激光铅垂仪，是一种专用的铅直定位仪器，适用于高层建筑物、烟囱及高塔架的铅直定位测量。

图 9-31 所示为苏州一光仪器公司生产的 DZJ2 型激光垂准仪，主要由氦氖激光管、精密竖轴、发射望远镜、水准器、基座、激光电源及接收屏等部分组成。

在光学垂准系统的基础上添加了半导体激光器，可分别给出上下同轴的两束激光铅垂线，与望远镜视准轴同心、同轴、同焦。望远镜照准目标，出现一红色光斑，可从目镜观察到；另一个激光器向下发射激光束，用于对中操作。

图 9-31 激光垂准仪

2）激光铅垂仪投测轴线。投测方法如下。

① 如图 9-32 所示，为了把建筑物的平面定位轴线投测至各层，每条轴线至少需要两个投测点。

如图 9-32 所示，在上层施工楼面预留孔处，放置接受靶。

② 在首层轴线控制点上安置激光垂准仪，接通激光电源，利用底端激光器所发射的激光束进行对中，通过调节基座整平螺旋，使管水准器气泡严格居中。

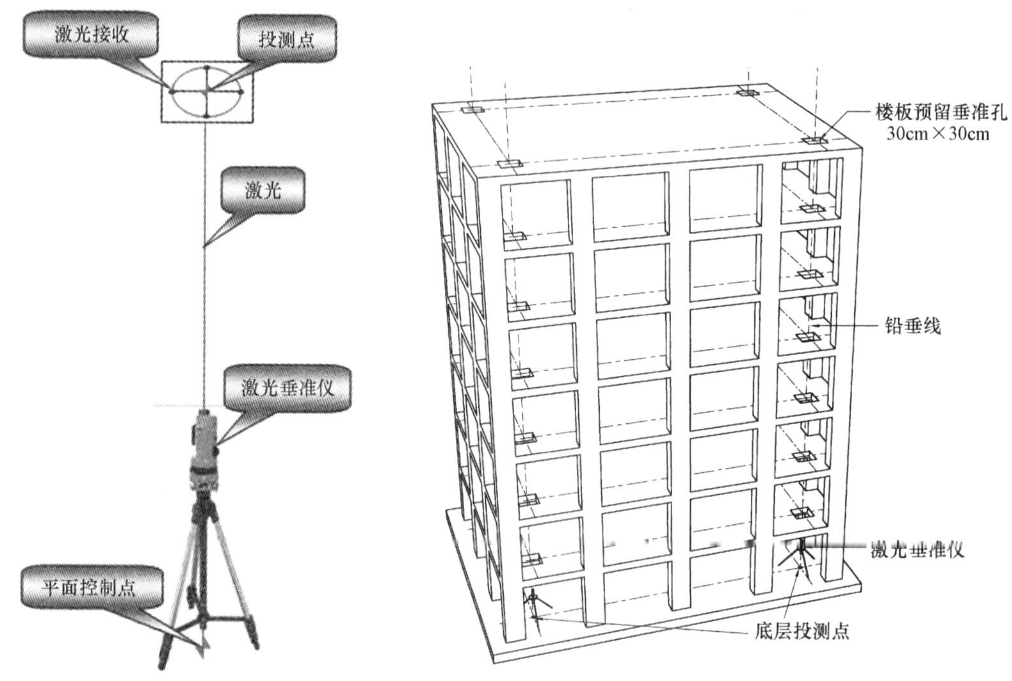

图 9-32 激光垂准仪轴线投测示意图

③ 启动上端激光器发射向上垂直激光束，通过发射望远镜调焦，使激光束会聚成红色耀目光斑，投射到半透明材质的接受靶上，如图 9-33(a)所示。

④ 移动接受靶，使靶心与红色光斑重合，如图 9-33(b)所示。固定接受靶 1；在同轴线另一端进行轴线点投设，固定接受靶 2，靶心位置即轴线控制点在该楼面上的投测点。

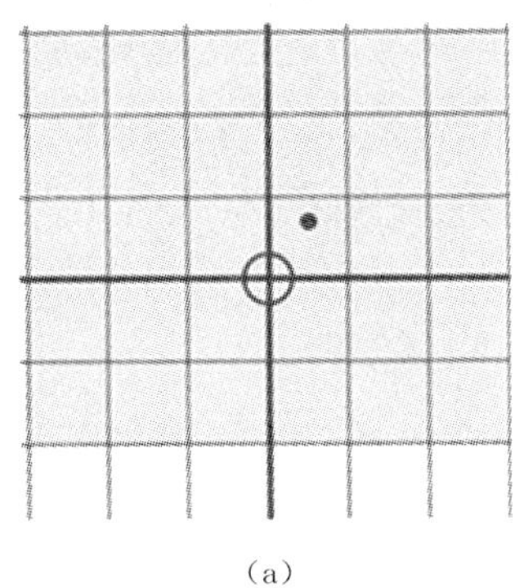
(a)

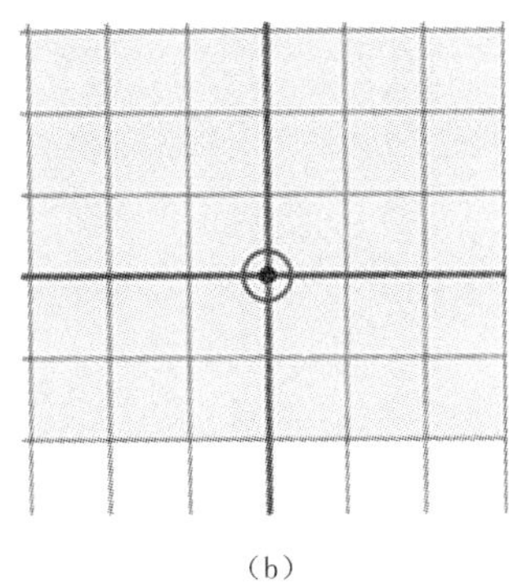
(b)

图 9-33 激光接受靶

⑤ 在接受靶 1 靶心点上精确安置经纬仪，照准接受靶 2 靶心点，在预留孔两侧做出标记 a、b 点，a、b 点连线就是投测上来的轴线。

⑥ 轴线投测完成后，按照以往的方法进行校核。

⑦ 同样的方法，可以投测与该轴线垂直的主轴线。

9.3.3 高层建筑的高层传递

在多层建筑施工中，要由下层向上层传递高程，以使楼板、门窗口等的标高符合设计要求。高程传递的方法有以下几种。

1. 利用皮数杆传递高程

一般建筑物可用墙体皮数杆传递高程。具体方法参照“墙体各部位高程的控制”。

2. 利用钢尺直接丈量

对于高程传递精度要求较高的建筑物，通常用钢尺直接丈量来传递高程。对于二层以上的各层，每砌高一层，就从楼梯间用钢尺从下层的＋0.500m 标高线，向上量出层高，测出上一层的＋0.500m 标高线。这样用钢尺逐层向上引测。

3. 吊钢尺法

用悬挂钢尺代替水准尺，用水准仪读数，从下向上传递高程。

思考题与习题

1. 如何进行建筑场地平整施工测量？
2. 施工高程控制网如何布设？
3. 基本水准点的布设要求有哪些？
4. 什么是建筑的定位和放线？

5. 什么是龙门板和龙门桩?
6. 简述水平桩的测设方法。
7. 高层建筑的轴线如何投测?高层建筑如何进行高程传递?
8. 厂房构件的安装测量如何进行?

项目 10

建筑物的变形观测

项目描述

随着我国工程建设的蓬勃发展，大量的水工建筑物、工业与交通建筑物以及高层建筑物随之建成。由于多种因素的影响，这些建筑物在使用和运行过程中，都会产生变形，因变形而造成的损失也越来越大。及时地对建筑物进行变形观测，随时监视变形的发展变化，在未造成损失以前，及时采取补救措施对建筑物的安全运行起着至关重要的作用。本项目主要介绍变形观测的精度和周期、垂直位移、水平位移及其他变形观测的内容、方法以及数据处理。

知识目标

- 了解变形观测的目的与意义；
- 了解变形观测点位的布设；
- 熟悉水平位移、垂直位移观测的方法及观测数据的处理；
- 了解建筑物倾斜观测、内部观测、挠度观测等其他变形观测的内容。

能力目标

- 能够为不同建筑工程的变形观测确定观测精度和观测周期；
- 能够完成观测点位的布设；
- 能够完成各类变形观测外业观测和内业数据处理工作。

任务 10.1 建筑变形观测基本知识

学习引导

变形观测是建筑测量一项重要工作，但又区别于一般的建筑测量。其观测目的、观测特点、观测精度以及观测周期都有其本身的特点。

10.1.1 变形观测的目的、意义及内容

建筑物的变形观测，目前在我国已受到高度重视。随着社会主义建设的蓬勃发展，各种大型建筑物，如水坝、高层建筑、大型桥梁、隧道及各种大型设备不断出现，因变形而

造成的损失也越来越大。变形是自然界的普遍现象，它是指变形体在各种荷载作用下，其形状、大小及位置在时空域中的变化。变形体的变形在一定范围内被认为是允许的，如果超出允许值，则可能引发灾害。因而及时地对建筑物进行变形观测，随时监视变形的发展变化，在未造成损失以前，及时采取补救措施，是变形观测的主要目的。变形观测的另一个目的是检验设计的合理性，为提高设计质量提供科学的依据。

建筑物产生变形的原因很多，其中，地质条件、地震、荷载及外力作用的变化等是其主要原因。在建筑物的设计及施工中，应全面地考虑这些因素。如果设计不合理，材料选择不当，施工方法不当或施工质量低劣，就会使变形超出允许值而造成损失。

根据变形的性质，变形可分为静态变形和动态变形两类。静态变形是时间的函数，观测结果只表示在某一期间内的变形；动态变形是指在外力作用下产生的变形，它是以外力为函数表示的，对于时间的变化，其观测结果表示在某一时刻的瞬时变形。由于变形是随时间发展变化的，所以对静态变形要周期性地进行重复观测，以求取两相邻周期间的变化量；而对动态观测，则需用自动记录仪器记录其瞬时位置。

变形观测的内容，总的来说可以分成现场巡视、环境监测、位移监测、渗流监测等几个方面。现场巡视是变形观测中的一个重要内容，采用简单量具或临时安装的仪器设备在建筑物及其周围定期或不定期进行检查。环境监测一般包括气温、气压、降水量、风力、风向等。位移监测主要包括沉降监测、水平位移监测、挠度监测、裂缝监测等。渗流监测主要包括地下水位监测、渗透压力监测、渗流量监测等。本章内容主要介绍位移监测。

在实际观测中，变形观测的内容应根据变形体的性质与地基情况来定。要求有明确的针对性，既要有重点，又要做全面考虑，以便能正确反映出变形体的变化情况，达到监视变形体的安全、了解其变形规律的目的。例如，对于建筑物的基础而言，主要监测内容是均匀和不均匀沉降，从而计算绝对沉降量、平均沉降量、相对弯曲、相对倾斜等；对于建筑本身主要是倾斜和裂缝观测。

10.1.2　变形观测的特点

变形观测与常规的测量工作相比，既有相同点，又有各自不同的特点和要求，变形观测具有如下特点。

1. 精度要求高

与常规测量相比，变形观测的一个显著特点就是测量精度要求较高，一般性的也要达到毫米级，重要的、变形比较敏感的则要达到 0.1mm 甚至 0.01mm。因此，变形观测多属于精密测量。

2. 必须进行周期性重复观测

要想得到建筑物的变形量必须进行两期以上的观测，大多数是在建筑的整个运行期间进行周期性的观测，并且在每个周期要有相同的观测条件、方法和技术要求。

3. 综合应用各种观测方法

相对而言，变形观测的技术和方法较常规测量技术方法更为丰富。变形观测方法一般分为四类：地面测量方法，包括几何水准测量、三角高程测量、方向和角度测量、距离测

量等；空间测量技术，如空间卫星定位；摄影测量和地面激光扫描；专门测量手段，主要指各种准直测量、倾斜仪观测、应变计测量等。

4. 数据处理要求严密

变形量一般很小，有时甚至与观测精度处在同一量级，要从含有误差的观测值中分离出变形信息，需要严密的数据处理方法。此外，观测值中经常含有粗差和系统误差，在估计变形模型之前要进行筛选，以保证结果的正确性。另外，变形模型一般是预先不知道的，需要仔细地鉴别和检验。

5. 需要多学科知识的配合

在制定变形观测精度，优化设计变形观测方案，合理地分析变形观测成果，特别是进行变形的物理解释时，变形测量工作者要熟悉所研究的变形体。可以说，变形观测处于测绘学和地球物理、土木工程等科学的边缘。

10.1.3 变形观测的精度和频率

变形观测的精度取决于变形的大小、速率、仪器和方法所能达到的实际精度，以及观测的目的等，很难有一个明确的规定，国内外对此有各种不同的看法。原则上，如果观测的目的是监视建筑物的安全，精度要求稍低，则只要满足预警需要即可，在1971年的国际测量工作者联合会(FIG)上，建议观测的中误差应小于允许变形值的1/20～1/10；如果目的是研究变形的规律，则精度应尽可能高些，因为精度的高低会影响观测成果的可靠性。当然，在确定精度时，还要考虑设备条件的可能，在设备条件具备，且增加工作量不大的情况下，以尽可能高些为宜。确定精度要求后，参照《建筑变形测量规范》(JGJ 8—2016)确定相应的观测等级，见表10-1。

表10-1 建筑物变形测量等级及其精度要求

等级	沉降监测点测站高差中误差/mm	位移监测点坐标中误差/mm	主要适用范围
特等	0.05	0.3	特高精度要求的变形测量
一等	0.15	1.0	地基基础设计为甲级的建筑的变形测量；重要的古建筑、历史建筑的变形观测；重要的城市基础设施的变形测量等
二等	0.50	3.0	地基基础设计为甲、乙级的建筑的变形测量；重要场地的边坡监测；重要的基坑监测；重要管线的变形测量；地下工程施工及运营中的变形测量；重要的城市基础设施的变形测量等
三等	1.5	10.0	地基基础设计为乙、丙级的建筑的变形测量；一般场地的边坡监测；一般的基坑监测；地表、道路及一般管线的变形测量；一般的城市基础设施的变形测量；日照变形测量；风振变形测量等
四等	±3.0	±20.0	精度要求低的变形测量

观测的频率决定于变形值的大小和变形速度，以及观测的目的。通常要求观测的次数既能反映出变化的过程，又不遗漏变化的时刻。例如，高层建筑在施工过程中的变形观测，通常楼层加高1～2层即应观测一次；大坝的变形观测，则随着水位的高低，来确定观测周期。对于已经建成的建筑物，在建成初期，因为变形值大，观测的频率宜高。如果变形逐步趋于稳定，则周期可逐渐加长，直至完全稳定后，即可停止观测。对于濒临破坏的建筑物，或者是即将产生滑坡、崩塌的地面，其变形速率会逐渐加快，观测周期也要相应地逐渐缩短。观测的精度和频率两者是相关的，只有在一个周期内的变形值远大于观测误差，其所得结果才是可靠的。

任务 10.2　建筑物的垂直位移监测

学习引导

建筑物受地下水位升降、荷载的作用及地震等的影响，会使其在垂直方向产生位移。垂直位移监测是变形观测一项主要内容，其监测方法主要有精密水准测量、精密三角高程测量、液体静力水准测量和GPS静态监测等，其中最常用的方法是精密水准测量。

一般说来，在没有其他外力作用时，建筑物多数呈现下沉现象，对它的观测称沉降观测。一般用“+”表示下沉，用“-”时表示上升。在建筑物施工开挖基槽以后，深部地层由于荷载减轻而升高，这种现象称为回弹，对它的观测称为回弹观测。

垂直位移监测是对监测点高程变化量的测量工作。高程依据是水准基点，即在水准基点高程不变的前提下，定期地测出变形点相对于水准基点的高差，并求出其高程，将不同周期的高程加以比较，即可得出变形点高程变化的大小及规律。

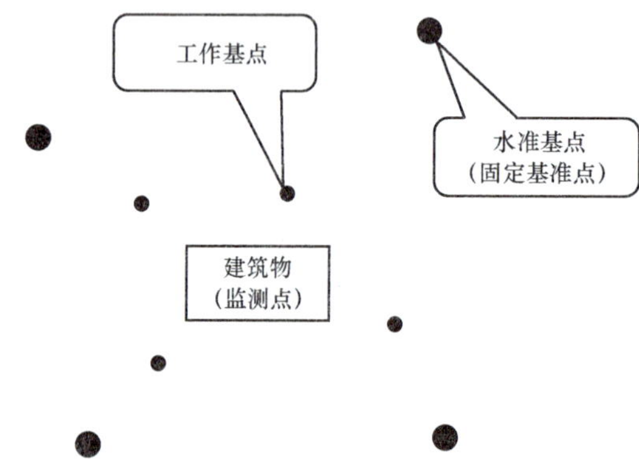

图 10-1　沉降观测点位布置图

垂直位移监测的测量点分为水准基点(固定基准点)、工作基点和建筑物(监测点)三种，其点位分布情况如图10-1所示。

水准基点是垂直位移监测的基准点，一般3～4个点构成一组，形成近似正三角形或正方形，为保证其坚固与稳定，应选埋在变形区以外的岩石上或深埋于原状土上，也可以选埋在稳固的建构筑物上。由水准基点组成的水准网称为垂直位移监测网，它可布设成闭合环、结点或附合水准路线等形式。

工作基点用于直接测定监测点的起点或终点。工作基点应布置在变形区附近相对稳定的地方，其高程尽可能接近监测点的高程。工作基点一般采用地表岩石标，当建筑物附近的覆盖层较深时，可采用浅埋标志，当新建建筑物附近有基础稳定的建筑物时，也可设置在该建筑物上。因工作基点位于测区附近，应经常与水准基点进行联测，通过联测结果判

断其稳定。

监测点是垂直位移监测点的简称，布设在被监测建(构)筑物上。布设时，要使其位于建(构)筑物的特征点上，能充分反映建(构)筑物的沉降变形情况，点位应当避开障碍物，便于观测和长期保护，标志应稳固，不影响建构筑物的美观和使用，还要考虑建筑物基础地质、建筑结构、应力分布等，对重要和薄弱部位应该适当增加监测点的数目，保证监测成果的正确可靠。

变形点垂直位移监测的方法有多种，但常用的是水准测量。监测的精度等级和主要技术要求见表 10-2。

表 10-2　变形点垂直位移监测的精度要求和监测方法

等级	高程中误差/mm	相邻点高差中误差/mm	观测方法	往返较差、附合或环线闭合差/mm
一等	±0.3	±0.15	除按国家一等水准测量的技术要求施测外，尚需设双转点，视线≤15m，前后视距差≤0.3m，视距累计差≤1.5m	$\leqslant 0.15\sqrt{n}$
二等	±0.5	±030	按国家一等水准测量的技术要求施测	$\leqslant 0.30\sqrt{n}$
三等	±1.0	±0.50	按国家二等水准测量的技术要求施测	$\leqslant 0.60\sqrt{n}$
四等	±2.0	±1.00	按国家三等水准测量的技术要求施测	$\leqslant 1.40\sqrt{n}$

注：n 为测站数。

由于变形观测是多周期的重复观测，且精度要求较高，为了避免误差的影响，尚需注意以下各点。

1）设置固定的测站与转点，使每次观测在固定的位置上进行。

2）人员固定，以减少个人差别的影响。

3）使用固定的仪器和水准尺，以减少仪器误差的影响。

任务 10.3　建筑物的水平位移监测

学习引导

建筑物及其基础在受到水平方向应力影响时，会产生水平位移。定期监测建筑物的水平位移状况，对监控建筑物的安全状况至关重要，因此水平位移监测也是建筑物变形观测的一项重要内容。

水平位移监测的依据是水平位移监测网，或称平面控制网。根据建筑物的结构形式、已有设备和具体条件，监测可采用三角网、导线网、边角网、三边网和视准线等形式。在采用视准线时，为能发现端点是否产生位移，还应在两端分别建立检核点。

为了方便，水平位移监测网通常都采用独立坐标系统，如大坝、桥梁等往往以其轴线方向作为 x 轴，而 y 坐标的变化，即它的侧向位移。为使各控制点的精度一致，都采用一次布网。

监测网的精度，应能满足变形点观测精度的要求。在设计监测网时，要根据变形点的观测精度，预估对监测网的精度要求，并选择适宜的观测等级和方法。水平位移监测网的等级和主要技术要求见表 10-3。

表 10-3　水平位移监测网的主要技术要求

等级	相邻基准点的点位中误差/mm	平均边长/m	测角中误差/(″)	最弱边相对中误差	作业要求
一等	1.5	<300	0.7	≤1/250000	按国家一等三角要求施测
		<150	1.0	≤1/120000	按国家二等三角要求施测
二等	3.0	<300	1.0	≤1/120000	按国家二等三角要求施测
		<150	1.8	≤1/70000	按国家三等三角要求施测
三等	6.0	<350	1.8	≤1/70000	按国家三等三角要求施测
		<200	2.5	≤1/40000	按国家四等三角要求施测
四等	12.0	<400	2.5	≤1/40000	按国家四等三角要求施测

变形点的水平位移监测有多种方法，最常用的有测角前方交会法、后方交会法、极坐标法、导线法、视准线法、引张线法等，宜根据条件，选用适当的方法。

10.3.1　测角前方交会法

在变形点上不便于架设仪器时，多采用这种方法。如图 10-2 所示，A、B 为平面基准点，p 为变形点，由于 A、B 的坐标为已知，在观测了水平角 α、β 后，即可求算 p 点的坐标，即

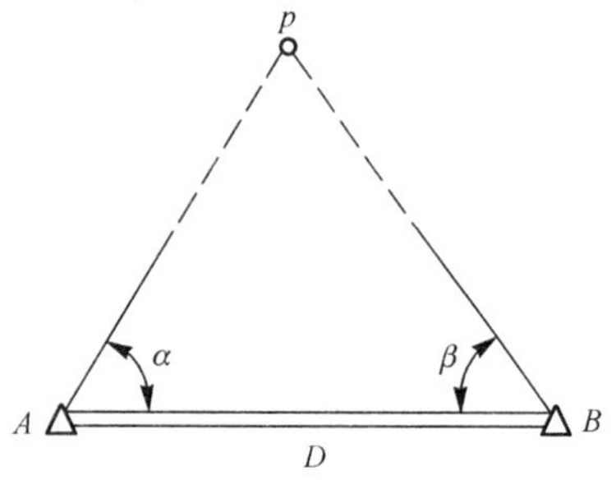

$$\begin{cases} x_p=\dfrac{x_A\cot\beta+x_B\cot\alpha-y_A+y_B}{\cot\alpha+\cot\beta} \\ y_p=\dfrac{y_A\cot\beta+y_B\cot\alpha+x_A-x_B}{\cot\alpha+\cot\beta} \end{cases} \tag{10-1}$$

图 10-2　测角前方交会法

点位中误差 m_p 的估算公式为

$$m_p=\frac{m_\beta D\sqrt{\sin^2\alpha+\sin^2\beta}}{\rho\sin^2(\alpha+\beta)} \tag{10-2}$$

式中　m_β——测角中误差；

D——两已知点间的距离；

ρ——206 265″。

采用这种方法时，交会角宜在 60°～120°，以保证交会精度。

10.3.2　后方交会法

如果变形点上可以架设仪器，且与三个平面基准点通视时，可采用这种方法。如图 10-3 所示，A、B 平面基准点，p 为变形点，当观测了水平角 α、β 后，即可依公式(10-3)计算 p 点坐标，得

$$\begin{cases} x_p = x_B + \Delta x_{Bp} = x_B + \dfrac{a - Kb}{1 + K^2} \\ y_p = y_B + \Delta y_{Bp} = y_B + K\Delta x_{Bp} \end{cases} \tag{10-3}$$

式中　$a=(x_A-x_B)+(y_A-y_B)\cot\alpha$；

$b=-(y_A-y_B)+(x_A-x_B)\cot\alpha$；

$c=(x_C-x_B)+(y_C-y_B)\cot\beta$；

$d=(y_C-y_B)+(x_C-x_B)\cot\beta$；

$K=\dfrac{a+c}{b+d}$。

这里，c 和 d 是为了表示 K 而出现的一个中间参数。

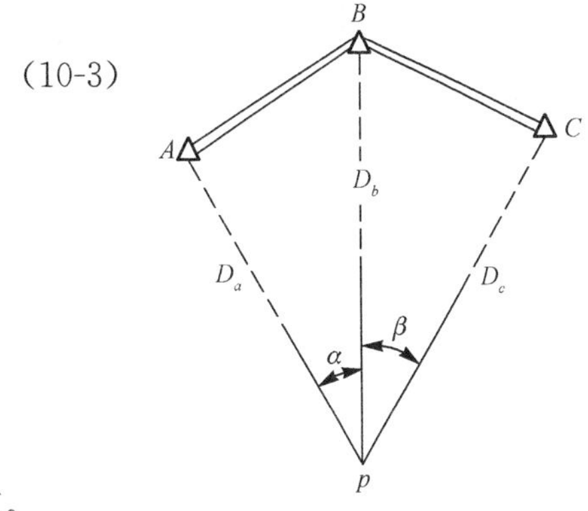

图 10-3　后方交会法

点位中误差的估算公式为

$$m_p = \frac{m_\beta}{\rho}\sqrt{\frac{D_{AB}^2 D_c^2 + D_{BC}^2 D_a^2}{[D_c\sin\alpha + D_a\sin\beta + D_b\sin(\alpha+\beta)]^2}} \tag{10-4}$$

式中　m_β——测角中误差。

采用这种方法时，需注意 p 点不能与 A、B、C 在同一圆周上，否则无定解。

10.3.3　极坐标法

在光电测距仪出现以后，极坐标法用得比较广泛，只要在变形点上可以安置反光镜，且与基准点通视即可。如图 10-4 所示，A、B 为基准点，其坐标已知，p 为变形点，当测出 α 及 D 以后，即可据以求出 p 点的坐标，由于计算方法简单，不再进行说明。

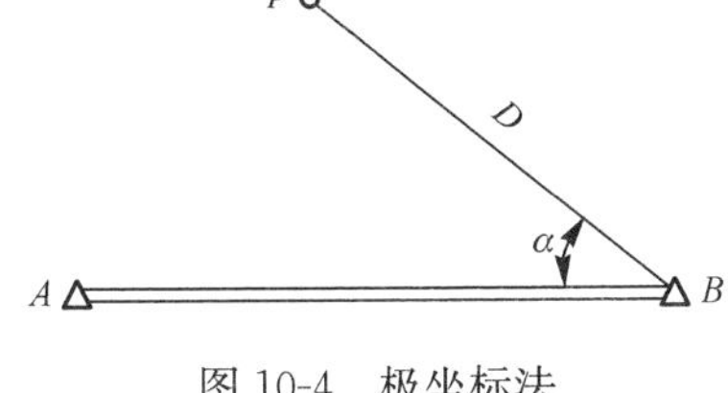

图 10-4　极坐标法

点位中误差的估算公式为

$$m_p = \pm\sqrt{m_D^2 + \left(\frac{m_\alpha}{\rho}D\right)^2} \tag{10-5}$$

10.3.4　导线法

当相邻的变形点间可以通视，且在变形点上可以安置仪器进行测角、测距时，可采用导线法。通过各次观测所得的坐标值进行比较，便可得出点位位移的大小和方向。这种方法多用于非直线型建筑物的水平位移观测，如对弧形拱坝和曲线桥的水平位移观测。

10.3.5　视准线法

视准线法适用于变形方向为已知的线形建(构)筑物，是水坝、桥梁等常用的方法。如图 10-5 所示，视准线的两个端点 A、B 为基准点，变形点 1、2、3……布设在 AB 的连线上，其偏差不宜超过 2cm。变形点相对于视准线偏移量的变化，即建(构)筑物在垂直于视准点方向上的位移。量测偏移量的设备为活动觇牌，其构造如图 10-6 所示。觇牌图案可以左右移动，移动量可在刻划上读出。当图案中心与竖轴中心重合时，其读数应为零，这一位置称为零位。

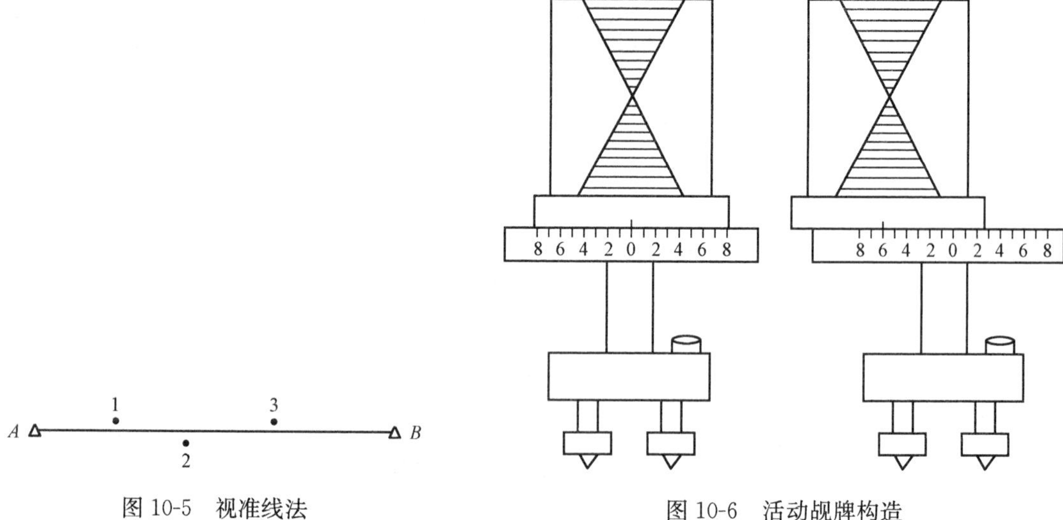

图 10-5　视准线法

图 10-6　活动觇牌构造

观测时在视准线的一端架设经纬仪，照准另一端的观测标志，这时的视线称为视准线。将活动觇牌安置在变形点上，左右移动觇牌的图案，直至图案中心位于视准线上，这时的读数即变形点相对视准线的偏移量。不同周期所得偏移量的变化，即其变形值。与此法类似的还有激光准直法，就是用激光光束代替经纬仪的视准线。

10.3.6　引张线法

引张线法的工作原理与视准线法类似，但要求在无风及没有干扰的条件下工作，所以在大坝廊道里进行水平位移监测时采用较多。所不同的是，在两个端点间引张一根直径为 0.8～1mm 的钢丝，以代替视准线。采用这种方法的两个端点应基本等高，上面要安置控制引张线位置的 V 形槽及施加拉力的设备。中间各变形点与端点基本等高，在上面与引张线垂直的方向上水平安置刻划尺，以读出引张线在刻划尺上的读数。不同周期观测时尺上读数的变化，即变形点与引张线垂直方向上的位移值。

任务 10.4　建筑物的倾斜观测

学习引导

高层或高耸建筑物，如电视塔、水塔、烟囱、高层建筑物等，由于基础不均匀沉降或受风力等影响，其垂直轴线会发生倾斜。当倾斜达到一定程度时会影响建筑物的安全，因此必须对其进行倾斜观测或不均匀沉降观测。测定工业与民用建筑物倾斜度随时间变化的工作，称为倾斜观测。

倾斜度用顶部的水平位移值与高度之比表示，如图 10-7 所示，根据建筑物的设计，A 点和 B 点位于同一竖直线上，当建筑物发生倾斜时，则 A 点相对于 B 点移动了数值 e，则该建筑的倾斜度为

$$i=\frac{e}{h} \tag{10-6}$$

一般倾斜度用测定的 e 及 h 求算，如果确信建筑物是刚性的，也可以通过测定基础不同部位的高程变化来间接求算。高度 h 可用悬吊钢尺测出，也可用三角高程法测出。顶部点的水平位移值，可用前方交会法及建立垂准线的方法测出。

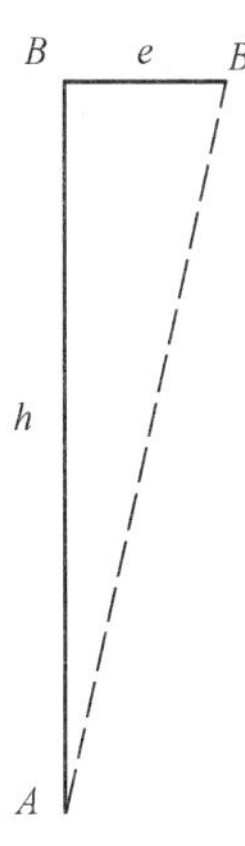

图 10-7　建筑物倾斜

10.4.1　前方交会法

例如，采用前方交会法对高层楼房进行墙角观测，则高处观测点与其理论位置的坐标差 Δx、Δy，即在 x、y 方向上的位移值，其最大位移方向上的位移值为

$$K=\sqrt{\Delta x^2+\Delta y^2} \tag{10-7}$$

像烟囱等圆锥形中空构筑物，应测定其几何中心的水平位移，这种情况可采用图 10-8 所示的方法进行。A、B 为两观测站，离烟囱的距离应不小于烟囱高度的 2 倍，并使 AP、BP 方向大致垂直。经纬仪或全站仪先在 A 点观测烟囱底部和顶部相切两方向的值，取平均值得 a、a'，即通过烟囱底部和顶部中心的方向值。同样再在 B 点观测，得 b、b'。若 $a\neq a'$，$b\neq b'$，则表示烟囱的上下中心不在同一铅垂线上，即烟囱有倾斜。计算出 $\Delta a-a'-a$，$\Delta b-b'-b$，并从 A、B 分别沿 AP、BP 方向量出到烟囱外皮的距离 D_A、D_B，则可计算出垂直于 AP、BP 方向的偏移量 e_A、e_B，即

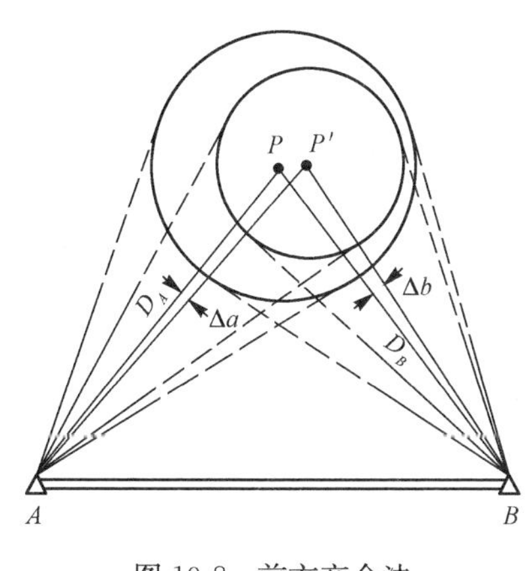

图 10-8　前方交会法

$$\begin{cases} e_A=\dfrac{\Delta a}{\rho}(D_A+R) \\ e_B=\dfrac{\Delta b}{\rho}(D_B+R) \end{cases} \tag{10-8}$$

式中　R——烟囱底部的半径，可量出底部的周长后求得。烟囱总的偏移量 e 为

$$e=\sqrt{e_A^2+e_B^2} \tag{10-9}$$

根据 Δa、Δb 的正负号，还可以计算出偏移的方向，即

$$\alpha=\arctan\frac{e_A}{e_B} \tag{10-10}$$

α 为以 AP 为 0°按顺时针方向计量的方位角。

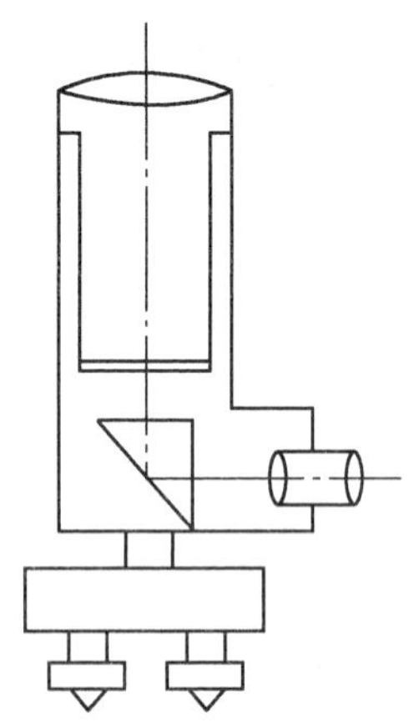
图 10-9　铅垂仪的构造

10.4.2　垂准线法

垂准线的建立，可以利用悬吊垂球，也可以利用铅垂仪（或称垂准仪）。

利用垂球时，是在高处的某点，如墙角、建筑物的几何中心处悬挂垂球，垂球线的长度应使垂球尖端刚刚不与底部接触，用尺子量出垂球尖至高处该点在底部的理论投影位置的距离，即高处该点的水平位移值。

铅垂仪的构造如图 10-9 所示，当仪器整平后，即形成一条铅垂视线。如果在目镜处加装一个激光器，则形成一条铅垂的可见光束，称为激光铅垂线。观测时，在底部安置仪器，而在顶部量取相应点的偏移距离。

任务 10.5　建筑物的挠度观测

学习引导

所谓挠度，是指建(构)筑物或其构件在水平方向或竖直方向上的弯曲值。例如，桥的梁部在中间会产生向下弯曲，高耸建筑物会产生侧向弯曲。

图 10-10 是对梁进行挠度观测的例子。在梁的两端及中部设置三个变形观测点 A、B 及 C，定期对这三个点进行沉降观测，即可计算各期相对于首期的挠度值，即

$$F_e=(S_B-S_A)-\frac{L_A}{L_A+L_B}(S_C-S_A) \tag{10-11}$$

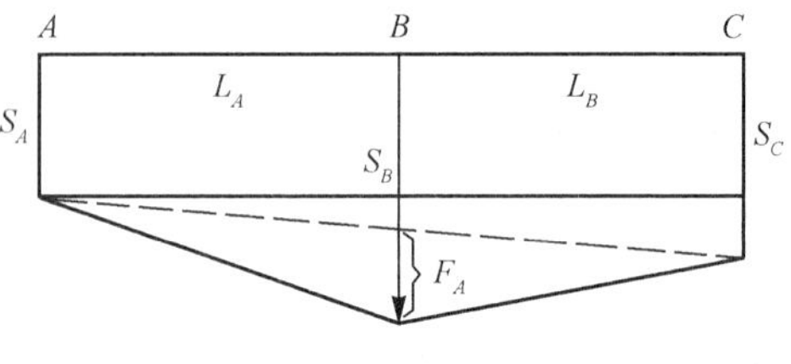

图 10-10　梁的挠度观测

式中　L_A、L_B——观测点间的距离；

S_A、S_B、S_C——观测点的沉降量。

沉降观测的方法可用水准测量，如果由于结构或其他原因，无法采用水准测量时，也可采用三角高程的方法。

桥梁在动荷载(如列车行驶在桥上)作用下会产生弹性挠度，即列车通过后，立即恢复原状，这就要求在挠度最大时测定其变形值。为能测得其瞬时值，可在地面架设测距仪，用三角高程法观测，也可利用近景摄影测量法测定。

对高耸建(构)筑物竖直方向的挠度观测，是测定在不同高度上的几何中心或棱边等特殊点相对于底部几何中心或相应点的水平位移，并将这些点在其扭曲方向的铅垂面上的投影绘成曲线，即挠度曲线。水平位移的监测方法，可采用测角前方交会法、极坐标法或垂线法。

任务 10.6　变形观测的成果处理

学习引导

变形观测的外业工作结束后，应及时对观测手簿进行整理和检查。如有错误或误差超限，须找出原因，及时进行补测。另外，要根据观测结果计算变形量、累积变形量、变形速度等数据，并根据这些数据分析建筑物的变形状况。

变形量的计算，是以首期观测的成果作为基础，即变形量是相对于首期的结果而言的，所以要特别注意首期观测的质量。

变形观测的目的是从多次观测的成果中，发现变形的规律和大小，进而分析变形的性质和原因，以便采取措施，所以成果的表现形式应直观、清晰，通常采用以下形式。

10.6.1　列表

将各次观测成果依时间先后列表，表 10-4 是一个沉降观测的例子。表中列出了每次观测各点的高程 H、与上一期相比较的沉降量 S、累计的沉降量 $\sum S$、荷载情况、平均沉降量及平均沉降速度等，在做变形分析时，对这些信息可以一目了然。

表 10-4　沉降观测成果表

工程名称：××楼　　　　仪器：N_3No128544　　　　观测：×××

<table>
<tr><td rowspan="2">点号</td><td>首期成果
1995.3.4</td><td colspan="3">第二期成果
1995.5.8</td><td colspan="3">第三期成果
1995.7.2</td><td colspan="3"></td><td>备注</td></tr>
<tr><td>H_0/m</td><td>H/m</td><td>S/mm</td><td>$\sum S$/mm</td><td>H/m</td><td>S/mm</td><td>$\sum S$/mm</td><td></td><td></td><td></td><td></td></tr>
<tr><td>1</td><td>17.595</td><td>17.590</td><td>5</td><td>5</td><td>17.588</td><td>2</td><td>7</td><td></td><td></td><td></td><td></td></tr>
<tr><td>2</td><td>17.555</td><td>17.549</td><td>6</td><td>6</td><td>17.546</td><td>3</td><td>9</td><td></td><td></td><td></td><td>第二期观测为暴雨后</td></tr>
<tr><td>3</td><td>17.571</td><td>17.565</td><td>6</td><td>6</td><td>17.563</td><td>2</td><td>8</td><td></td><td></td><td></td><td></td></tr>
<tr><td>4</td><td>17.604</td><td>17.601</td><td>3</td><td>3</td><td>17.600</td><td>1</td><td>4</td><td></td><td></td><td></td><td></td></tr>
<tr><td>…</td><td>…</td><td colspan="3">…</td><td colspan="3">…</td><td colspan="3"></td><td></td></tr>
<tr><td>静荷载 P/(t·m^{-2})</td><td>3.0</td><td colspan="3">4.5</td><td colspan="3">8.1</td><td colspan="3"></td><td></td></tr>
<tr><td>平均沉降量/mm</td><td></td><td colspan="3">5.0</td><td colspan="3">2.0</td><td colspan="3"></td><td></td></tr>
<tr><td>平均沉降速度/(mm·d^{-1})</td><td></td><td colspan="3">0.078</td><td colspan="3">0.037</td><td colspan="3"></td><td></td></tr>
</table>

10.6.2 作图

为了更直观地显示所获得的信息，可以将其绘制成图。图 10-11 是一个表示荷载、时间与沉降量的关系曲线图。图中横坐标为时间 T，可以 10 天或一个月为单位，纵坐标向下为沉降量 S，向上为荷载 P。所以横坐标轴以下是随着时间变化的沉降量曲线，即 S-T 曲线；横坐标轴以上则是荷载随时间而增加的曲线，即 P-T 曲线。施工结束后，荷载不再增加，则 P-T 曲线呈水平直线。从这个图上，可以清楚地看出沉降量与荷载的关系及变化趋势是渐趋稳定。

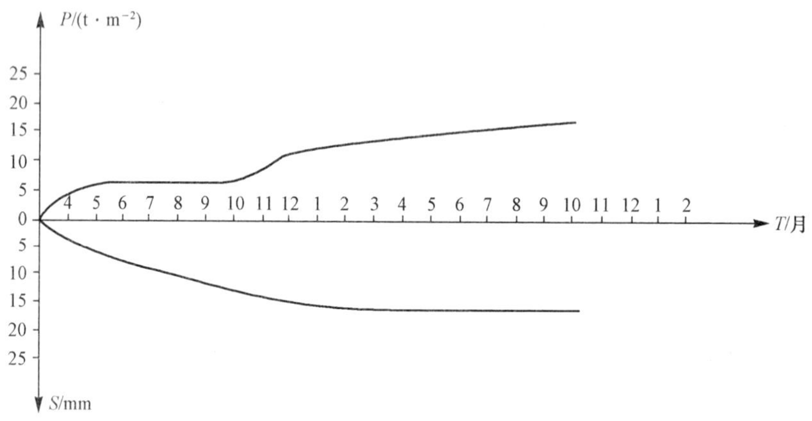

图 10-11　荷载、时间与沉降量的关系曲线图

根据同样方法，也可绘出其他变形与外界因素的关系曲线图。

根据上述的各种信息，结合有关的专业知识，即可对变形的原因、趋势等进行几何的和物理的分析，为工程措施提供依据。

当工程竣工后，应及时对施工期间沉降观测成果进行阶段总结。总结报告应包括技术措施、观测期限、观测依据等，并对总的观测结果进行分析。

思考题与习题

一、名词解释

1. 变形观测。
2. 变形体。
3. 挠度。
4. 倾斜度。

二、简答题

1. 变形观测的目的与意义。
2. 变形观测点的分类及每类的设置要求有哪些？
3. 什么是垂直位移和沉降？建筑物沉降与哪些因素有关？

项目 11

测绘新技术介绍

项目描述

随着测绘新技术的不断发展，GPS 技术、管线探测技术、三维激光扫描技术、摄影测量与遥感技术等测绘新技术在不断地应用到建筑工程测量中，这极大地改变了传统的建筑工程测量模式。学习建筑工程测量应该对这些测绘新技术有所了解，本项目系统地对这些新技术做了介绍，有助于对这些新技术进行初步了解。

知识目标

- 了解 GPS 定位系统；
- 掌握 GPS 定位原理及其静态定位与动态定位；
- 熟悉 GPS 技术的应用；
- 了解管线探测技术；
- 掌握管线探测技术的工作流程；
- 熟悉管线探测技术的一般规定和探测方法；
- 熟悉三维激光扫描技术；
- 了解三维激光扫描技术的组成与工作过程；
- 熟悉三维激光扫描技术的特点；
- 了解摄影测量与遥感技术；
- 熟悉摄影测量与遥感技术的研究方向和应用。

能力目标

- 能够描述 GPS 定位原理及其静态定位与动态定位；
- 能够运用 GPS 技术进行相关的测量工作；
- 能够描述管线探测技术的工作流程；
- 会进行常规的管线探测工作。

任务 11.1　GPS 技术

学习引导

GPS 技术发展到今天在很多领域已经得到了应用，建筑工程领域也在尝试着应用该技术，本任务从 GPS 定位原理开始，系统地介绍了 GPS 静态定位和动态定位以及 GPS 技术的应用。

11.1.1 GPS 系统概况

GPS 系统的全称是卫星测时测距导航/全球定位系统(navigation satellite timing and ranging/global positioning system)，它是美国国防部于 1973 年 12 月批准研制的以卫星为基础的无线电导航定位系统，整个系统由三部分构成：地面监控部分、空间部分和用户装置部分。

1. 地面监控部分

GPS 的地面监控部分目前主要由分布在全球的五个地面站组成，按其功能分为主控站、卫星检测站和信息注入站。

2. 空间部分

24 颗卫星基本均匀分布在六个轨道平面内，轨道平面相对赤道平面的倾角为 55°，各轨道平面之间的交角为 60°，每个轨道平面内的卫星相差 90°，任一轨道平面上的卫星比西边相邻轨道平面上的相应卫星超前 30°。卫星轨道平均高度为 20200km，卫星运行周期为 11 小时 58 分。每颗卫星每天约有 5 个小时在地平线以上，同时位于地平线以上的卫星数目随时间和地点而不同，可为 4～11 颗。

3. 用户装置部分

GPS 的用户设备主要由接收机硬件和处理软件组成。用户通过用户设备接收 GPS 卫星信号，经信号处理而获得用户位置、速度等信息，最终实现利用 GPS 进行导航和定位的目的。

11.1.2 GPS 系统的主要特点

1) 定位精度高。实践证明，用载波相位观测量进行静态相对定位在小于 50km 的基线上可达 1×10^{-6}；300～1500m 工程精密定位中，平面位置误差小于 1mm(1h 以上观测)；实时动态定位(RTK)可达厘米级的精度。

2) 观测时间短。目前，20km 以内静态相对定位的时间仅需 15～20min，快速静态定位只需 2min 左右，实时动态定位每站观测 1～2s 就可完成。

3) 测站间无须通视。这是 GPS 技术区别于常规测量的最大优点，尤其是布设长大隧道施工控制网时，可省去大量的传算点、过渡点的测量，大大减少测量作业时间和费用，同时使选点布网变得非常灵活。

4) 操作简便。GPS 接收机自动化程度非常高，外业观测时，测量人员的任务只是安置仪器、连接线缆(一体化机则不需要)、量取天线高、开关机及监视仪器工作状态，野外测量工作轻松愉快。

5) 全球全天候测量。正常情况下随时都可以进行测量定位。除雷电、台风天气不宜观测外，其他如阴天黑夜、起雾下雨均不影响，这一点也是常规测量所无法比拟的。

11.1.3 GPS 定位的基本原理

GPS 的定位原理：把卫星视为“动态”的控制点，在已知其瞬时坐标的条件下，进行空间距离后方交会，确定用户接收机天线所处的位置(图 11-1)。

$$\begin{cases}\rho_1^2=(X-X^1)^2+(Y-Y^1)^2+(Z-Z^1)^2+c\delta t\\ \rho_2^2=(X-X^2)^2+(Y-Y^2)^2+(Z-Z^2)^2+c\delta t\\ \rho_3^2=(X-X^3)^2+(Y-Y^3)^2+(Z-Z^3)^2+c\delta t\\ \rho_4^2=(X-X^4)^2+(Y-Y^4)^2+(Z-Z^4)^2+c\delta t\end{cases}$$

由此可见，GPS 定位中，要解决的问题就是两个。

1) 观测瞬间 GPS 卫星的位置。GPS 卫星发射的导航电文中含有 GPS 卫星星历，可以实时地确定卫星的位置信息。

2) 观测瞬间测站点至 GPS 卫星之间的距离。站星之间的距离是通过测定 GPS 卫星信号在卫星和测站点之间的传播时间来确定的。

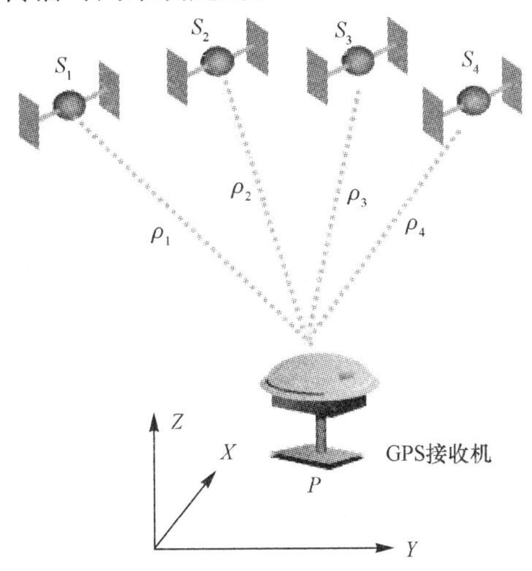

图 11-1　GPS 定位的基本原理

11.1.4 GPS 静态定位

在定位过程中，接收机的位置是固定的，处于静止状态，这种定位方式称为静态定位，根据参考点的位置不同，静态定位又包括绝对定位和相对定位两种方式。

绝对定位(也叫单点定位)以卫星与观测站之间的距离(距离差)观测为基础，根据已知的卫星瞬时坐标，来确定观测站的位置，其实质就是测量学里面的空间后方交会。当接收机处于静止状态下，由于可以连续地测定卫星至观测站的伪距，所以可获得充分多余观测量，相应地可以提高定位的精度。单点定位没有测站的同步数据可以比较，大气折光、卫星钟差等误差项就无法通过同步观测的线性组合加以消除或减弱，只能依靠相应的模型来修正。因此，静态绝对定位目前只能达到厘米级精度。

由于卫星钟与接收机钟难以保持严格同步，所测站星距离均包含了卫星钟与接收机钟不同步的影响，故习惯性称为伪距。卫星钟差可以根据导航电文中的参数进行改正，而接收机钟差通常难以确定。一般将接收机钟差作为未知参数，与观测站的坐标一并求解。因此，进行绝对定位在一个观测站至少需要同步观测四颗卫星才能求出观测站三维坐标分量与接收机钟差四个未知参数。

静态相对定位，就是将多台 GPS 接收机安置在不同的观测站上，保持各接收机固定不动，同步地观测相同的 GPS 卫星，以确定各观测站在 WGS-84 坐标系中的相对位置或基线向量的方法。

在多个观测站同步观测相同卫星的情况下，卫星轨道误差、卫星钟差、接收机钟差、电离折射误差和对流层折射误差等，对观测量的影响具有一定的相关性，所以，利用这些观测量的不同组合进行相对定位，便可有效地消除或减弱上述误差的影响，从而提高相对定位的精度。静态相对定位一般采用载波相位观测量作为基本观测量，这一点位方法是目前 GPS 定位方法中精度最高的一种。

11.1.5 GPS 动态定位

1. 实时 GPS 测量原理

实时 GPS 测量以载波相位观测值为基础，不同于早先的实时差分 GPS(RTD)，RTD 是建立在 C/A 码伪距观测值的基础之上的一种实时定位技术，其精度只能达到米级。

静态测量是用两台或两台以上 GPS 接收机同步观测，对观测值进行处理，可得到两测站间精密的 WGS-84 基线向量，再经过平差、坐标传递、坐标转换等工作，最终得到测点的坐标。显然静态测量不具备实时性，RTK 定位技术则是实时动态测量，需要在两台 GPS 接收机之间增加一套无线数字通信系统(也称数据链)，将两相对独立的 GPS 信号接收系统联成有机的整体。基准站通过电台将观测信息和观测数据传输给流动站，流动站将基准站传来的载波观测信号与流动站本身的载波信号进行差分处理，解出两站间的基线值，同时输入相应的坐标转换和投影参数，实时得到测点坐标。因此，实时 GPS 测量的关键除数据传输技术外，还需具有很强的数据处理能力。

2. 实时 GPS 系统的组成

(1) GPS 信号接收系统

从理论上讲，双频接收机与单频接收机均可用于实时 GPS 测量。但是单频接收机进行整周未知数的初始化需要很长的时间，此过程是实时动态测量所不允许的；加之单频接收机在实际作业时容易失锁，失锁后的重新初始化要占去许多时间。因此，实际作业中一般应采用双频接收机。

(2) 数据实时传输系统

为把基准站的信息及观测数据一并实时传输到流动站，并与流动站的观测数据进行实时处理，必须配置高质量的无线通信设备(无线信号调制解调器)。由于数据信息量大，必须采用较高的传输速度，波特率通常要在 9600bps 以上。此项要求目前不难达到。利用数据实时传输系统，流动站可以随时调阅基准站的工作状态和设站信息。这对于保证成果质量和排除观测中出现的问题十分有利。

(3) 数据实时处理系统

基准站将自身信息与观测数据，通过数据链传输到流动站，流动站将从基准站接收到的信息与自身采集到的观测数据组成差分观测值。在整周未知数解算出以后，即可进行每历元的实时处理。只要保证锁定四颗以上的卫星，并具有足够的几何图形强度，就能随时给出厘米级的点位精度。因此必须具备功能很强的数据处理系统。目前，该系统已发展成为多功能的完整系统，所以能成功地用于实际作业中。

3. 实时 GPS 测量的特点

1) 实时 GPS 测量保留了所有经典 GPS 功能，如静态测量、快速静态测量等，观测数据也可采用后处理的方式。静态测量数据后处理的方式，是高精度控制测量中的理想方法。由于后处理定位的实时定位可以同时进行，所以能做到彼此互补，发挥各自特长。

2) 经典的 GPS 测量因不具备实时性，而不能用来放样，放样工作还得配备传统的测量仪器，实时 GPS 测量弥补了这一缺陷。放样精度可达到厘米级。

3) 实现实时 GPS 测量的关键技术之一是快速解算载波的整周未知数。用经典的静态相对定位法，解得整周未知数并达到足够精度，往往需要 1h 甚至更长的时间。在实时 GPS 测量中，尽管初始化时间和长短受到跟踪观测的卫星数、几何图形强度、多路径效应、电离层干扰等诸多因素影响，但已可在数分钟之内完成。若借助快速动态定位，约需 3min；若采用动态环境下的初始化，约需 1min；若在已知点上进行初始化，仅有几秒钟足够。这样，测量中即使遇到障碍物(如穿过桥下或通过隐蔽地带)造成失锁，也可在重新捕获到卫星后数分钟内完成整周未知数初始化，继续进行测量。

4) 由于实时 GPS 测量成果是在野外观测时实时提供，因此能在现场及时进行检核，避免外业工作返工，例如，整周求知数初始化情况和测点点位精度等信息均可在作业现场进行核对。

5) 能够接收到 GPS 信号的任何地点，全天 24h 均可进行实时 GPS 测量的放样。

6) 完成基准站的设置后，整个系统只需一人持流动站接收机操作；也可设置几个流动站，利用同一基准站观测信息各自独立开展工作。

11.1.6 GPS 技术的应用

由于 GPS 定位所具有的全天候、高精度和自动测量的特点，作为先进的测量手段和新的生产力，已经融入国民经济建设、国防建设和社会发展的各个应用领域。具体的应用如下。

1) 地理数据采集。

2) 高精度测量。

3) 车辆监控调度及导航服务。

4) 航空和航海应用。

5) 军用。

6) 时间和同步。

7）机械控制。

8）消费应用。

9）在工程施工中的应用。

任务 11.2　地下管线探测

学习引导

随着城市的不断发展，地下管线的规划和重新布设有了越来越高的要求。管线探测技术是专门探测地下管线的技术，管线探测是整个城市发展的一个重要环节，对于老城区地下管线的探测至关重要。

11.2.1　地下管线探测简介

1. 地下管线概述

地下管线是城市基础设施的重要组成部分。城市地下管线包括电力、电信、给水、下水、燃气、特种管道(线)等六大类，它们类似人体内的“神经”和“血管”，担负着传送信息和输送能量的工作，是城市赖以生存和运转的物质基础，其空间地理位置及属性是城市规划建设管理的重要信息。

地下管线的分类和内容如下。

1）电力管道：包括输配电电缆、动力电缆、照明电缆等。

2）电信管道：包括光缆管线、电视管线、市话管线、长话管线、军用通信管线等管道。

3）给水管道：包括工业和生活用水、消防用水等输配水管道。

4）下水管道：包括雨水、污水、工业废水等管道或渠道。

5）燃气管道：包括煤气、天然气、液化石油气等输配管道。

6）工业管道：又称特种管道，包括热力、工业用气体、液体燃料、化工原料、排废排渣等管道。

地下管线的结构相当复杂，根据管线的性质大致可分为线型、管型和隧道型。由于管道功能上的需要，沿线还需要设置一系列井、室、闸等附属设施，其空间地理位置和属性应在进行管道探测或测量工作中确定。

地下管线探测是在已有地下管线探测后，对明显管线点和隐蔽管线点的标志点测定其平面位置和高程，获取绘制地下管线平面图、断面图数据和管线属性信息。

2. 地下管线探测的任务和内容

城市地下管线探测任务是查明各种地下管线的平面位置、高程、埋深、走向、结构材料、规格、埋设年代、权属单位等。具体对象如下。

1）市政公用管线探测。

2）厂区或住宅小区管线探测。

3）施工场地管线探测。

4）专用管线探测。

11.2.2　地下管线探测的一般规定

1. 地下管线探测的取舍标准

地下管线探测范围为工程区域内 5m 以上道路(街巷)，包括快速路、主干路、次干路、支路及通道和其他公共区域。

机关、企事业单位、住宅小区等列为非探测区，内部管线不查。但对穿越上述非探测区的主干管线不能中断，以保持主干管线的连续性。

2. 地下供水管线需查明的内容

地下供水管线探测应查明地下管线的平面位置、高程、埋深、走向(流向)、规格、材质、管线性质、权属单位以及管线附属构筑物信息，并编绘以地形图为载体的地下管线图(供水管线图和专业管线图)。建立全区统一、全面、完整、科学、准确、具有现代特征的城市动态地下管线信息管理系统，实现地下管线信息的制度化、科学化、规范化和标准化。

3. 地下供水管线探测精度要求

地下管线探测是在现况调查和实地调查的基础上，根据不同的地球物理条件，选用不同的物探方法和仪器对地下管线的隐蔽线段进行探测，各种探测方法应是经过实地实践证实行之有效的可靠方法。使用新技术、新方法，采用物探仪器探测地下管线，对现况资料不足或重要及复杂地段(如交叉路口等)进行搜索时，应进行重复扫描以确保管线无遗漏。

1）地下管线隐蔽管线点的探测精度见表 11-1。

表 11-1　地下管线隐蔽管线点的探测精度

地下管线中心埋深/cm	水平位置限差/cm	埋深限差/cm
$h\leqslant100$	±10	±15
$h>100$	$\pm0.1h$	$\pm0.15h$

2）地下管线点的测量精度。平面位置测量中误差 m_s(指管线点相对于邻近平面控制点)不得大于±5cm，高程测量中误差 m_h(指管线点相对邻近高程控制点)不得大于±3cm。

3）地下管线图测绘精度。地下管线与临近的建筑物、相邻管线以及规划道路中心线的间距中误差 m_c 不得大于图上±0.5mm。

4. 地形图要素及管线要素编号、标注要求

1）地形图要素及管线要素编号。管线点编号由管线代号和点号组成。其中管线代号按地下供水管线普查探测技术规程执行。点号用阿拉伯数字标记，其图上编号以每一幅 1∶500 地形图为单元分别按顺序编号。编号原则是先干管、后支管，顺序为由西到东、由北到南。外业物探点号要保证在一个测区内唯一。

2）隐蔽管线点的标注。管线点的地面标志，应保证在管线探测成果验收前不毁失、不移位和易于识别，用统一规格的铁钉打入地面至平，用红色油漆以铁钉为中心（或附属设施井盖中心位置）注上记号“⊕”及管线点号，按管线类型代码编排点号实地标注，并在管线点附近明显且能长期保留的建（构）筑物、明显地物点上，用红色油漆标注管线点号和栓距，以便于实地寻找。书写时应工整、美观，保持市容环境的美观。在实地标注的同时将点号及类型、性质等资料填入手簿，并在 1∶500 调绘图上标注管线走向、连接关系、点位编号等，形成探测草图，交于测量工序使用。

3）明显管线点的标注。明显管线点标注在管线点的中心部位，其他标注内容和方法同隐蔽点。为防止管线点标注丢失，除在管线点附近作标注外，还在其附近建（构）筑物上做距离标注。

11.2.3 地下管线探测的工作流程

地下管线探测的工作流程如下。

1）地下管线现状资料的调查、绘制和收集。

2）按探测技术规程分测区完成地下供水管线普查工作。

3）进行分类检验及编制地下管线控制技术设计书。

4）地下管线实地调查和探测，地下管线测量。

5）地下管线成果表编制及管线图编绘。

6）地下管线成果资料送审。

7）成果检查验收与归档。

8）地下管线数据整理，按照要求整理地下管线成果数据，制作成 GIS 格式数据，并完成入库。

9）编制地下管线探测技术总结报告。

11.2.4 地下管线的探测方法

1. 磁电充电法（或称直连法）

发射机一端接金属管线，另一端接地，将交变电流直接注入地下金属管线，观测管线电流产生的磁场，可对各种金属管线进行扫描定位、测深、连续追踪并区分相邻管线。由于管线电流产生的信号很强，故信噪比和分辨率均较高，水平定位、垂直测深精度最高，但必须有金属管线出露点。在各种方法中，本法探测效果最好。

2. 电偶极感应法

发射机两端接地，在金属管线中产生感应电流，观测管线电流激励的电磁信号，可搜索、追踪地下各种金属管线。管线不需有地表露头，且信号较强，但应具备接地条件。在有接地条件的地段，可用来探测金属管线。

3. 磁偶极感应法

发射线圈产生一次交变电磁场，使金属管线产生感应电流，观测管线中感应电流在地面上产生的二次电磁场以确定管线在地下的分布状态。在无管线露头及不具备接地条

件的城市可用来确定管线走向、平面位置和埋深。仪器操作灵活、方便、效率高、效果好，是目前应用最多的一种有效方法，但探测深度一般小于 5m，并且相邻管线干扰严重。

在磁偶极感应法中，若将发射线团(磁偶极子)送入管道内，在地面观测时产生的电磁场可以探测管道的位置和深度，而且特别适用于非金属管道的探测。探测深度大、效果好；但操作麻烦、成本高，探头容易在管道中遇阻或遇卡。

4. 信号夹钳法

用信号夹钳套在金属管线上，使其产生感应电流，观测该电流的磁场。特点是信号强，探测精度高，易分辨相邻管线，但必须有管线出露点，可用来对管径较小，且有出口点的金属管线进行定位和定深。

5. 50Hz 法

利用动力电缆、邻近电缆或工业离散电流在金属管线中产生的 50Hz 感应电流激励的电磁场，可探测动力电缆或金属管线。这种方法探测成本低、效率高、简单方便，但容易受到其他动力电缆的干扰，有的机型仅用接收机不能直读测深，可作为一种辅助性的探测方法。

6. 甚低频法

利用甚低频(超长波)通信电台发射的电磁波在地下金属管线中产生的感应二次电磁场来探测地下金属管线。其适用范围和优点与 50Hz 法类似；缺点是受周围环境干扰大、探测精度低，管线电流与电台和管线方向有关。在一定条件下可用来搜索全局管线。

7. 音频大地电磁法

观测天然电磁场，在金属管线存在时，利用其所引起的地电特性的变化来探测管线位置，适于探测管径大、延伸较长的管线。仪器轻便，方法简单，探测深度大，但对密集分布的管线区分能力不高，测深误差大。在精度要求不高时，可探测金属和非金属管道。

8. 探地雷达法

由发射天线向地下发送高频短脉冲电磁波，接收天线接收从地下目标体反射至地表的电磁波来研究目标体，可探测各种金属与非金属管线。分辨率较其他方法高得多，但仪器价格较高，也是一种主要的探测方法。

9. 电阻率法

利用目标体与围岩电阻率的差异探测目标体的分布状况，主要用于探测各种大管径的金属与非金属管道。本法可用常规电法仪器，探测深度大，但供电和测量电极均需接地，不宜在城市中使用；对小管径管线的异常反应不明显，定深精度不高。在无专用管线探测仪器且具备接地条件时，可用于探测规模较大的金属和非金属管线。

10. 充电法

将直流电源一端接金属管线，另一端接地，测量金属管线产生的电场，可追踪金属管线，确定其分布状况。应用常规电法仪器，探测深度大，且有一定的探测精度，但要求管线必须有出口点，地面上有接收条件。在没有管线仪时，可用来探测地下金属管线，效果较好。

11. 自然电场法

观测地下金属管线与周围介质之间因氧化还原作用产生的自然电场，仅适用于探测旧的、已被腐蚀的金属管线。工作中不必向地下供电，比较经济，可应用常规电法仪器，但对防腐性能好的管线无效，测量电量需要接地，受工业电流和大地游散电流干扰较强。在无专用管线仪、具备接地条件、外界干扰小的情况下，可探测已经被腐蚀的金属管线。

12. 磁场强度法

观测铁磁性管线产生的静磁场的垂直分量，仅适用于探测铁磁性管道。应用常规磁法仪器，探测深度较大，且有较高精度，但因周围铁磁性干扰较大，在城市受到限制。在无专用管线仪、外界磁性干扰小的情况下，可用来探测铁磁性管道。

13. 磁梯度法

测量磁场的垂直梯度和水平梯度的变化以确定铁磁性管道、钢筋水泥管、连通性差的铸铁管及井孔位置。对铁磁性管道探测灵敏度高，但容易遭受外界磁性干扰。在干扰小的地区，可作为一种辅助探测方法。

14. 浅层地震反射法

利用管道与围岩的波阻抗差异，通过对浅层反射时间剖面的分析，识别由管道产生的反射波进而确定管道的存在和位置，适用于探测管径大的金属和非金属管道，在强干扰、小管径地段不能应用。其探测效率低、成本高，在城市受到限制。

15. 瑞利波法

利用瑞利波穿透深度等于一个波长的特点，观测在该波长范围内面波速度差异，用于探测管径大的污水管道，方法简便，但应有宽频激震设备。该方法目前正值研究、发展阶段，在大管径非金属管道探测方面很有前途。

11.2.5 地下管线探测资料

地下管线探测资料(图 11-2～图 11-4、表 11-2)如下。

1) 任务合同书、技术设计书。

2) 管线点外业调查表。

3) 各种检查和开挖验证记录(表)等。

4) 检查报告及精度统计表、质量评价表。

5) 地下管线现况图、地下管线探测记录表、地下管线成果表、专业管线图、供水管线图及计算机数据文件(图形文件和属性文件)等。

6) 符合 GIS 入库要求的地下供水管线数据整理成果。

7) 技术总结报告书。

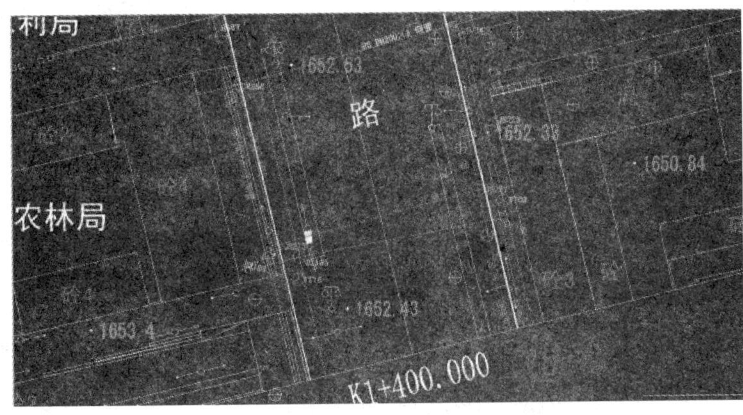

图 11-2　管线位置效果图

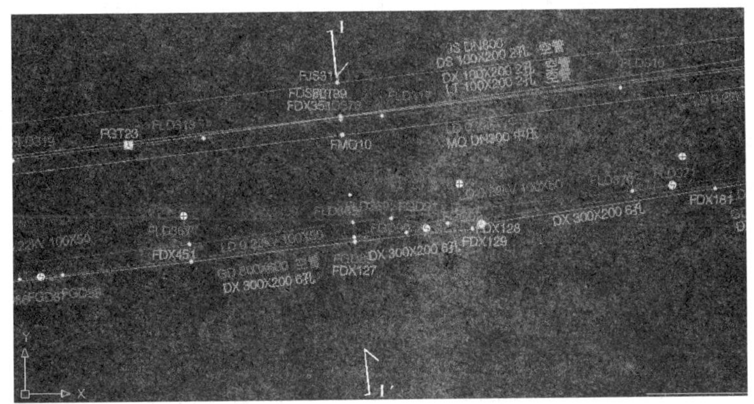

图 11-3　管径材质效果图

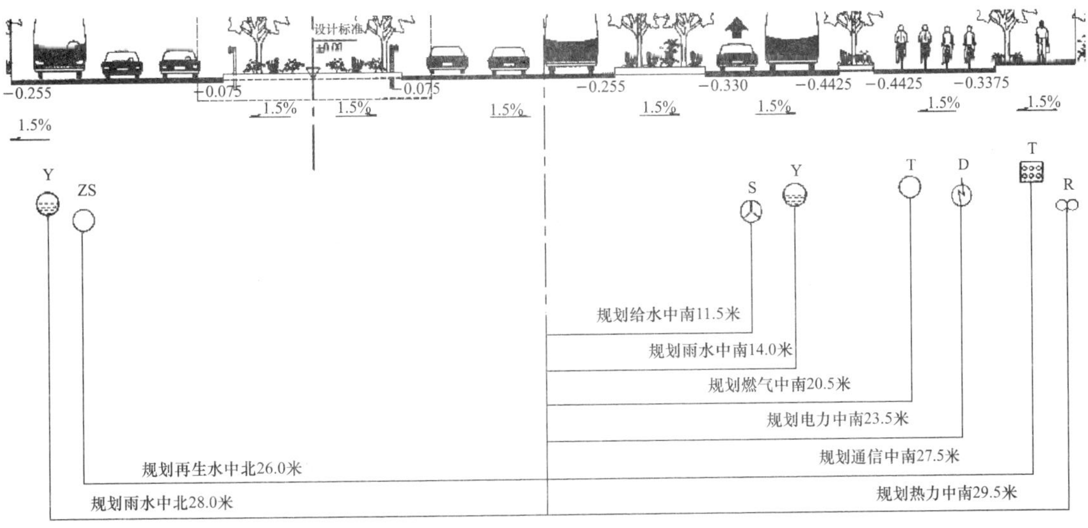

图 11-4　横断面效果图

表 11-2　地下管线点成果表

工程名称：××厂区地下管线

测　　区：D 区

图上点号	物探点号	管线点			管线			压强/Pa 或电压/kV	相连井号流向或根数	平面坐标/m		埋深/m	地面高程/m
		编码	特征	附属物	类型	材质	规格			X	Y		
DX01	X01		三通	检查井		铸铁管	ϕ200		东 ϕ200 3.0m，北 ϕ200	58595.46	38747.83	2.06	1632.13
DX02	X02		三通	检查井		水泥管	ϕ400、ϕ200		南 ϕ300 2.1m，北 ϕ400	58460.40	38831.94	2.21	1631.37
DX03	X03		直线点	检查井		水泥管	ϕ400		南北 ϕ400	58481.02	38823.39	2.22	1632.32
DX04	X04		拐点	检查井		铸铁管	ϕ200		东西 ϕ200	57950.48	39009.08	1.32	1632.87
DX05	X05		直线点	检查井		水泥管	ϕ400		东西 ϕ400	58616.34	38798.56	2.06	1631.70
DX06	X06		三通	检查井		铸铁管	ϕ600		南北 ϕ600	58647.40	38874.80	6.32	1631.12
DX07	X07		拐点	检查井		铸铁管	ϕ200		南北东西 ϕ200 1.7m	58573.74	38873.10	1.12	1631.30
DX08	X08		直线点	检查井		水泥管	ϕ800		南北	58555.42	38912.17	3.92	1629.62
DX09	X09		拐点	检查井		铸铁管	ϕ200		北进南出	58465.86	38852.02	1.73	1631.37
DX10	X10		直线点	检查井		铸铁管	ϕ200		北进南出	58423.45	38869.04	1.42	1631.30
DX11	X11		直线点	检查井		水泥管	ϕ800		南北 ϕ800 3.9m	58489.36	38939.41	3.82	1629.73
DX12	X12		直线点	检查井		水泥管	ϕ800		南北 ϕ800 3.9m	58433.24	38962.02	3.63	1629.89
DX13	X13		拐点	检查井		水泥管	ϕ400		东西 ϕ400 3.0m	58435.70	38955.59	3.06	1631.16
DX14	X14		三通	检查井		水泥管	ϕ300、ϕ150		南北 ϕ300 2.3m	58393.25	38859.40	2.33	1631.77
DX15	X15		拐点	检查井		水泥管	ϕ100			58656.36	39678.77	0.95	1632.88
DX16	X16		拐点	检查井		水泥管	ϕ100		西进东出	58691.26	38664.06	1.12	1632.87
DX17	X17		直线点	检查井		水泥管	ϕ200		西进东出	58819.35	38834.64	1.39	1631.74
DX18	X18		直线点	检查井		水泥管	ϕ200		西进东出	58815.72	38836.62	1.12	1631.48
DX19	X19		直线点	检查井		水泥管	ϕ600		南进北出	58406.23	38972.70	3.62	1630.06
DX20	X20		三通	检查井		水泥管	ϕ300		西、南进北出	58355.16	38992.34	2.54	1630.10
DX21	X21		直线点	检查井		水泥管	ϕ600		南进北出	58325.69	39006.24	3.64	1630.67
DX22	X22		三通	检查井		水泥管	ϕ600		向北 ϕ500 2.4m	58285.06	39022.73	3.62	1630.01
DX23	X23		直线点	检查井		水泥管	ϕ600		南北 ϕ400 3.6m	58244.19	39038.10	3.64	1630.14
DX24	X24		拐点	检查井		水泥管	ϕ150		西进南出	58246.88	39008.73	1.23	1631.15
DX25	X25		拐点	检查井		PVC 管	ϕ300		向北向东 ϕ300 1.5m	58297.55	38835.57	1.54	1632.42
DX26	X26		直线点	检查井		PVC 管	ϕ300		南北 ϕ3000 1.3m	58357.15	38811.04	1.32	1632.44

任务 11.3　三维激光扫描

学习引导

三维激光扫描技术作为新的测绘新技术，这几年在蓬勃地发展，它突破了传统的单点测量方法，具有高效率、高精度的独特优势。它是快速建立物体三维影像模型的一种全新技术手段。三维激光扫描技术使工程大数据的应用在众多行业成为可能。

11.3.1　三维激光扫描技术

三维激光扫描技术又被称为实景复制技术，作为 20 世纪 90 年代中期开始出现的一项高新技术，是测绘领域继 GPS 技术之后的又一次技术革命，通过高速激光扫描测量的方法，大面积、高分辨率地快速获取物体表面各个点的坐标(x,y,z)、反射率、颜色(RGB)等信息，由这些大量、密集的点信息可快速复建出 1∶1 的真彩色三维点云模型，为后续的内业处理、数据分析等工作提供准确依据。其具有快速性，效益高、不接触性、穿透性、动态、主动性，高密度、高精度，数字化、自动化、实时性强等特点，很好地解决了目前空间信息技术发展实时性与准确性的瓶颈。它突破了传统的单点测量方法，具有高效率、高精度的独特优势。

三维激光扫描技术使工程大数据的应用在众多行业成为可能。例如，工业测量的逆向工程、对比检测；建筑工程中的竣工验收、改扩建设计；测量工程中的位移监测、地形测绘；考古项目中的数据存档与修复工程等。

11.3.2　三维激光扫描系统组成与工作过程

1. 系统组成

一个典型的完整三维激光扫描系统包括扫描主机(扫描头)、三角基座、三脚架、通信电缆和电源电缆、电池、笔记本电脑(处理软件)、仪器箱(图 11-5)。

图 11-5　三维激光扫描系统

三维激光扫描系统分类见表 11-3。

表 11-3　三维激光扫描系统分类

<table>
<tr><th>划分指标</th><th colspan="12">仪器类型</th></tr>
<tr><td>承载平台</td><td colspan="3">机载三维激光扫描系统</td><td colspan="3">车载三维激光扫描系统</td><td colspan="3">固定站式三维激光扫描系统</td><td colspan="3">手持三维激光扫描仪</td></tr>
<tr><td>扫描距离</td><td colspan="3">远程，最远距离 300m Optech ILRIS—3D</td><td colspan="3">中程，最远距离 100m Leica HDS3000</td><td colspan="3">短程，最远距离 10～25m Leica HDS4500</td><td colspan="3">超短程，最远距离 10m 以内，FARO 激光扫描测量臂</td></tr>
<tr><td>扫描现场</td><td colspan="4">矩形扫描系统</td><td colspan="4">环形扫描系统</td><td colspan="4">穹形扫描系统</td></tr>
<tr><td>扫描方式</td><td colspan="6">线扫描系统</td><td colspan="6">面扫描系统</td></tr>
<tr><td>测距原理</td><td colspan="4">脉冲飞行时间差测距</td><td colspan="4">相位差测距</td><td colspan="4">三角测量原理</td></tr>
</table>

2. 工作过程

三维激光扫描系统的工作过程包括准备工作、外业扫描、内业处理、后续处理。

11.3.3 三维激光扫描技术的特点

1. 非接触测量

采用非接触目标的方法，无须反射棱镜，对扫面目标物体不需要进行任何表面处理，直接采集物体表面的三维数据，所采集的数据完全真实可靠。

2. 数据采样率高

采样点数据远远高于传统测量的采样点数据，脉冲式激光扫描方法的采样点数可达到每秒数千点，而相位式的激光测量更可高达每秒数十万点。

3. 主动发射扫描光源

三维激光扫描系统可以不受扫描环境的影响主动发射激光，通过自身发射的激光的回波信息来解得目标物表面点的三维坐标信息。

4. 高分辨率、高精度

三维激光扫描可以快速地获取高精度、高分辨率的海量点位数据，高效率地获取目标物表面的三维坐标，从而达到提高分辨率的目的。

5. 数字化采集兼容性好

通过直接获取数字信号采集数据，所以具有全数字特征，方便进行后期处理和输出，且它的后期处理与其他软件有很好的共享性。

11.3.4 激光扫描技术的应用

三维扫描技术的发展与成熟，使它很快成为空间数据获取的一种重要技术手段，并在很多行业引起技术性变革的热潮。其主要的应用领域如下。

1）地形测量。

2）建筑物变形分析。

3) 建筑物平面图、立面图、剖面图的制作。

4) 船舶外形测量考古现场记录。

5) 事故现场调查。

6) 工厂数字化三维设计改造。

7) 数字化城市。

8) 管道三维工厂改造重新设计。

9) 数字文物(雕塑、景观小区等)存档。

10) 矿区土方开挖面和体积量测。

任务 11.4　摄影测量与遥感

学习引导

摄影测量与遥感已经被广泛地应用在测绘的各个领域，特别在获取自然地质破坏第一手资料方面，摄影测量与遥感技术尤其突出，能在第一时间获得各种影像以及相关的数据资料。

11.4.1　摄影测量与遥感技术的概念

摄影测量与遥感学科隶属地球空间信息科学的范畴。它是利用非接触成像和其他传感器对地球表面及环境、其他目标或过程获取可靠的信息，并进行记录、量测、分析和表达的科学与技术。摄影测量与遥感的主要特点是在像片上进行量测和解译，无须接触物体本身，因而很少受自然和地理条件的限制，而且可获得瞬间的动态物体影像。

摄影测量和遥感为地理信息系统提供了数据的首要来源。另外，摄影测量的近距离技术还不断发展应用到许多其他领域——工程、建筑、考古、医学、法律和机器观察。利用航空器和地球卫星上携带的、在各段电磁波谱(紫外线、可见光、红外线、热辐射和微波)工作的传感器进行监视和环境成像及判读研究，逐渐被称作遥感。遥感图像的主要应用包括绘图、农业、林业、可持续发展、环境和全球监测、不可再生资源和可再生资源以及土力学研究。

11.4.2　摄影测量与遥感技术的发展

1. 摄影测量及其发展

摄影测量的内容涉及被摄影物的影像获取方法，影像信息的记录和存储方法，基于单张或多张像片的信息提取方法，数据的处理和传输，产品的表达与应用等方面的理论、设备和技术。

摄影测量的各种类型影像均是客观目标物体的真实反映，影像信息丰富、逼真，人们可以从中获得被研究目标物体的大量几何和物理信息。

到目前为止，摄影测量已有近 170 年的发展历史了。概括而言，摄影测量经历了模拟法、解析法和数字化三个发展阶段。如果说从模拟摄影测量到解析摄影测量的发展是一次技术的进步，那么从解析摄影测量到数字摄影测量的发展则是一场技术的革命。数字摄影测量与模拟、解析摄影测量的最大区别在于：它处理的原理信息不仅可以是航空像片经扫描得到的数字化影像或由数字传感器直接得到的数字影像，其产品的数字形式，更主要的是它最终以计算机视觉代替人眼的立体观测，因而它所使用的仪器最终只有通用的计算机及其相应的外部设备，故而是一种计算机视觉的方法。

2. 遥感及其发展

遥感主要应用于资源勘探、动态监测和其他规划决策等领域，摄影测量是遥感的前身。遥感技术主要利用的是物体反射或发射电磁波的原理，在距离地物几千米、几万米甚至更高的飞机、飞船、卫星上，通过各种传感器接收物体反射或发射的电磁波信号，并用图像胶片或数据磁带记录下来，传送到地面。遥感技术主要由遥感图像获取技术和遥感信息处理技术两大部分组成。

遥感技术的分类方法很多，按电磁波波段的工作区域，可分为可见光遥感、红外遥感、微波遥感和多波段遥感等；按传感器的运载工具可分为航天遥感(或卫星遥感)、航空遥感和地面遥感，其中航空遥感平台又可细分为高空、中空和低空平台，后者主要是指利用轻型飞机、汽艇、气球和无人机等作为承载平台；按传感器的工作方式可分为主动方式和被动方式两种。

在遥感技术中除了使用可见光的框幅式黑白摄影机外，还使用彩色摄影、彩虹外摄影、全景摄影、红外扫描仪、多光谱扫描仪、成像光谱仪、CCD线阵列扫描和面阵摄影机以及合成孔径侧视雷达等手段，它们以空间飞行器作为平台，能为土地利用、资源和环境监测及相关研究提供大量多时相、多光谱、多种分辨率的影像信息。

3. 摄影测量与遥感的结合

遥感技术的兴起，促使摄影测量发生了革命性的变化。但由于测制地形图对摄影成果有着特别严格的要求，除必需的影像分辨率外，其关键环节是实现立体影像覆盖，以及构成立体交会的几何条件和摄像的几何精度，因此，虽然各类遥感影像的获取越来越快捷、分辨率越来越高，但是真正满足定位测图的资料并不多。航天遥感具有视野开阔、不受地理位置和疆界限制、可重复观测、能快速获取大面积甚至全球性地面动态信息等优点，但由于卫星摄影高度在几百千米以上，采用较长的摄影焦距，作为立体量测的交会条件差，立体效应不好，影响高程测量精度；另外卫星只能按预定轨道飞行和摄影，要真正实现全球性动态监测和立体影像覆盖，必须拥有一个卫星组群。目前，航天摄影测量多用于特殊困难地区的测绘或中小比例尺成图。

摄影测量与遥感的结合，还体现在解析摄影测量尤其是数字摄影测量对遥感技术发展的推动作用。遥感图像的高精度几何定位和几何纠正就是解析摄影测量现代理论的重要应用；数字摄影测量中的影像匹配理论可用来实现多时相、多传感器、多种分辨率遥感图像的复合和几何配准；自动定位理论可用来快速、及时地提供具有“地学编码”的遥感影像；摄影测量的主要成果，如DEM、地形测量数据库和专题图数据库，乃是支持和改善遥感图像分类效果的有效信息；像片判读和影像分类的自动化和智能化则是摄影测量和遥感技术共同研究的课题。一个现代的数字摄影测量系统与一个现代的遥感图像处理系统本质差

别不大，两者有机结合已成为地理信息系统(GIS)技术中数据采集和更新的重要手段。

11.4.3 摄影测量与遥感技术主要的研究方向

随着摄影测量步入全数字时代和遥感进入高分辨率、立体观测时代，摄影测量与遥感技术应用的广度和深度日益拓展。近 30 年来，摄影测量与遥感技术已在测绘、农业、林业、水利、气象、资源环境、城市建设、海洋、防灾减灾等领域得到广泛应用，在经济建设和社会发展中发挥了越来越重要的技术支撑作用。

1. 数字摄影测量

以航空影像和卫星米级高分辨率影像为数据源，扩展计算机立体相关理论与算法，发展立体几何模型确定和精化的新方法，以及研究困难地区数字立体测图的新技术；研究近景(地面)摄影测量中的数字相机的快速检校新算法，数字影像精确匹配问题，以及在工业生产过程自动监测和土木工程建筑物(如桥梁和隧道)变形监测中的问题。

2. 遥感技术及应用

遥感技术以多光谱、多种分辨率和多时相卫星影像为数据源，研究地表变迁及地质调查的遥感新方法；研究地球资源(如土地利用)变化检测的有效方法，发展半自动或全自动化的遥感监测手段；开发监测城市环境污染和自然灾害(如洪水与森林、农作物病虫害)的实用遥感系统；等等。基于合成孔径雷达图像，开展干涉雷达(InSAR)等技术的地表三维重建、大范围精密地表形变(包括滑坡、城市沉降和地壳形变)探测和气象变化监测的研究。

3. 3S 技术及应用

研究车载 CCD 序列影像测图的方法和算法，为线性工程勘测和调查提供快速而有效的地面遥感测量手段；研究包括遥感(RS)、全球定位系统(GPS)和地理信息系统(GIS)在内的 3S 技术集成的模式和方法，为我国西部大开发的铁路、公路建设探索全新的勘测设计手段。

11.4.4 摄影测量与遥感技术的主要应用

1. 在农业中的应用

摄影测量与遥感技术已在农业领域得到了广泛的应用，主要体现在以下两个方面。

(1) 农作物长势监测和估产

遥感技术具有客观、及时的特点，可以在短期内连续获取大范围的地面信息，用于农情监测具有得天独厚的优势。30 多年，近农作物遥感监测一直是遥感应用的一个重要主题。从“七五”利用气象卫星数据进行北方 11 省市小麦估产起步，经过“八五”重点产粮区主要农作物估产研究，到“九五”建立全国遥感估产系统，我国的遥感技术在农业领域的应用不断向实用化迈进。目前已经具有对全国冬小麦、春小麦、早稻、晚稻、双季稻、玉米和大豆等农作物的估产及其长势监测的能力，在作物收割前 2～4 周提供作物播种面积和总产数据，10 天提供一次每次作物长势监测结果。这些信息为国家掌握粮食生产、粮食储运、粮食调配和粮食安全提供了及时、准确的服务。

(2) 精准农业

北京市农林科学院通过农业定量遥感反演农学参数，监测作物长势、养分、水分、墒情等，预测作物产量品质，结合作物生长模型技术，开发出了基于遥感的精准农业水分处方决策技术，研究成果填补了我国在该领域的空白。

2. 在资源环境领域的应用

(1) 全国土地利用遥感调查与制图

我国十分重视遥感技术在国土资源调查中的应用，先后组织相关部门完成了全国土地利用遥感调查与制图工作。在20世纪80年代初期采用卫星数据编制了全国818幅1∶250 000土地利用图，完成全国土地面积精确量算；编制全国1∶4 000 000地势卫星影像图、全国1∶2 000 000土地利用卫星影像图、全国1∶1 000 000土地利用卫星影像图。20世纪80年代中期我国又应用遥感技术与野外调绘相结合完成了全国土地利用详查，查清了我国土地权属、类型、数量、质量、分布及利用状况，取得了全面、翔实、准确的全国各级单位土地利用现状第一手资料，为编制国民经济和社会发展计划，制定有关政策、科学决策等提供了重要依据。我国应用卫星数据于20世纪80年代中期、90年代中期和末期完成了1∶100 000和1∶250 000全国土地利用调查，并建立了业务运行系统，具有每年耕地数据动态更新和每五年土地利用数据全面更新的能力。

(2) 全国土地资源动态监测

及时准确掌握土地利用变化情况，是加强国土资源管理、切实保护耕地的必要前提。为此，原国家土地管理局自1996年开始进行17个重点城市土地利用动态遥感监测试验，1999年国土资源部将其列入新一轮国土资源大调查项目计划，首次大范围、大批量应用高分辨率卫星遥感数据，对全国66个50万人口以上城市进行监测，面积达71.4万km^2，占全国土地面积的7.4%，在城市建设及国土资源管理方面发挥了重要作用，并使遥感技术实现了产业化应用。

3. 在气象领域的典型应用

在“国家MODIS数据共享平台”项目支持下，我国第一个海量卫星遥感数据高速共享平台——风云卫星数据广播系统(FENGYUNCast)诞生了。该系统采用DVB-S数字视频广播技术，按照数据获取、汇集、预处理、广播服务的自动业务流程，将数据实时地向亚太地区用户广播，提供“一站式”多颗卫星遥感资料广播服务。该系统也产生广泛的国际影响，承担了亚太地区分发地球观测数据的重任。全球地球观测数据共享系统是地球综合观测系统10年执行计划的一项核心成果，而风云卫星数据广播系统是其重要组成部分。世界各国的用户不必重复建设耗资巨大的遥感卫星地面接收站，仅采用类似卫星电视接收设备一样的系统就可以方便地接收到通过通信卫星转发的遥感卫星数据。风云卫星数据广播系统用户将来还可以通过通信卫星方便快捷地获取人气温度、湿度、地表温度等常规地面观测数据。

4. 在工程建设中的应用

随着摄影测量与遥感技术的不断发展，传感器空间分辨率和光谱探测能力不断提高，迅速发展的雷达干涉测量、高分辨率卫星遥感、高光谱遥感等新技术为铁路建设中应用摄影测量与遥感技术注入了新的活力。此外，随着摄影测量与遥感的进一步发展，特别是与

GPS、GIS技术的集成应用，将为我国工程建设提供动态基础信息和科学决策依据。

在工程建设中，摄影测量与遥感作为一种先进的勘测技术手段，在提高选线质量和勘测资料质量；提高勘测设计效率；改善勘测工作条件；节省基建投资等方面，具有明显的经济效益和社会效益，是工程勘测设计和现代化管理的重要内容。

5. 在防灾减灾中的应用

在汶川大地震中，遥感技术在抗震救灾中发挥了关键作用，为领导迅速了解灾情、科学指挥救灾及制定灾后重建规划提供了重要依据。汶川大地震发生后，灾区通信、交通严重受损，卫星遥感和航空遥感技术成为快速获取灾情的最佳途径。

我国科技人员利用光学和雷达遥感、航空遥感技术对灾区进行了连续、动态监测，开展了灾区房屋倒塌、道路交通等基础设施损毁，泥石流、滑坡、堰塞湖等次生灾害解译分析工作，研发了抗震救灾综合服务地理信息平台，整合了震前、震后遥感影像，灾区三维数字高程模型，居民地、交通、水系等基础地理信息数据，堰塞湖等地质灾害专题信息，以及人口等社会经济信息，为各级抗震救灾指挥部门和救灾人员提供了及时准确的灾情信息。

在监测地震次生灾害的同时，科技人员还利用遥感数据，对抗震救灾情况和灾害影响进行综合评估。同时，利用遥感数据及灾情监测与评估结果，为国家和地方制定灾后重建总体规划和实施方案提供宏观信息支持。

思考题与习题

1. 简述GPS定位的实质。
2. 简述GPS静态定位的方式。
3. 简述地下管线探测的工作流程。
4. 简述三维激光扫描的工作流程。
5. 简述摄影测量与遥感技术的主要应用。

参考文献

陈本富，张本平，邹自力，2012. 测量平差[M]. 郑州：黄河水利出版社.

窦如令，张洪岩，2015. 建筑施工测量及实训教程[M]. 武汉：武汉理工大学出版社.

林长进，2014. 建筑施工测量[M]. 北京：北京出版社.

潘正风，程效军，成枢，等，2015. 数字地形测量学[M]. 武汉：武汉大学出版社.

彭维吉，彭子茂，2012. 建筑工程测量[M]. 北京：中国建材工业出版社.

魏静，王德利，2011. 建筑工程测量[M]. 北京：机械工业出版社.

杨国清，2016. 控制测量学[M]. 3版. 郑州：黄河水利出版社.